高等职业教育铁道通信与信息化技术专业系列规划教材

现代通信概论

邵汝峰　及志伟　主编

中国铁道出版社有限公司

2024年·北 京

内 容 简 介

本书为高等职业教育铁道通信与信息化技术专业系列规划教材之一。全书较全面地介绍了现代通信技术的基本原理和主要应用,共分为 8 章,主要内容包括:通信概述、电话通信、数据通信、图像通信、光纤通信、无线通信、专用通信。

本书可作为高等院校铁路通信与信息化技术专业教材,也可作为铁路成人教育和铁路职工培训的教学用书,还可供从事铁路通信的现场人员学习参考。

图书在版编目(CIP)数据

现代通信概论/邵汝峰,及志伟主编. —北京:中国铁道
出版社,2019.6(2024.7 重印)
高等职业教育铁道通信与信息化技术专业系列规划教材
ISBN 978-7-113-25523-7

Ⅰ.①现⋯ Ⅱ.①邵⋯ ②及⋯ Ⅲ.①通信技术-高等职业
教育-教材 Ⅳ.①TN91

中国版本图书馆 CIP 数据核字(2019)第 027111 号

书　　名:**现代通信概论**
作　　者:邵汝峰　及志伟

责任编辑:吕继函　　　　编辑部电话:(010)51873205　　　电子邮箱:312705696@qq.com
封面设计:王镜夷　郑春鹏
责任校对:苗　丹
责任印制:赵星辰

出版发行:中国铁道出版社有限公司(100054,北京市西城区右安门西街 8 号)
网　　址:http://www.tdpress.com
印　　刷:三河市宏盛印务有限公司
版　　次:2019 年 6 月第 1 版　2024 年 7 月第 7 次印刷
开　　本:787 mm×1 092 mm　1/16　印张:16.75　字数:440 千
书　　号:ISBN 978-7-113-25523-7
定　　价:49.00 元

重 印 说 明

  《现代通信概论》于 2019 年 6 月在我社出版。本次重印作者在第 4 次印刷的基础上做了以下修改：

1. 对原书中"第一节 通信的发展"的内容重新进行了梳理；
2. 进一步梳理了第五章"光纤通信的发展"的相关内容；
3. 补充完善了第六章中"第五代数字移动通信系统(5G)"的相关内容。

中国铁道出版社有限公司

2023 年 1 月

前言 ■■■■■■■■

　　通信技术发展日新月异,通信网的功能越来越强大,通信业务也越来越丰富多彩。通信技术已经并继续深刻地影响着社会发展及人们的生活,在各行各业中得到广泛应用,对相关单位或部门内部的安全生产、正常运转起着非常关键的作用。

　　本书的编写目的是使学生树立现代通信全程全网的概念,掌握主要通信网络的结构,理解主要通信技术的基本原理并了解它们的应用,同时,结合轨道交通行业中通信技术的发展与应用现状,使学生了解铁路通信系统、城轨交通通信系统的组成、关键技术和业务应用,为以后从事相关工作奠定基础。

　　本书的主要特点为:

　　(1)内容丰富新颖。本书比较全面地介绍了现代通信技术的各个方面,使学生对通信技术进行全面了解,并力求反映通信技术的最新发展成果及应用现状,使教材更具先进性与实用性。

　　(2)通用与专用结合。本书在全面介绍通信技术的通用知识的基础上,依据轨道交通行业的发展情况和技术应用现状,对相关的专用通信系统进行了介绍,内容兼具通用性与针对性,有利于提高学生的学习兴趣,为后续学习、从事相关工作奠定基础。

　　(3)叙述问题力求简明扼要、深入浅出、循序渐进,以利于学生逐步掌握和提高。各章节既有联系,又有一定的独立性。读者可根据需要选学有关内容。

　　(4)形式新颖。本书采用"纸质教材+数字课程"的出版形式,纸质教材内容精练适当,数字课程即配套网络教学资源,对全书重要知识点,以视频形式演示,并以二维码的形式呈现,尽可能使读者更好地理解所学内容。

　　本书共分8章,分别为:

　　第一章介绍通信概况,包括当代通信、通信系统基本模型、通信的分类及通信基本技术,如传输信道、信号编码、传输方式、多路复用、交换技术、支撑技术等。

　　第二章介绍电话通信,包括数字交换的概念、程控交换机的组成和基本原理、电话网的结构、软交换等。

　　第三章介绍数据通信,包括数据通信的基本概念、数据传输方式、交换机工作原理、路由协议。

　　第四章介绍图像通信,包括图像通信的关键技术和主要应用,如可视电话系统、数字电视系统、会议电视系统等。

第五章介绍光纤通信,包括光纤通信的发展、光纤光缆的结构与性能、光纤通信系统组成,以及 SDH/MSTP、WDM/DWDM、PTN、OTN 等技术的基本原理和应用。

第六章介绍无线通信,包括无线通信的基本概念和工作方式、无线电波传播特性、移动通信基本原理、典型移动通信系统(GSM、3G、4G)的特征与组网、5G 技术基础、卫星通信的概念和系统组成。

第七章介绍接入网,包括接入网的概念和分类、光纤接入网的基本原理和应用、无线接入网的基本原理和应用。

第八章介绍专用通信,包括铁路专用通信系统的组成、业务和基本原理,城市轨道交通专用通信系统的组成和业务。

本书由天津铁道职业技术学院邵汝峰、北京飞机维修工程有限公司天津分公司及志伟任主编,天津铁道职业技术学院卜爱琴任主审。具体分工为:邵汝峰编写第一章的第一节和第二节、第六章、第八章的第一节;及志伟编写第一章的第三节和第四节、第二章;天津铁道职业技术学院贾爱茹编写第三章和第七章;天津铁道职业技术学院张金生编写第四章、第八章的第二节;天津铁道职业技术学院冯宪慧编写第五章。

本书在编写过程中参考了有关作者的文献和资料,在此一并表示感谢。

由于编者水平有限,加之时间仓促,书中难免存在错误和疏漏之处,恳请各位读者提出宝贵意见。

编 者
2019 年 2 月

目录 ▪▪▪▪▪▪▪▪

第一章 通信概述

【学习目标】

1. 掌握通信系统的组成及各部分的作用。
2. 了解通信网的常见分类。
3. 了解通信信道的分类及各自特征。
4. 掌握模拟信号与数字信号的基本特征;了解模拟信号数字化过程。
5. 掌握基带传输与频带传输的概念,熟悉基带信号码型;掌握主要数字调制方式的基本原理。
6. 了解串行/并行通信、单工/全双工/半双工的基本原理。
7. 掌握多路复用的概念,理解频分复用与时分复用的基本原理。
8. 理解 PCM30/32 系统的帧结构,掌握其传输速率。
9. 掌握通信网的基本概念、构成要素和拓扑结构。
10. 理解电路交换和分组交换的基本原理和各自的特点。
11. 了解信令网、数字同步网和电信管理网的作用和基本组成。

第一节 当代通信

1.通信技术的发展

人类社会的发展离不开信息交流,通信是社会发展进步的重要推动力;同时,通信技术也随着社会前进而不断发展。

随着经济、社会的高速发展,通信已经成为我国的重要支柱产业,在各个领域都起着不可或缺的作用;同时,通信也逐步成为人们生活中的基本生活要素,手机、电脑等通信设备已经成为生活用品,手机文化、互联网文化等社会文化环境逐步形成。

一、通信设施日趋完备

为了支撑持续增长的通信业务需求,我国通信网络基础设施持续扩容和升级,通信网络规模和性能不断提升。截至 2023 年 2 月底,我国建成 5G 基站总数超过 238.4 万个,5G 基站占移动基站总数比例 21.9%,5G 基站总数占全球 60%。

通信网络需要借助于各项通信技术发挥功能。通信技术层出不穷,如低损耗光纤、SDH/MSTP、WDM、OTN、PTN、软交换、IPv4、IPv6、4G、Wi-Fi、智能手机、物联网、大数据、云计算、VoIP、IPTV、EPON、GPON,等等,不同技术间有相互协作,也充满竞争,但它们的目的都是相同的,就是要提高通信网络性能,提供良好的通信业务。

二、通信业务"精彩纷呈"

当前,人们身处于信息社会,享受着信息爆炸、信息流动带来的福利。信息的产生、处理与传递方便快捷,通信业务的种类丰富多彩。

电话业务作为传统的交流方式依然存在,但已不是主流,人们更热衷于多媒体、多方式的交流沟通。比如微信、QQ 等,信息形式包括文字、表情符号、图片、视频等,当然也包括语音,交流方式可以是一对一,也可以是群组。借助于这些通信工具,人们的交流更为方便,也更为有趣。

每天在互联网上流动着海量信息,浏览时事、查询资料、收发邮件、上传/下载文档、视频点播、在线游戏等,几乎无所不有,体现着互联网的包容与共享。

互联网已不再局限于计算机之间,智能手机的出现大大拓展了互联网的服务空间,移动互联充满着活力。网上购物、网上订票、网上预约、在线金融、扫码支付、在线教育、共享单车等等,手机上的各种手机客户端成为我们的一个个得力助手,促使各种生活场景的线上线下相互结合,提升服务品质。

除了日常生活,在国家的各个部门、各行各业,通信都起着举足轻重的作用,对保证国家安全、维护社会运转、促进经济发展、繁荣文化事业,都是不可或缺的。

三、通信产业不断壮大

近年来,通信技术突飞猛进,通信产业成为全世界发展速度最快的产业之一。由于通信行业是当今基础的民生服务行业之一,市场对于通信产业热度有增无减。

整个通信产业可细分为运营商、通信设备供应商、通信网络集成商(规划设计公司、网优公司、工程承包商等)、服务提供商等,形成了一个完整的产业链条。

得益于改革开放带来的经济社会快速发展,基于人口众多、发展潜力巨大的国情优势,我国已经建成了世界最大规模的通信网络,拥有最多的用户容量,通信业务种类多样、通信服务质量不断提升。通过引进吸收、自主创新,我国通信设备研发、制造水平提升迅速,在某些方面已处于世界领先地位。在通信标准开发与制定、通信技术专利的数量与质量等方面,我国也取得了长足进步。

通信产业对整个社会经济发展起到了巨大的推动作用,对相关产业也产生了强大的带动效应,促进了上下游相关产业的发展。同时,通信产业也吸引了大量的从业者,包括从事研发设计、产品制造、市场销售、工程施工、运行维护等工作的各方面人才。

四、通信前景充满光明

当前,信息通信技术正处于系统创新和智能引领的重大变革期,大数据、云计算、人工智能、物联网、5G 等新技术持续突破,并与制造、能源、材料、生物、空间等技术交叉融合,新产品、新模式、新业态层出不穷,推动人类发展加速步入智能时代。

下面列举通信产业发展的几个趋势:

1. 开启 5G 应用

5G 是新一代移动通信技术发展的主要方向,是未来新一代信息基础设施的重要组成部分。与 4G 相比,不仅将进一步提升用户的网络体验,同时还将满足未来万物互联的应用需求。我国于 2019 年进行 5G 规模试验和预商用网络,2020 年实现 5G 商用。

5G 主要包含 3 个应用场景:eMBB(增强型移动宽带)、uRLLC(高可靠低时延通信)和 mMTC(大规模机器通信)。eMBB 主要场景包括随时随地的 3D/超高清视频直播和分享、虚拟现实、随时随地云存取、高速移动上网等大流量移动宽带业务,带宽体验从现有的 10 Mbit/s 量级提升到 1 Gbit/s 量级。uRLLC 主要场景包括无人驾驶汽车、工业互联及自动化等,要求极低时延和高可靠性。mMTC 主要场景包括车联网、智能物流、智能资产管理等,要求提供多连接的承载通道,实现万物互联。

2. 物联网大规模普及

在不久的将来,信息通信技术将使各类物体在感应装置的协助下,使物品之间相互关联。信息的传输可以通过云计算平台,分发到各类物件上,令所有的物品联合成一个具备识别、定位、追踪、控制、监管等一系列智能化的网络,这样一个物联网,需要各类信息通信技术的配合,如 5G、有线千兆宽带等的支持。多种网络的共同协助倒推信息通信技术的发展,使信息通信技术不仅以技术为中心,同时服务于用户的体验,集合了多种网络多类型接入网络的方式,提供了用户前所未有的体验,物联网互联网的配合,更能极大地满足服务用户。

3. 光纤网络更新升级

由于 IP 业务急剧增加,迫使光纤网络需要新的材料作为承载。传统的单模光纤已经不能满足信息高速低延时大范围的传输。新型的网络光纤需要具备长距离输送信号且不需要色散补偿、波段较为宽广,能大幅降低衰减。光纤网络技术的更新,令网络进入全数字化、智能化的时代。双绞线铜线将逐渐被淘汰,新的材料如非零色散光纤、全波光纤等由于能节约可观的金属,减少成本支出,使设备的利用率得到提升。

传输链路已经基本实现光纤化,接入网基本实现光纤化,未来将实现传输、接入和交换的端到端光网络,从而真正迈入全光网时代。

4. 视频业务日益凸显

大连接时代的临近,催生了用户对于高带宽的需求,百兆网络正在成为常态,千兆也已成为趋势。在这一背景下,全球越来越多的运营商将视频定位为基础业务。4K(超高清数字电视标准)由于"影院级"的视频体验,得到用户青睐,成为运营商获取"视频流量红利"的关键入口。未来,产业链将进一步推动 4K 产业成熟,网络朝着更高带宽演进。

以 5G、光纤网络、物联网、互联网等各类技术为代表,技术的革新使社会生活日新月异,提供了更多可能,打破了传统信息通信的技术壁垒,提高了通信质量。新一代信息通信不仅能为人们生活提供优质的服务,也促进社会经济的发展。在我国全面建成小康社会、实现两个百年奋斗目标的伟大进程中,信息通信技术将在转方式、惠民生,乃至我国现代化建设全局中起到更加重要的作用,通信业必将承担起更加光荣和艰巨的使命。

第二节　通信系统模型

通信就是指消息的传递。通信中所传递的消息,有各种不同的形式,如语言、符号、文字、数据、图像等。通信的目的就是解决人与人、人与机器、机器与机器之间的沟通问题。

在现代通信技术中,主要运用的通信方式是电通信技术,简称"电信",即以电信号的形式来传递信息。在通信过程中,首先是在发送端将原始信息转换成电信号,然后通过信道进行传输,在接收端再将收到的电信号还原为原始信息。

通常将完成通信任务的全部技术设备和设施称为通信系统。通信系统的功能是对原始信号进行转换、处理和传输。由于完成通信任务的通信系统种类繁多,因此它们的具体设备和业务功能也就不尽相同,经过抽象概括,可以得到通信系统的基本模型,如图 1-1 所示。从总体上看,通信系统一般由信源、发送变换器、信道、接收变换器和信宿五部分组成。其中的每一部分完成一定的功能,每一部分都可能包括很多的电路,甚至是一个庞大的设备。噪声是干扰人们休息、学习和工作的声音。通信系统的噪声会影响通信质量,如话音清晰度降低、数据传输错误等。

图 1-1　通信系统的基本模型

一、信源

信源是指发出信息的源头。在人与人之间直接进行通信时,信源指的是发出信息的人。在设备与设备之间进行通信时,信源指的就是能够发出信息的设备,其作用是将输入的原始信息变换为电信号,此信号通常称作基带信号。

根据所产生信号性质的不同,信源可分为模拟信源和数字信源。模拟信源(如电话机、传真机等)输出连续幅度的模拟信号;数字信源(如电传机、计算机等)输出离散的数字信号。

二、发送变换器

发送变换器的基本功能是将信源和信道匹配起来,即将信源产生的基带信号变换为适合在信道上传输的信号。不同信道有不同的传输特性,而由于要传送的信息种类很多,它们相应的基带信号参数各异,往往不适于在信道中直接传输,故需要变换器进行变换。

在现代通信系统中,为满足不同的需求,需要不同的变换处理方式,如放大、模/数转换、纠错、编码、加密、调制、多路复用等。

三、信道

信道是指信号的传输媒介,即信号是经过信道传送到接收变换器的。信道一般分为有线信道(如双绞线、同轴电缆、光纤等)和无线信道(如长波、中波、短波、微波等)两类。

信道既给信号提供通路,也会对信号产生各种噪声和干扰。传输信道的固有特性和干扰直接关系到通信的质量。

四、接收变换器

接收变换器的工作过程是发送变换器的逆工作过程。发送变换器把不同形式的基带信号变换成适合信道传输的信号,通常这种信号不能为信息接收者接收,需要用接收变换器把从信道上接收的信号再变换成原来的基带信号。接收变换器的主要处理方式有多路分解、解调、解密、解码、数/模转换等。

实际上,由于信号在收/发设备中均会产生失真并附加噪声,在信道中传输时也会混入干扰,所以接收端与发送端的基带信号总会有一定的差别。

五、信宿

信宿是传输信息的归宿,也就是信息的接收者,如听筒、显示屏等。其作用是将复原的基带信号转换成原始形式的信息。信宿可以与信源相对应构成人—人通信或机—机通信;也可以与信源不一致,构成人—机通信或机—人通信。

六、噪声源

噪声源是信道中的噪声以及分散在通信系统中其他各处的噪声的集中表示。通信系统都是在有噪声的环境下工作的,因此噪声源在实际的通信系统中是客观存在的。

应当指出,以上模型是点对点的单向通信系统。对于双向通信,通信双方都要有发送和接收变换器。若想要完成多个用户中的任意两个用户之间的双向通信,还需要通过通信网将所有用户连接起来,以实现相互通信的目的。

第三节　通信技术分类

从不同的角度出发,通信网可分成许多类别,下面介绍几种较常用的分类方法。

一、按业务类别划分

1. 电话网

电话网用以实现用户间的话音通信,它是最为传统的一种通信方式。

2. 电报网

电报网用来在用户间以电信号形式传递文字(稿),电报机(终端)完成文稿与电码的转换,电码经电报电路及电报交换机实现异地传送。

3. 传真网

利用光电变换把照片、图表、文件等资料传送到远方,使对方收到与原件相同的真迹,故称为传真通信。

4. 电视网

电视网应该称为广播电视网络,用以实现电视信号的传送与控制。

5. 数据网

在数据终端(计算机)之间传送各种数据信息,以实现用户间的数据通信。数据网也称为计算机网络。计算机网可分为局域网、城域网和广域网。目前,网络规模最大、应用最为广泛的计算机网络为因特网(Internet),它实现了世界范围内的计算机互连,可实现资源共享、分布处理、信息浏览和互动交流等业务。

二、按通信服务的对象划分

1. 公用网

公用网也称为公众网,它指的是向全社会开放的通信网。

2. 专用网

专用通信网是相对于公用通信网而言的,它是各专业部门为内部通信需要而建立的通信网,专用通信网有着各行业自己的特点,如公安通信网、军用通信网、铁路通信网等。

三、按传输信号的形式划分

1. 模拟网

通信网中传输的是模拟信号,即时间与幅度均连续或时间离散而幅度连续的信号。

2. 数字网

通信网中传输的是时间与幅度均离散的信号,即数字信号。

四、按通信终端的活动方式划分

1. 固定通信网

固定通信网中的通信终端位置固定,如传统的固定电话网、电报网、广播电视网、计算机网络等。

2. 移动通信网

移动通信网中的终端(如手持终端、车载终端等)设备可在移动中进行通信。如蜂窝移动通信网、Wi-Fi 网络、卫星移动通信网等。

五、按传输媒质划分

1. 有线网

有线网传输媒质包括(架空)明线、(同轴、对称)电缆、光缆等。

2. 无线网

无线网包括移动通信网、卫星通信网和微波通信网等。

应该说通信网的分类方法还有很多,例如还可分为主(骨)干网和接入网、业务网和支撑网、长途网与本地网、市话网与长话网、局域网和广域网等,限于篇幅,不再一一列举。

六、按功能划分

从功能的角度看,一个完整的现代通信网可分为相互依存的三部分:业务网、传送网、支撑网。

1. 业务网

业务网面向公众提供各种通信业务(也可是一种或数种业务),包括电话交换网、数据网、综合业务数字网、IP 网、移动通信网和智能网等。

2. 传送网

可通过电缆、光纤、微波和卫星等传输方式为不同服务范围的业务网之间传送信号。

3. 支撑网

支持业务网和传送网的正常运行,增强网络功能,提高网络服务质量。支撑网主要包括信令网、数字同步网和电信管理网。

第四节 通信技术基础

2.传输信道

一、传输信道

传输信道简称信道。它连接发送端和接收端,是通信双方之间单向或双向传输信号的传输通道。通常信道有狭义和广义两种定义方法。

狭义信道是指信号的传输媒质,如光纤、电缆和传输电磁波的自由空间等。

广义信道是指将传输媒质和各种信号变换设备(如发送设备、接收设备、馈线与天线、调制解调器等)包括在内的传输通道。

按照传输媒介来划分,传输信道可分为有线信道和无线信道。

1. 有线信道

在有线信道中,电磁波是沿着有形媒介传播的。有线信道包括双绞线、同轴电缆和光纤等。

(1)双绞线

双绞线由两根互相绝缘的导线组成,两根导线绞合成匀称的螺纹状,作为一条通信线路。将4根或更多根这样的双绞线捆在一起,外面包上护套,就构成双绞线电缆,如图1-2所示。

(2)同轴电缆

同轴电缆的横截面是一组同心圆,如图1-3所示。它由铜制的内导体和外导体组成,二者之间是绝缘材料,最外层是绝缘保护层。铜导线用来传输电流、电压信号,铜网屏蔽层的作用是抵御环境中的电磁辐射对所传输的电流、电压信号的干扰。

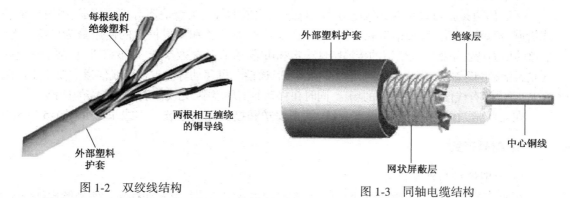

图 1-2 双绞线结构　　　　　　　　图 1-3 同轴电缆结构

目前主要使用的同轴电缆有2M同轴电缆、馈线、漏泄电缆、音视频线等。它们的基本结构类似,在型式、尺寸、材料方面有所区别,传输性能也不尽相同。

(3)光纤

光纤是光导纤维的简称,是以光波作为载波的一种传输介质。光纤由纤芯、包层和涂覆层组成,其制造材料主要为二氧化硅(SiO_2)。光纤具有传输频带宽、传输损耗小、不受电磁干扰、保密性好等优点。在实际应用中,一般将光纤做成光缆,光缆由缆芯、加强件和护层组成,如图1-4所示。光缆原来主要用于大容量、长距离的干线传输网,目前在接入网、局域网等场合中的应用也越来越普及。

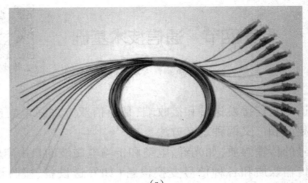

(a)

(b)

图 1-4 光缆举例

2. 无线信道

无线信道是指可以传输无线电波和光波的空间或大气。无线信道有长波信道、中波信道、短波信道、超短波信道、微波信道和卫星信道等,其中微波信道和卫星信道的使用最为广泛。无线信道的传输特性不如有线信道的传输特性稳定和可靠,存在传输效率低、易被窃听、易被干扰、易受气候因素影响等缺点,但无线信道具有方便、灵活、通信者可移动等优点。无线信道主要用于山区、海上、空中等有线信道不易敷设的场合,同时在移动通信环境中,无线信道也是必需的选择。

在无线信道的两端,通常设置天线,用来发送和接收无线电波。天线举例如图 1-5 所示。

二、信号形式

1. 模拟信号与数字信号

在通信系统中,无论何种要传递的信息,都必须以一定的信号形式而存在。信号形式可分为两类:模拟信号和数字信号。模拟信号与数字信号的区别可根据信号幅度取值是否离散来确定。

(1)模拟信号

模拟信号是指用连续变化的物理量所表达的信息,如温度、湿度、压力、长度、电流、电压等。模拟信号的幅度取值是连续的(幅值可由无限个数值表示),如图 1-6 所示。

模拟信号的优点是直观且容易实现,但存在两个主要缺点:

①保密性差

模拟信号在通信过程中很容易被窃听,只要收到模拟信号,就容易得到通信内容,从而造成信息泄密。

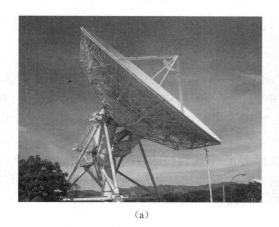

（a）

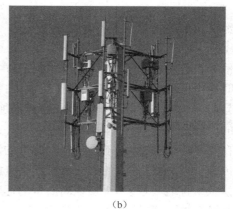

（b）

（c）

图 1-5   天线举例

②抗干扰能力弱

电信号在沿线路的传输过程中会受到外界的和通信系统内部的各种噪声干扰,噪声和信号混合后难以分开,从而使得通信质量下降。线路越长,噪声的积累也就越多。

（2）数字信号

数字信号指幅度的取值是离散的,幅值表示被限制在有限个数值之内。二进制码就是一种数字信号,如图 1-7 所示。数字信号是在模拟信号的基础上经过变换而形成的。数字信号具有诸多模拟信号所不具备的优点,因而得到了广泛应用。

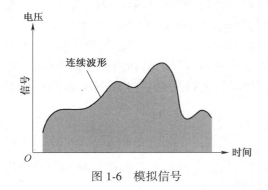

图 1-6   模拟信号

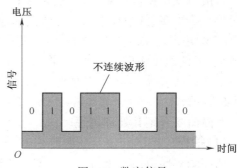

图 1-7   数字信号

数字通信的特点主要有：

①抗干扰能力强，无噪声积累

信号在传输过程中必然会受到各种噪声的干扰。在模拟通信中，为了实现远距离传输，需要及时地把已经受到衰减的信号进行放大；信号放大的同时，串扰进来的噪声也被放大，难以把信号与干扰噪声分开。随着传输距离增加，噪声累加越来越大，信噪比越来越小，所以模拟通信的通信距离越远，通信质量越差。

在数字通信中，信息不是包含在脉冲的波形上，而是包含在脉冲的有无之中。为了实现远距离传输，可以通过再生的方法对已经失真的信号波形进行判决，从而消除噪声积累，所以数字通信抗干扰能力强，易于实现高质量的远距离传输。

②灵活性强，能适应各种业务要求

在数字通信中，各种消息（电报、电话、图像和数据等）都可以变换成统一的二进制数字信号进行传输，对来自不同信源的信号自动地交换、综合、传输、处理、存储和分离，而且数字通信可以很方便地利用计算机实现复杂的远距离大规模自动控制系统和自动数据处理系统，通过计算机对整个数字通信网络进行高度智能化的监测。

③便于加密处理

数字通信的加密处理比模拟通信容易得多，通过逻辑运算即可实现。模拟信号经模/数（A/D）变换后，可以先进行加密处理，再进行传输，在接收端解密后再经数/模（D/A）变换还原成模拟信号。信息数字化为加密处理提供了十分有利的条件，并且密码的位数越多，破译密码就越困难。

④设备便于集成化、小型化

数字通信通常采用时分多路复用，设备中大部分电路都是数字电路，可以用大规模和超大规模集成电路实现，这样设备体积小，功耗也较低。

⑤占用频带宽

一路模拟电话约占 4 kHz 带宽，而一路数字电话大约需 64 kHz 带宽。随着编码技术的不断发展，虽然一路数字电话的带宽可降到 32 kHz，甚至 16 kHz，但仍然远大于模拟通信。当然，随着光纤等宽带传输信道的逐步采用，数字通信和光纤传媒的优点得到了最好的结合，这点不足已变得微不足道。

2. 模拟信号数字化技术

若信源发出模拟信号，首先要把模拟信号进行数字化处理，即模/数（A/D）变换。模/数变换的方法很多，其中最常用的方法是脉冲编码调制（Pulse Code Modulation，PCM）。

PCM 方式是在发送端对模拟信号进行抽样、量化、编码，使其变为二进制数字信号（PCM 信号）。经信道传输后，在接收端将收到的 PCM 信号还原为与发送端相同的样值序列，再经过一个低通滤波器即可重建原模拟信号，即完成数/模（D/A）变换。PCM 基本通信过程如图 1-8 所示。

下面简要介绍其处理过程。

（1）抽样

抽样是对模拟信号进行时间上的离散化处理，其实现的方法就是将模拟信号送到抽样门的开关电路中，每隔一段时间对模拟信号抽取一个样值。

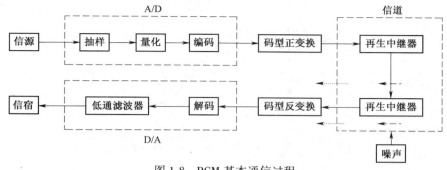

图 1-8 PCM 基本通信过程

抽样后得到一组在时间上离散的样值序列,称为脉冲幅度调制信号(PAM 信号)。抽样过程必须满足抽样定理,才能在接收端根据样值序列不失真地还原模拟信号。抽样定理为:对于一个最高频率为 f_m 的模拟信号,其抽样脉冲的重复频率 f_s 必须不小于模拟信号最高频率的两倍,即 $f_s \geqslant 2f_m$。

例如:话音信号的频率范围为 0.3～3.4 kHz,最高频率 $f_m = 3\,400$ Hz,根据抽样定理可得其抽样频率应大于 6 800 Hz,考虑到滤波器的截止特性,需增加保护频带 1 200 Hz,实际选取抽样频率 $f_s = 8\,000$ Hz,重复周期 $T_s = 1/f_s = 125\ \mu s$,即每隔 125 μs 抽取一个样值。

抽样后的信号在时间上是离散的,但在幅度上是连续的,仍为模拟信号。

(2)量化

量化的任务是将 PAM 信号在幅度上离散化。量化方法是将 PAM 信号的幅度变化范围划分为若干个小间隔,当样值信号落在其中的一个间隔内,就用这个间隔的一个固定值来表示,该值称为量化值。间隔的数量称为量化级数。

PAM 信号经过量化后称为量化 PAM 信号。它在时间和幅度上都是离散的,但不是二进制数字信号,因此还要对量化 PAM 信号进行编码。

(3)编码

编码的任务是将量化 PAM 信号按幅度大小转换为相应的二进制码组。量化级数 N 与编码位数 n 的关系为:$N = 2^n$。

在 PCM 系统中,量化级数为 256,则编码位数为 8 位。

图 1-9 为 PCM 抽样、量化、编码过程中的信号示意图(为方便起见,编码位数设为 3 位)。

(4)码型变换

PCM 编码后输出的是单极性不归零(NRZ)码,这种码存在含有直流成分、无时钟频率成分、码间干扰大、码型无规律等缺点,不适合在信道中传输。因此需将 NRZ 码转换为适合在信道上传输的码型(如 HDB$_3$ 码、CMI 码等)。在接收端还需进行码型反变换,即将线路码型再还原为 NRZ 码。

(5)再生中继

PCM 数字信号在信道上传输的过程中会受到衰减和噪声干扰的影响,使得波形失真。而且随着通信距离的增加,波形失真越来越严重,造成误码率上升,通信质量下降。因此,在信道上每隔一段距离就要对数字信号波形进行一次"修整",再生出与原发送信号相同的波形,然后再进行传输。

再生中继的过程为:再生中继器从接收码中提取定时信号,并按波形规定的时刻进行判

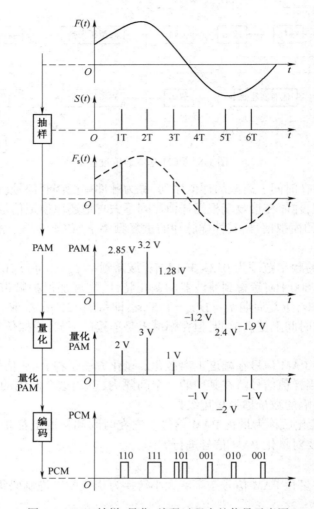

图 1-9　PCM 抽样、量化、编码过程中的信号示意图

决,凡是达到门限电平值时判为+1 或-1,达不到门限值时均判为零,从而再生出前站的波形,继续向下一站传送。只要判决再生正确,传输过程中的噪声干扰就会被消除。

（6）解码

解码的过程与编码正好相反,它是将 PCM 信号还原成与发送端 PAM 信号近似的重建信号。

（7）低通滤波

解码后的 PAM 信号在时间上是离散的,但其包络线与原模拟信号极为相似。可通过低通滤波器滤除谐波分量,检出 PAM 信号的包络线,即还原出原始的模拟信号。

三、传输技术

（一）基带传输与频带传输

1. 数字信号的基带传输

我们将信源转换过来未经调制的信号称为基带信号。将基带信号直接送往信道中传输的方式称为基带传输。

（1）数字基带传输系统的组成

数字基带传输系统主要由波形形成器、发送滤波器、信道、接收滤波器和抽样判决器组成，如图 1-10 所示。

波形形成器对信源输出的数字信号进行码型变换并形成脉冲波形。发送滤波器限制基带信号发送的频带，避免对相邻信道产生干扰。信道是指传输媒介，如电缆、光缆等。接收滤波器滤除已收到信号的噪声并对失真的波形予以均衡。抽样判决器对收到的信号进行抽样判决，使基带信号得到再生。

图 1-10　数字基带传输系统的组成

（2）数字基带传输的线路码型

信号波形称为码型，适合在信道中传输的基带信号码型又称为线路传输码型，简称线路码型。数字基带信号的不同码型具有不同的频谱结构，选择合理的线路码型应考虑如下问题：

①易于从线路码流中提取时钟分量。

②线路码型频谱中不含直流分量及小的低频成分。

③线路码流中高频分量应尽量少。

④经信道传输后，码间干扰尽量小。

⑤线路码型具有一定的误码检测能力。

⑥设备简单，易于实现码型变换和反变换。

以上各项原则并不是任何基带传输码型均能完全满足，通常是根据实际要求满足其中的若干项。

数字基带信号的线路码型种类繁多，本节主要介绍目前常见的几种，如图 1-17 所示。

图 1-11（a）为单极性不归零（NRZ）码，其编码规律是：分别用正电平和零电平表示"0"和"1"，在整个码元持续时间，电平保持不变。单极性不归零码具有占用频带较窄、含有直流分量、不能直接提取位同步信息、抗噪性能差等特点。基带数字信号传输中很少采用这种码型，它只适合极短距离传输。

图 1-11（b）为单极性归零（RZ）码。归零码是指它的电脉冲宽度比码元宽度窄，每个脉冲都回到零电平，即还没有到一个码元终止时刻就回到零值的码型。单极性归零码的编码规律是：在传送"1"时，发送 1 个宽度小于码元持续时间的归零脉冲；在传送"0"时，不发送脉冲。单极性归零码与单极性不归零码比较，主要优点是可以直接提取同步信号。它可以作为其他码型提取同步信号时的一个过渡码型。

图 1-11（c）为双极性不归零码，其编码规律是：分别用正电平和负电平分别表示"1"和"0"。双极性不归零码与单极性不归零码相比，直流分量小。主要用在 V 系列接口标准或 RS-232 接口标准中。

图 1-11（d）为差分码，其编码规律是：差分码中的"1"和"0"分别用电平跳变和不跳变表示。如：相邻电平改变为"1"，不变为"0"。差分码的特点是，即使接收端收到的码元极性与发

送端完全相反,也能正确地进行判决。

图 1-11(e)为数字双向码,又称曼彻斯特码,其编码规律是:它用一个周期方波表示"1",而用同周期方波的反相波形表示"0"。如"1"用"10"表示,则"0"用"01"表示。该码的优点是无直流分量,最长连"0"、连"1"数为 2,定时信息丰富,编译码电路简单。曼彻斯特码适用于数据终端设备之间的中速短距离数据传输。

图 1-11(f)为双极性传号交替反转码(AMI 码),其编码规律是:"0"仍用 0 电平表示,"1"交替用正电平和负电平表示。AMI 码具有不含直流成分、便于观察误码、电路简单等优点,是一种基本的线路码,得到广泛使用。

图 1-11(g)为传号反转码(CMI 码),其编码规律是:"1"为"00"、"11"交替出现,将"0"变为"01"。CMI 码的优点是没有直流分量,便于定时信息提取,具有误码监测能力,编、译码电路简单。CMI 码具有上述优点,在高次群 PCM 设备中广泛用作接口码型,在低速的光纤数字传输系统中也被建议作为线路传输码型。

图 1-11(h)为三阶高密度双极性码(HDB$_3$)码,其编码规律是:当码流中连零个数小于 4 时,编码规则 AMI 码相同。当连零个数大于或等于 4 时,编码规则如下:

当出现 4 个或 4 个以上的连"0"时,从第一个 0 码起将 4 个连续的 0 划分为一组,称为四连零组。将四连零组的第 4 个 0 用"V"码代替,V 码称为插入的破坏码,实际上是一个"1",但极性要破坏 AMI 码中"1"的交替反转规律。若相邻两 V 码之间传号个数为偶数个,则四连零组的第一个 0 用 B'码代替。若相邻两个 V 码间传号个数为奇数个,则四连零组的第一个 0 不

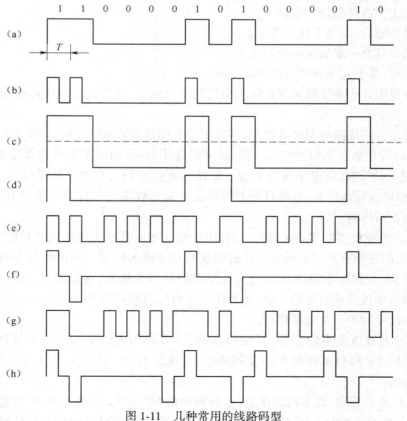

图 1-11 几种常用的线路码型

变。B′称为插入的非破坏码,它与码流中的"1"一样,符合"1"的交替反转规律。

虽然 HDB$_3$ 码的编码规则比较复杂,但译码却比较简单。HDB$_3$ 除了保持 AMI 码的优点外,还增加了使连"0"个数不超过 3 个的优点,这对于定时信号的恢复是极为有利的。HDB$_3$是主要的线路码型之一。

除了图 1-11 给出的几种码型外,近年来,高速光纤数字传输系统中还应用到 5B6B 码,其是将每 5 位二元码输入信息编成 6 位二元码码组输出。这种码型具有便于提取时钟、低频分量小、同步迅速等优点。

2. 数字信号的频带传输

大多数用于通信的传输媒质,其适合于传输的频率窗口不在基带,而在高频的某个频段。因此,为了适应信道传输特性,要将基带信号进行调制,即将数字信号的频谱搬移到某一载频处,变为频带信号进行传输,这种传输方式称为频带传输。

(1)数字频带传输系统的组成

数字频带传输系统主要由调制器、信道和解调器组成,如图 1-12 所示。

图 1-12　数字频带传输系统的组成

数字频带传输系统的工作过程为:在发送端,通过调制器对基带数字信号进行调制并生成已调信号,已调信号经过信道传输后到达接收端,然后再利用解调器从已调信号中恢复出发送端的基带信号。

(2)数字调制的方式

数字调制的实现是利用基带数字信号控制载波的幅度、频率或相位的变化,使其携带有基带信号的信息。主要有三种基本的数字调制方式:幅移键控(ASK)、频移键控(FSK)和相移键控(PSK)。三种数字调制方式的框图及波形如图 1-13 所示。

①幅移键控

幅移键控(ASK)是指利用载波的不同幅度来表示相应数字信号的两种状态。当发送"1"时,已调信号为高频等幅波;当发送"0"码时,已调信号为零电平。ASK 实现简单、占用带宽窄,但是信号的抗干扰能力差。

②频移键控

频移键控(FSK)是指利用载波的不同频率来表示相应数字信号的两种状态。数字信号的"1"对应载波频率 f_1,"0"对应载波频率 f_2。FSK 的优点是信号的抗干扰能力强,但是占用带宽大,频谱利用率较低。

③相移键控

相移键控(PSK)是指利用载波的不同相位来表示相应数字信号的两种状态。例如,数字信号的"1"和"0"分别用载波的 0 和 π 两个相位来表示。PSK 具有抗干扰能力强、频谱利用率高等优点,但是实现较为复杂。

以上三种调制方式在实际中很少使用。实际中采用的数字调制方式大都是在它们的基础上经过改进、融合而形成的,如 GMSK、QPSK、OQPSK、π/4-QPSK、QAM、OFDM 等。

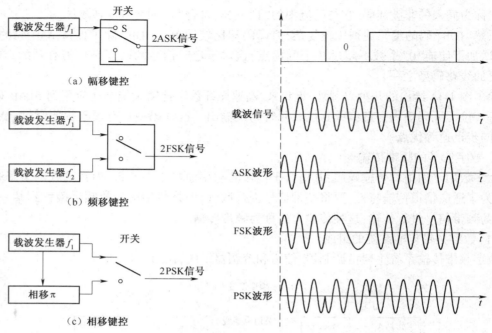

图 1-13　三种数字调制方式的框图及波形

（二）串行通信与并行通信

（1）串行通信

串行通信是指在一条数据通道上,将数据一位一位(一比特一比特)地依次传输的通信方式。串行通信一次只能传输一个"0"或一个"1"。

（2）并行通信

并行通信是指在一组数据通道上,将数据一组一组地依次传输的通信方式。并行通信一次能够传输多个"0"和"1"。并行通信中,每一条数据通道上的传输原理都与串行通信类似。并行通信虽然可以大幅提升传输速率。但在并行通信中,各数据通道上的信号同步要求非常苛刻,并且信号传输距离越远,实现各数据通道上的信号同步就越困难,因此并行通信不适合远距离通信场合。

（三）通信工作方式

根据指向性的不同,通信可以分为单工通信方式、半双工通信方式和全双工通信方式,如图 1-14 所示。

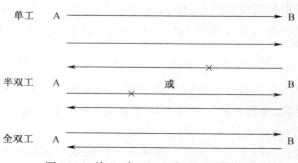

图 1-14　单工、半双工和全双工通信方式

（1）单工

单工方式中，信息的流向只能由一方指向另一方。信息只能从 A 流向 B，而不能从 B 流向 A。也就是说，A 只能向 B 发送信息，而 B 只能接收来自 A 的信息。广播通信系统、传统的模拟电视系统等都是单工通信方式的例子。

（2）半双工

半双工方式中，信息的流向可以从 A 到 B，也可以从 B 到 A，但信息不能同时在两个方向上进行传递。也就是说，A 发送信息时，B 只能接收信息；当 B 发送信息时，A 只能接收信息。如果 A 和 B 同时发送信息，则通信双方都不能成功接收到对方发送的信息。对讲机系统就是半双工通信方式的例子。

（3）全双工

全双工方式中，信息可以同时在两个方向上进行传递。也就是说，A、B 双方可以同时发送并接收信息。当 A 发送信息时，可以接收 B 在发送的信息，反之亦然。我们平时所使用的固定电话通信系统和移动电话通信系统，都是全双工通信方式的例子。

（四）多路复用技术

在通信网中，为了提高信道的利用率，可将多路信号放在同一信道中传输，这种技术称为多路复用技术。多路复用技术分为频分复用、时分复用和波分复用等方式。

1. 频分复用

频分复用（FDM）是指将信道的可用频带分割成若干个互不重叠的频段，每路信号分别占用其中的不同频段。为了防止各路信号之间的相互干扰，相邻两个频段之间需要留有一定的保护频段。

FDM 的原理如图 1-15 所示。发送端由低通滤波器（LPF）限制信号的传输频带，避免调制后的信号与相邻信号产生干扰。调制器利用不同的载频把各路信号搬移到不同的频段，再通过带通滤波器（BPF）把已调信号的频带控制在各自的范围。各路信号经信道传输至接收端，带通滤波器对收到的信号按频段进行分开，送至解调器，解调后再由低通滤波器恢复出原始信号。

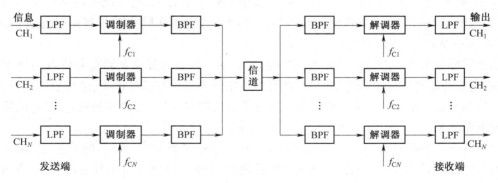

图 1-15 FDM 示意图

FDM 的优点是技术成熟，容易实现，其缺点主要是：保护频带占用了一定的信道带宽，使信道利用率低；实际频率特性改变，易造成干扰；所需设备随输入路数增加而增加，不易小型化；不提供差错控制技术，不便于性能监测。FDM 主要应用在模拟通信系统中，已经逐渐被时分复用所代替。

2. 时分复用

时分复用(TDM)是指将信道的可用时间分割成若干个一定长度的帧,每一帧又被划分为多个更小的时隙,每路信号各占其中的一个时隙。由于任一时刻只有一路信号占用信道,多路信号之间互不干扰。

TDM 的原理如图 1-16 所示。数字通信系统中模拟信号数字化的第一步是抽样,经过抽样后信号在时间上是离散的,也就是说两个样值之间有一定的时间间隙,因此可以利用这个间隙插入其他信号的样值。假设甲、乙两地有 n 对用户要同时进行通话,但只有一对传输线路,于是就在收发双方各加一对电子开关 K1、K2 来控制不同的用户占用信道的不同时间,K1 旋转一周即对每路信号抽样一次,K1 旋转一周的时间就等于抽样周期。只要接收端的电子开关 K2 与发送端的电子开关 K1 保持同频同相,确保发送端信号能够在接收端正确接收,即可实现时分复用。

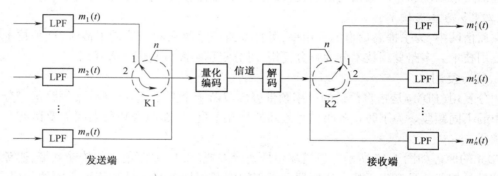

图 1-16　TDM 的原理示意图

TDM 的优点是频带利用率高,不易产生干扰。缺点是通信双方时隙必须严格保持同步。与 FDM 相比,TDM 更适合传输数字信号。

在 TDM 中,某一路信号固定地占用每一帧中的同一个时隙,而不能占用其他时隙。在接收端,可以根据时隙的不同来识别各路信号。这种方式也叫作同步时分复用(Synchronization Time-Division Multiplexing,STDM)。

同步时分复用的优点是控制简单,实现起来容易。缺点是如果某路信号没有足够多的数据,则不能充分地利用分配给它的时隙,此时隙也不能为其他路信号所用,造成资源的浪费;而某路信号如果有大量数据要发送但是没有足够多的时隙可利用,则要等候较长的时间,降低了设备的利用效率。

为了进一步提高时隙利用率,可以采用异步时分复用的方式。异步时分复用(Asynchronism Time-Division Multiplexing, ATDM)也叫作统计时分复用(Statistic Time-Division Multiplexing,STDM)。通常情况下,TDM 代表同步时分复用,STDM 代表统计时分复用。

STDM 采用按需分配时隙的技术,即某个时隙不是被一个用户单独占用,而是根据用户需求动态分配时隙。由于每路信号不是占有某个固定的时隙,因此不能根据时隙的不同来区分各路信号,在每个时隙中除了发送用户数据外,还必须另外添加地址信息。STDM 与 TDM 的工作原理比较如图 1-17 所示。

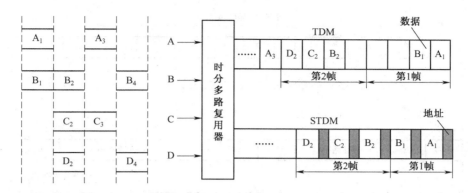

图 1-17 STDM 与 TDM 的工作原理比较图

STDM 的优点是提高了信道利用率,但是技术复杂性也比较高,而且增加了额外开销,加重了系统负担。相比而言,TDM 适用于实时性要求高的场合,如话音通信;而 STDM 适用于信道利用率要求高的场合,如数据通信。

3. PCM30/32 系统

PCM30/32 系统,也称为一次群或基群,是我国数字通信体制中最基本的数字信号复用等级。

(1)PCM30/32 基群帧结构

由时分复用的概念可知:同一话路抽样两次的时间间隔或所有话路轮流抽样一次的时间称为帧周期,用 T_s 表示。每个话路在一帧中所占的时间称为时隙,用 TS 表示。通常将一个样值编 n 位码。帧结构就是反映帧长、时隙、码位关系的时间图。

PCM30/32 基群中,帧长 $T_s = 125\ \mu s$,即抽样频率 $f_s = 8\ 000\ Hz$。每帧分为 32 时隙,用 $TS_0 \sim TS_{31}$ 表示,每个时隙所占时间为 3.91 μs。每个时隙编 8 位码,每位码所占的时间为 3.91/8 = 488 ns,其帧结构如图 1-18 所示。将每帧的 32 个时隙分为三个部分:

①话路时隙:$TS_1 \sim TS_{15}$、$TS_{17} \sim TS_{31}$ 共 30 个话路

$TS_1 \sim TS_{15}$ 分别传送第 1~15 话路($CH_1 \sim CH_{15}$)的话音信号;$TS_{17} \sim TS_{31}$ 分别传送第 16~30 话路($CH_{16} \sim CH_{30}$)的话音信号。

②帧同步时隙:TS_0

用于正确识别帧的起始位置,实现帧同步。在偶帧的 TS_0 的第 2~8 位集中插入帧同步码组 0011011,第 1 位供国际通信用,不用时暂定为"1"。奇帧的 TS_0 发送监视对告码,监视码占 TS_0 的第 2 位,固定为"1";对告码 A_1 占 TS_0 的第 3 位,当帧同步时 $A_1 = 0$,帧失步时 $A_1 = 1$;第 4~8 位码为国内通信用,目前暂定为"1"。

对告码的作用是:通话要正常进行,必须两个方向都畅通,如果一个方向有故障,就必须通过对告码来告诉对方。如甲、乙两方向进行通信,甲方发乙方收方向出现线路中断、失步等故障,乙方发就把奇帧 TS_0 的 x_3 置为"1"发给甲方收,告诉甲方该支路出现故障;或者是乙方发甲方收方向出现故障,甲方发就把奇帧 TS_0 的 x_3 置为"1"发给乙方收,告诉乙方该支路发生故障。在正常情况下,$x_3 = 0$。

③信令时隙:TS_{16}

用于传送 30 个话路的信令信号。每个话路的信令占 4 位码,一个 TS_{16} 只能传送两路信

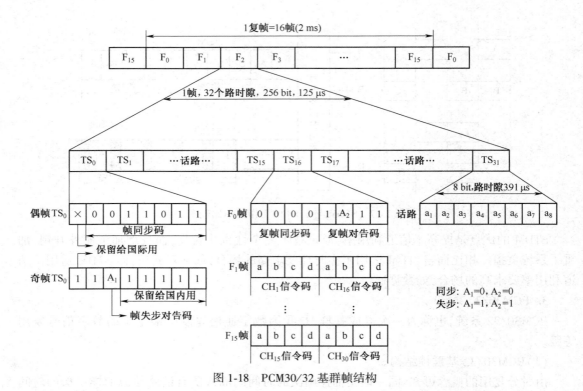

图 1-18 PCM30/32 基群帧结构

令。因此建立由 16 帧组成的复帧结构,记为 F_0~F_{15}。F_0 帧的 TS_{16} 用于传送复帧同步码和对告码,复帧同步码为 0000,占 F_0 帧 TS_{16} 的前四位。第 6 位码为复帧对告码 A_2,同步时发"0",失步时发"1"。第 1~15 路的信令码分别占用 F_0~F_{15} 帧的 TS_{16} 的前四位,第 16~30 路的信令码分别占用 F_0~F_{15} 帧的 TS_{16} 的后四位。信令的传送频率为 500 Hz,即每隔 2 ms 传送一次。

(2)PCM 基群同步

在接收端为了正确地恢复原来的信号,需保证正确的分路和解码。但是,对一个随机的数字码流,应如何判断一组码的开始和结束,所需的码字在何位置,等等,这就需要接收端与发送端保持同步。

PCM 基群同步包括三方面内容:

①位同步

又称时钟同步,其含义是收、发双方时钟频率要完全相同,收定时系统的主时钟相位要间接收信码流相对应,以保证正确判决。简单地说,收定时系统的主时钟脉冲要同接收信码流同频同相。收信端的主时钟 CP 是从发端送来的信码流中提取而得的。

②帧同步

其含义是在发端第 n 路抽样量化编码的信号一定要在收端第 n 路解码滤波还原,以保证语声的正确传送。若实现位同步后,虽可保证判决正确,但是正确判决后的倍码流是一串无头无尾的数字码流,仍不能还原。为此要加帧同步码以保证接收端区分数字码流的首尾。

③复帧同步

其含义是发端第 n 路的倍令一定要送列收端第 n 路,以确保信令正确传送。

帧同步、复帧同步的实现方法相似,都是发送端在固定的时间位置(包括子帧、时隙、比特位)上插入特定的码组,即同步码组;在接收端加以正确识别。

同步码组的插入方法主要有两种:分散插入法和集中插入法。

30/32 路 PCM 基群即采用集中插入方式。PCM 基群中,帧同步码组"0011011"是集中插入到每个偶帧 TS_0 时隙的 $x_2 \sim x_8$ 中;复帧同步码组"0000"是集中插入到 F_0 帧 TS_{16} 时隙的 $x_1 \sim x_4$ 中。

(3)PCM30/32 系统的数码率

对于 PCM30/32 系统,其抽样频率为 8 000 Hz,每个样值编码为 8 bit,则一个话路的数码率为 8 000×8 = 64 kbit/s。PCM30/32 系统有 32 个时隙,则总数码率为 64 kbit/s×32 = 2 048 kbit/s=2.048 Mbit/s。

(五)数字复接技术

数字复接技术就是将若干个小容量的低速率数字流合并成一个大容量的更高速率的数字流,传输到接收端后,再把高速数字流分解成低速数字流的过程。数字复接技术能够扩大传输容量和提高传输效率。

1. 数字复接系统的构成

数字复接系统由数字复接器和数字分接器组成,其框图如图 1-19 所示。

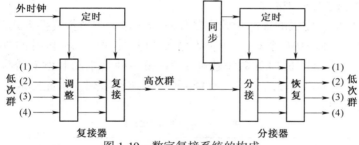

图 1-19　数字复接系统的构成

数字复接器的功能是把两个或两个以上的支路信号按时分复用方式合并成一个高次群的数字信号。它主要由定时、码速调整和复接等单元组成。定时为复接器提供统一的基准时钟。码速调整是对各支路信号的速率进行调整,使复接时的速率完全一致。复接单元将速率一致的各支路信号按规定的顺序复接为高次群。

数字分接器的功能是把已经合路的高次群数字信号分解为原支路数字信号。它由同步、定时、分接、恢复等单元组成。同步使分接器与复接器保持同步。定时能够从收到的数字信号序列中提取时钟。分接要将接收到的高次群数字信号分离,形成同步的支路数字信号。恢复与调整相对应,用于还原出原支路数字信号。

2. 数字复接的方式

在复接过程中,各支路信号的数字码在高次群中有三种排列方式。

(1)按位复接

按位复接又称按比特复接,方法是依次复接每个支路的一位码。复接后的码序列中的第一位码是第一支路的第一位码,第二位码是第二支路的第一位码,依此循环,实现数字复接。

(2)按字节复接

按字节复接的方法是依次复接每个支路的一个码字(8 位码)。复接时先将 8 位码寄存,在规定的时间内对 8 位码进行一次复接,即各支路轮流按顺序复接每个支路的 8 位码。

（3）按帧复接

按帧复接的方法是每次轮流复接每个支路的一个帧。这种方式需要的存储容量大，因此很少使用。

3. 数字复接同步的方法与码速调整

当若干个低次群数字信号复接成一个高次群数字信号时，要求各个低次群信号的速率完全一致，否则，复接后的高次群信号会产生重叠、错位现象。因此，在各低次群复接前，必须使其速率完全同步。数字复接同步的方法有两种：同步复接和异步复接。

如果各低次群信号的时钟都是由同一个高稳定度的主时钟供给的，就可保证各低次群的时钟频率相等，这时的复接就是同步复接。

如果各低次群信号使用各自的时钟，复接时速率就不一定相等，这种复接称为异步复接。准同步复接也是异步复接，是指各低次群信号采用相同标称频率，但不出于同一时钟源。由于各支路的时钟有一定的容差范围，复接时的瞬时速率各不相同，因此复接前需要进行码速统一调整后再复接。

无论是同步复接还是异步复接，因为复接后的高次群中还要加入帧同步码、监测码等，故均需进行码速变换或调整。

4. 准同步数字系列（PDH）

PDH 是由原 CCITT 建议的准同步数字复接系列。它采用异步复接方式和按位复接方式。原 CCITT 推荐了两种 PDH 系列：一种是北美和日本等国家采用的 24 路系统，即以 1.544 Mbit/s 作为一次群（基群）的数字速率系列；另一种是中国和欧洲等国家采用的 30/32 路系统，即以 2.048 Mbit/s 作为一次群（基群）的数字速率系列。由此形成了世界上互不兼容的 PDH 体系，见表 1-1。

表 1-1　PDH 速率等级

群　号		一　次　群	二　次　群	三　次　群	四　次　群
日本	话路数（路）	24	24×4=96	96×5=480	480×3=1 440
	速率（Mbit/s）	1.544	6.312	32.046	97.728
北美	话路数（路）	24	24×4=96	96×7=672	672×6=4 032
	速率（Mbit/s）	1.544	6.312	44.736	274.176
中国及欧洲	话路数（路）	30	30×4=120	120×4=480	480×4=1 920
	速率（Mbit/s）	2.048	8.448	34.368	139.264

我国采用的 PDH 系列分为 4 个速率等级，即一次群（基群）、二次群、三次群和四次群，对应的传输速率分别为 2.048 Mbit/s、8.448 Mbit/s、34.368 Mbit/s 和 139.264 Mbit/s。

随着现代通信网的发展和用户要求的日益提高，PDH 的不足逐渐显露出来，主要体现在以下几方面：

（1）国际上 1.544 Mbit/s 和 2.048 Mbit/s 这两种系列难以兼容，给国际互通带来困难，而且向更高群次发展在技术上也有较大的困难。

（2）没有世界性的标准光接口规范，导致各国厂商开发的不同光接口无法在光路上互通，只有通过光/电转换成 G.703 标准接口后才能互通，限制了联网应用的灵活性，也增加了网络设备的复杂性和运行成本。

（3）从组网角度看，PDH 难于从高次群信号中直接分出低次群甚至基群信号，因此上、下话路很不方便。

（4）随着对现代通信网操作、维护和管理等要求的不断提高，需要传输的网控信息越来越多，现有的 PDH 各级帧结构所预留的少量比特已经不能适应这一发展的要求。

基于以上原因，PDH 已逐渐被新的数字复接系列——SDH 所代替。

5. 同步数字系列（SDH）

SDH 是由 ITU-T G.707 建议所规定的同步数字复接系列。采用同步复接方式和按字节复接方式。SDH 共有 4 个速率等级，即 STM-1、STM-4、STM-16 和 STM-64，见表 1-2。

表 1-2　SDH 速率等级

等级	速率（Mbit/s）	话路数（路）
STM-1	155.520	1 920
STM-4	622.080	7 680
STM-16	2 488.320	30 720
STM-64	9 953.280	122 880

PDH 基于点对点传输以及设备构成的固有弱点，已经不能继续发展，而 SDH 正是针对 PDH 存在的缺点，在更高的基础上进行发展，所以具有许多与 PDH 不同的特点。

（1）SDH 具有世界性统一标准

PDH 网只有地区性数字信号速率和帧结构标准，而不存在世界性统一标准。北美、日本、欧洲三个地区性标准电信网互不相容，造成国际互通的困难。

SDH 网能使两大数字体系三个地区标准，在基本传送模块 STM-1 等级上获得统一。因此数字信号在跨越国界通信时，不再需要转换成另一种标准，真正第一次实现了数字传输体制上的世界性标准。

（2）SDH 具有相同的同步帧结构

PDH 网高次复用采用异步复用方式，支路信号需要加塞入比特与复用设备同步。这样在高速信号中就无法识别和提取低速信号。为了取出支路信号，必须使设备一步一步地解复用取出所需的低速支路信号，还需要对其他通信信号一步一步再复用上去，称为背对背复用。同时，为了各群之间维护和交叉连接，还需要许多数字配线架，这种工作方式需要复用设备多，结构复杂，连线多，上下话路繁琐，缺少灵活性。

SDH 网将光电设备综合成一个网络单元 NE，在 NE 中使用相同的同步帧结构。在帧结构内，各种不同等级的码流排列在统一规定的位置上，而且净负荷与网络是同步的。因而只需要利用软件就可以将高速信号中的低速信号一次直接分插出来，即所谓一步复用特性，这样避免了对全部高速信号进行解复用，省去了全套背对背复用设备和数字配线架，使上下业务变得十分容易，也使得设备内部各信号之间相互交叉连接简单易行。

（3）SDH 具有世界性统一标准光接口

PDH 网中没有世界性统一的标准光接口，导致各个厂家自行开发专用光接口设备。这些光接口设备不能在光路上互通，必须经过光/电转换变成标准电接口（G.730）才能互通。这样不但增加了网络复杂性,而且限制了光路联网的灵活性。

为了能使各个厂家的产品可以在光接口上直接互通,而不局限于特殊的传输媒质和特殊的网络节点,ITU-T 建立了一个统一的网络节点接口 NNI 规范。由于有了统一标准光接口信号和通信协议,各厂家产品可以在基本光缆段上实现横向兼容。

（4）SDH 具有强大的网管能力

PDH 网络的运行、管理和维护主要靠人工进行数字信号交叉连接和停业务测试,复用帧结构中只安排很少的网络开销比特。但是今天这种先天不足的状况严重阻碍运行、管理和维护（OAM）的进一步发展,使 PDH 无法适应不断演变的电信要求,更难以支持新一代网络的发展。SDH 吸取了 PDH 的经验教训,在帧结构中安排了丰富的开销比特大约占信号的 5%,因而在网络的 OAM 基础上形成了强大的网管能力。另外,由于 SDH 的数字交叉连接设备 DXC 等网络单元是智能化的,可以使部分网络管理能力通过软件分配到网络单元,实现分布式管理。

（5）SDH 网具有信息净负荷的透明性

SDH 净负荷装入虚容器 VC 后就成为一个独立的传输、复用和交叉连接信息单元。网络内所有设备只需要处理虚容器即可,而不需要考虑虚容器内具体的信息内容如何,这样就减少了管理实体的数量,简化了网络管理。

（6）SDH 网络具有定时透明性

理想地说,SDH 各网络单元均接至同一个高精度基准时钟并处于同步工作状态。由于互通的各种网络单元可能属于不同的业务提供者,这样尽管每一个业务提供者所在的范围内是同步的,但在两个范围之间却是准同步的,可能有频偏或相位差。SDH 通过采用指针调整技术,使 SDH 网具有定时透明性,能很好适应在准同步环境下工作。

（7）SDH 网具有完全的后向兼容性和前向兼容性

SDH 网不但能完全兼容现有 PDH 各种速率,同时还能容纳今后发展的各种新的业务信号。ATM、MAN 和 FDDI 是三种蓬勃发展的新体制和业务。异步传递模式 ATM 是宽带综合业务数字网 B-ISDN 的传递模式,通过 ATM 信元可以映射到任何虚容器中。MAN 表示城域网,可采用 ATM 信元传递信息。FDDI 是局域网的光纤分布式数据接口,其信息可以映射进 ATM 净负荷中进行传送。

（8）SDH 具有世界性统一的速率

同步数字传输网是由一些 SDH 网络单元（NE）组成的,并在光纤上进行同步信息传输、复用和交叉连接的网络。它有一套标准化的信息结构等级,称为同步传送模块 STM-N,并有对应规定的标准速率。

四、组网技术

（一）通信网的构成要素

通信网一般由三个要素构成,即终端设备、传输系统和交换设备。将终端设备、交换设备通过传输系统连接起来,就构成了完整的通信网,如图 1-20 所示。此通信网是由若干用户终端 A,B,C,…,若干个节点（交换设备）1,2,3,…,并通过传输系统（包括干线和用户线）链接起来的。

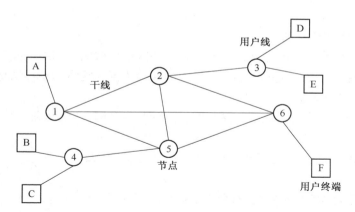

图 1-20 通信网的一般组成

1. 终端设备

终端设备是通信网中的源点和终点,它除对应于信源和信宿之外还包括了一部分变换和反变换装置。终端设备主要有两种功能:第一是发送端将发送的信息转变成适合信道上传送的信号,接收端则从信道上接收信号,并将之恢复成能被利用的信息,第二是能产生和识别网内所需的信令信号或规则,以便相互联系和应答。

典型的终端设备有电话机、电报机、移动电话机、微型计算机、数据终端机、传真机、电视机等。有的终端本身也可以是一个局部的或小型的通信系统,但它们对于公用通信网来说是作为终端设备接入的,如局域网、办公自动化系统、专用通信网等。

2. 传输系统

传输系统是完成信号传输的媒介和设备的总称。

从网络结构上,可将传输系统分为用户环路和干线。用户环路也称为本地线或用户线,是一个节点和用户设备或用户分系统之间简单的固定连接。两个节点之间通过干线连接。干线连接通常是以交换为基础,包括由许多用户复用或用户分系统复接的大容量电缆、光纤或无线电传输通路。

按照传输媒介不同,传输系统分为有线传输系统和无线传输系统。有线传输系统主要有架空明线、同轴电缆、光缆等传输系统。无线传输系统主要有无线电传输系统、数字微波系统和卫星通信系统等。

3. 交换设备

交换设备的主要功能是根据寻址信息和网络指令进行链路连接或信号导向,以使通信网中的多对用户建立信号通路。交换设备以节点的形式与邻接的传输链路一起构成各种拓扑结构的通信网,是现代通信网的核心。

交换设备根据主叫用户终端所发出的选择信号来选择被叫终端,使这两个或多个终端间建立连接,然后,经过交换设备连通的路由传递信号。

交换设备包括电话交换机、移动电话交换机、分组交换机、ATM 交换机、宽带交换机等。

终端设备、交换设备和传输系统相连在一起,构成了一个通信网的硬件部分。但是只有这些硬件设备还不能很好地完成信息通信,还需有网络的软件,才能使由设备所组成的静态网变成一个协调一致、运转良好的动态体系。通信网的软件包括网内信令、协议和接口及网络的技术体制、标准等。

(二)通信网的拓扑结构

网络拓扑是由网络节点设备和通信介质构成的网络结构图。网络拓扑反映通信设备物理上的连接性,即交换中心间、交换中心与终端间的邻接关系。网络的拓扑结构直接决定着网络的有效性、可靠性和经济性。

网络拓扑结构的基本形式主要有网状网、星状网、复合网、环状网和总线型网等。

1. 网状网

多个节点或用户之间互连而成的通信网称为网状网,如图 1-21 所示。

采用这种形式建网时,如果通信网中的节点数为 N,则连接网络的链路数 H 可由下面公式计算:

$$H = \frac{N(N-1)}{2} \tag{1-1}$$

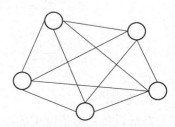

图 1-21 网状网

这种拓扑结构的优点是:

(1)点点相连,每个通信节点间都有直达电路,信息传递快。

(2)灵活性大,可靠性高。其中任何一条电路发生故障时,均可以通过其他电路保证通信畅通。

(3)通信节点不需要汇接交换功能,交换费用低。

这种拓扑结构的缺点是:

(1)线路多,总长度长,基本建设和维护费用都很大。

(2)在通信量不大的情况下,电路利用率低。

综合以上优缺点可以看出:网状网适用于通信节点数较少而相互间通信量较大的情况。

2. 星状网

星状网是一种以中央节点为中心,把若干外围节点(或终端)连接起来的辐射式互联结构,如图 1-22 所示。一般在地区中心设置一个中央节点,地区内的其他通信点都与中央节点有直达电路,而其他通信点之间的通信都经中央节点转接。

采用这种形式建网时,如果通信网中的节点数为 N,则连接网络的链路数 H 可由下面公式计算:

$$H = N - 1 \tag{1-2}$$

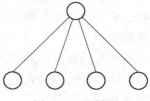

图 1-22 星状网

这种拓扑结构的优点是:

(1)网络结构简单、电路少,基本建设和维护费用少。

(2)中央节点增加了汇接交换功能,集中了业务量,提高了电路利用率。

(3)两个节点间相互通信只经过一次转接。

这种拓扑结构的缺点是:

(1)可靠性低,若中央节点发生故障,整个通信系统瘫痪。

(2)通信量集中到一个通信点,负荷重时影响传输速度。

(3)相邻两点的通信也需经中央节点转接,电路距离增加。

综合以上优缺点可以看出:这种网络结构适用于节点数量比较多、位置比较分散、相互之间通信量不大的情况。

3. 复合网

复合网是由网状网和星状网复合而成的网络,如图 1-23 所示。它是以星状网为基础,在通信量较大的地区间构成网状网。复合网吸取了网状网和星状网二者的优点,比较经济合理,并且有一定的可靠性,是目前通信网的主要结构形式。

4. 环状网

如果通信网各节点被连接成闭合的环路,则称为环状网,如图 1-24 所示。在环状网中,任何两个节点都有通过闭合环路互相通信。

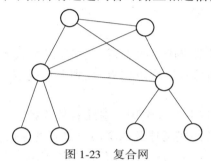

图 1-23   复合网

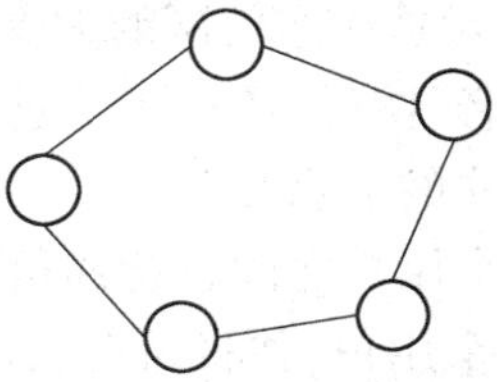

图 1-24   环状网

这种拓扑结构的优点是:

(1)在环路中,每个节点的地位和作用是相同的,每个节点都可以获得并行使用控制权,很容易实现分布式控制。

(2)不需要进行路径选择,控制比较简单。

(3)网中传送信息的延迟时间固定,有利于实时控制。

(4)接口线路及连接结构比较简单。

这种拓扑结构的缺点是:

(1)某个节点的故障将导致网络瘫痪。

(2)单个环网的节点数有限。

综合以上优缺点可以看出:这种网络结构主要用于计算机局域网和其他实时性要求较高的环境。

5. 总线型网

总线型网是把所有的节点连接在同一条总线上,如图 1-25 所示。它是一种通路共享的结构,任何两个节点间通信的信息都经过同一条总线传输。如果一条总线太长,或者节点太多,可以将一条总线分成几段,段间再通过中继器互连起来。

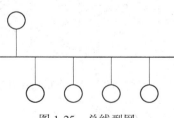

图 1-25   总线型网

这种拓扑结构的优点是:

(1)多台机器共用一条传输信道,信道利用率较高。

(2)具有良好的扩充性能。网中节点的增删和位置变动比较容易,总线本身也可以通过连接部件使网络不断延伸和扩展。

(3)可以使用多种存取控制方式,例如,载波侦听多路访问/碰撞检测方式(CSMA/CD)、通行标志方式和时间片方式等。

（4）不需要中央控制器，有利于分布式控制。节点的故障不会引起系统的崩溃。

这种拓扑结构的缺点是：

（1）网络的延伸距离有限，节点数有限。

（2）同一时刻只能由两台计算机通信，容易产生信道占用冲突，通信实时性低。

综合以上优缺点可以看出：这种网络结构主要用于应用在计算机局域网及对实时性要求不高的环境。

五、交换技术

（一）"交换"的概念

"交换"就是在通信网的大量用户终端之间，根据用户通信的需要，在相应终端设备之间互相传递话音、图像、数据等信息。它使得各终端之间可以实现点到点、点到多点或多点到多点等不同形式的信息交互。

若是两个用户之间进行通信，最简单的方法就是将两个终端用一对线直接连接。如果通信网中有 N 个用户，并将所有的用户终端两两相连，就能实现任意两个用户之间的通信，这种连接方式称为直接相连（或全互连），如图 1-26 所示。若采用此方式，有 N 个用户就需要设置 $N(N-1)/2$ 对线。可以看出，用户数量的微小增加就会导致连接线路的急剧增加，而且线路专用使得线路利用率低。这种方式只适用于极其简单、规模很小的通信网络，当用户数量较大时很难实现。

针对上述问题，一个可行的办法是引入交换节点（核心设备是交换机），如图 1-27 所示。在这种方式中，将每个用户都用一对线（用户线）连接到交换机上，N 个用户只需要 N 对线，而任意两个用户间连接的建立和释放就由交换机来完成。当用户数量更大且分布更广时，一台交换机无法满足用户的需要，可以由多台交换机组成通信网。采用这种方式，一方面大量减少了用户线路的数量，降低了网络建设的成本；另一方面由于呼叫接续、选路等功能均由交换机实现，降低了控制的复杂度。

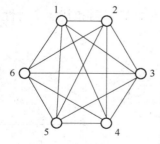

图 1-26　直接相连方式

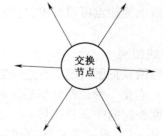

图 1-27　交换相连方式

（二）主要的交换技术

交换质量的优劣，从某种程度上讲，决定着整个通信网通信质量的优劣。基本的交换技术有电路交换、报文交换和分组交换三种。随着通信技术的不断发展，又出现了一些新的交换技术，如帧中继、ATM 交换、IP 交换、光交换等。本节主要介绍三种基本交换技术。

1. 电路交换

电路交换是最常用的一种交换技术,在电话通信网中广泛使用,同时在数据通信中也有所应用。

(1)电路交换的原理

电路交换是指通信时始终使用同一条物理电路保持两个终端的固定连接,直至信息传送结束,再释放拆除该电路。电路交换的基本过程包括以下 3 个阶段:

①电路建立阶段。通过呼叫信令完成逐个节点的接续,建立一条端到端的通信电路。

②信息传送阶段。在已经建立的电路上透明地传送信息。

③电路拆除阶段。在完成信息传送后拆除该电路的连接。拆除后信道空闲,可以继续被使用。

(2)电路交换的特点

由于电路交换在通信之前要在通信双方之间建立一条被双方独占的物理通路,因而有以下优缺点。

优点:

①由于通信线路为通信双方用户专用,数据直达,所以传输数据的时延非常小。

②通信双方之间的物理通路一旦建立,双方可以随时通信,实时性强。

③双方通信时按发送顺序传送数据,不存在失序问题。

④电路交换的交换设备(交换机等)及控制均较简单。

缺点:

①对计算机通信来说,电路交换的平均连接建立时间较长。

②电路交换连接建立后,物理通路被通信双方独占,即使通信线路空闲,也不能供其他用户使用,因而信道利用低。

③电路交换时,数据直达,不同类型、不同规格、不同速率的终端很难相互进行通信,也难以在通信过程中进行差错控制。

2. 报文交换

为了解决电报、资料、文献检索等数据信息的传输,出现了报文交换的方式。报文交换也称为电文交换或文电交换。

(1)报文交换的原理

报文交换是以报文为数据交换的单位,报文携带有用户数据、目标地址、源地址等信息。报文交换的工作原理基于"存储-转发"。在这种方式中,收发双方不需要先建立呼叫,而是由节点将所接收的报文暂时存储,当所需的输出电路空闲时,再将该报文传送给下一节点,依次完成从发送端到接收端的传送。在此过程中没有电路的建立,也就无需进行电路的拆除。

(2)报文交换的特点

优点:

①报文交换不需要为通信双方预先建立一条专用的通信线路,不存在连接建立时延,用户可随时发送报文。

②由于采用存储转发的传输方式,可以对数据进行差错控制、路由选择,提高了传输的可靠性;容易实现代码转换和速率匹配,便于类型、规格和速度不同的计算机之间进行通信。

③通信双方不是固定占有一条通信线路,而是在不同的时间一段一段地部分占有这条物理通路,因而大大提高了通信线路的利用率。

报文交换有以下缺点:

①由于数据进入交换节点后要经历存储、转发这一过程,造成的传输时延大,因此报文交换的实时性差,不适合传送实时或交互式业务的数据。

②由于报文长度没有限制,而每个中间节点都要完整地接收传来的整个报文,要求网络中每个节点有较大的存储器容量。

3. 分组交换

分组交换是在"存储–转发"基础上发展起来的,兼有电路交换和报文交换的优点,既能保持较高的信道利用率又具有较小的传输时延。

(1)分组交换的原理

分组交换也叫包交换。分组交换仍然沿用报文交换的"存储–转发"技术。但与报文交换以整个报文为交换单位不同,它将一份较长的报文拆分成若干个一定长度的数据块,每个数据块的前面加上交换时所需要的控制信息,形成具有一定格式的交换单位,称为"分组"或"包"。每个分组作为一个独立的交换单位,经过节点的存储和转发传送至目的地,目的节点收到所有分组后再按顺序把它们组合起来,恢复成完整的报文。分组交换有两种不同的工作方式:数据报和虚电路。

①数据报

数据报方式中,将已编排顺序的各个分组进行单独处理。当交换节点收到一个分组后,根据分组中的地址信息和节点的路由信息找到合适的路由,将分组转发出去。由于同一报文的各分组是单独选择路由,因此到达目的节点的先后顺序可能会与原始的顺序不同。这就要求目的节点将收到的分组缓存,再重新排列恢复其原来的顺序。如图 1-28(a)所示:H_1 站有三个分组(1、2、3)要发往 H_5 站。分组 1 选择经过节点:A→B→E;分组 2、3 可能选择经过节点:A→C→E 或 A→C→B→E。由于它们传输路径不同,到达目的节点的顺序也会不同,因此要对它们重新排序以恢复其原有的顺序。数据报方式类似报文交换,不需要预先建立连接,而是按照分组的目的地址对各个分组进行独立选路。

②虚电路

虚电路方式中,用户在开始通信前先要建立端到端的逻辑连接,即虚电路。一旦虚电路建立后,属于同一呼叫的所有分组均沿着这一虚电路传送。如图 1-28(b)所示:H_1 站有分组发往 H_5。H_1 发送一个"呼叫请求"的分组到节点 A,要求建立到 H_5 的连接,同时还要寻找一条合适的路由。若选择经过节点 A→B→E,H_5 同意接收这一连接,就发回"呼叫接收"的响应分组,于是就建立了一条虚电路:H_1→A→B→E→H_5。这样 H_1 站 H_5 站之间可以经由这条虚电路来传送分组。传送完毕其中一个用户会发"清除请求"分组来终止连接,释放虚电路。虚电路方式类似电路交换,不同的是一个是物理连接,一个是逻辑连接。虚电路不独占线路,在一条物理线路上可以同时建立多个虚电路,做到资源共享。

以上两种方式比较而言,数据报方式的线路利用率高,但是传输时延较大;虚电路方式的传输时延较小,但是线路利用率低。

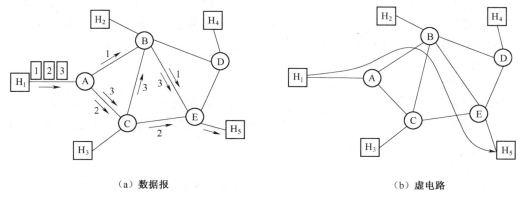

（a）数据报　　　　　　　　　　　　　　　　（b）虚电路

图 1-28　数据报和虚电路

（2）分组交换的特点

分组交换采用和报文交换相同的"存储–转发"技术,但交换单位变成了比一份报文小许多的分组。

分组交换具有以下优点:

①减小了传输时延。交换时,可以使后一个分组的存储操作与前一个分组的转发操作并行,减少了分组的传输时间。传输一个分组所需的缓冲区比传输一份报文所需的缓冲区小得多,这样因缓冲区不足而等待发送的概率及等待的时间也必然少得多。

②简化了存储管理。因为分组的长度固定,相应的缓冲区的大小也固定,管理相对容易。

③减少了出错概率和重发数据量。因为分组较短,其出错概率必然减少,每次重发的数据量也就大大减少,这样不仅提高了可靠性,也减少了传输时延。

④由于分组短小,更适用于采用优先级策略,便于及时传送一些紧急数据,因此对于计算机之间的突发式数据通信,分组交换显然更为合适些。

分组交换具有以下缺点:

①尽管分组交换比报文交换的传输时延少,但仍存在存储转发时延,而且其节点交换机必须具有更强的处理能力。

②每个分组都要加上源地址、目的地址和分组编号等信息,使传送的信息量大约增大5%～10%,在一定程度上降低了通信效率,增加了处理的时间,使得控制复杂,时延增加。

③当分组交换采用数据报服务时,可能出现失序、丢失或重复分组,分组到达目的节点时,要对分组按编号进行排序等工作,增加了系统的工作量。若采用虚电路服务,虽无失序问题,但有呼叫建立、数据传输和虚电路释放三个过程。

比较以上三种基本交换方式,可以看出:若传送数据的时间远大于呼叫时间,并且实时性要求高,则采用电路交换较为合适;从提高整个网络的信道利用率上看,报文交换和分组交换优于电路交换,其中分组交换比报文交换的时延小,尤其适合于计算机之间的突发式数据通信。

六、支撑技术

一个完整的电信网除了具有传递各种消息信号的业务网络之外,还应有若干个起支撑作用的支撑网络,用以支撑业务网络更好地运行。

支撑网是指支撑电信业务正常运行的网络,在支撑网中传输的是对应于各种业务网的同步、控制、监控等信号。它能增强网络功能,提高全网服务质量,以满足用户要求。目前,支撑网主要包括信令网、数字同步网和电信管理网。

(一)信令网

1. 信令的概念

信令是通信网中设备之间互联互通的一种"语言",这种"语言"是一整套完整的控制信号和操作程序,用于产生、发送和接收这些控制信息的硬件及相应执行的控制、操作等程序的集合称为信令系统。传送信令的网络称为信令网。

2. 信令的分类

(1)按信令的工作区域不同,信令可以分为用户线信令和局间信令。

用户线信令是通信终端和网络节点之间的信令,又称为用户—网络接口信令。常见的用户线信令如摘机信令、地址信令、振铃信令、拨号音、回铃音、忙音等。

局间信令是在网络节点之间传送的信令,也称网络接口信令,它除了满足呼叫处理和通信接续的需要外,还要提供各种网管中心、服务中心、计费中心、数据库等之间与呼叫无关的信令传递。局间信令要比用户线信令复杂得多。

(2)按照信令传送通路与话路之间的关系,信令可分为随路信令(CAS)和公共信道信令(CCS)。

随路信令是用传送语音的通路来传送与该话路有关的信令,某一信令通路唯一对应于一条话路。中国 1 号数字型线路信令就是随路信令。

公共信道信令是指两个网络间的信令通路和语音通路是分开的,即把各电话接续通路中的各种信令集中在一条双向的信令链路上传送。No. 7 信令即为公共信道信令。

公共信道信令方式的主要优点是:信令传送数据快,信令容量大,具有提供大量信令的潜力及改变和增加信令的灵活性,避免了话音对信令的干扰,可靠性高,适应性强。

(3)按照信令的功能,信令可分为线路信令、路由信令和管理信令。

线路信令又称监视信令,用来表示和监视中继线的呼叫状态和条件,以控制接续的进行。

路由信令又称选择信令或记发器信令,用来选择路由、选择被叫用户,如电话通信中主叫所拨的电话号码,路由信令仅在呼叫接通前传送。

管理信令是具有操作功能的信令,用于通信网的管理和维护,如检测和传送网络拥塞信息,提供呼叫计费信息,提供远距离维护信令等。

3. No. 7 信令系统

(1)No. 7 信令系统的结构

公共信道信令方式的 No. 7 信令系统是一种新的局间信令方式,其主要特点是两局间的信令通路与话音通路分开,并将若干条电路信令集中于一条专用的信令通路上传送,这条信令通路叫作信令数据链路,其结构如图 1-29 所示。

可以看出,两交换局的信令数据链路是由两端的信令终端设备和连接链路组成的。

①信令终端:在处理机控制下,信令终端完成对多个话路信令信息的处理、传送。由于No. 7 信令采用数字编码方式和以信令单元为单位的分组传输方式,因此信令终端还要完成信令单元的同步、差错控制等功能。

②数据链路:数据链路既可采用数字信道,也可采用模拟信道,只不过当采用模拟信道时,

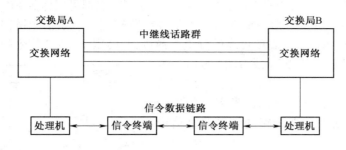

图 1-29　信令数据链路结构图

在接入信令终端处须设调制解调器。数字信道通常采用 PCM 传输系统中一个时隙的速率 64 kbit/s;模拟信道中采用 2.4 kbit/s 或 4.8 kbit/s 的信号速率。

③信令消息传送方式:图 1-29 中交换网 A 和交换网 B 之间的话路群是以时分方式共用一条数字信令数据链路的,因此传递信令消息的信令单元中应设有特定的标记用以识别该信号单元传送的信令消息属于哪一个话路。

（2）No.7 信令系统的基本功能

No.7 信令系统的基本功能结构如图 1-30 所示。它由消息传递部分（MTP）和多个不同的用户部分（UP）组成。

图 1-30　No.7 信令系统的基本功能结构

①消息传递部分（MTP）:消息传递部分是各用户部分的公共处理部分,其功能是作为一个公共的信息传输系统,为正在通信的用户功能体之间提供信令信息的可靠传递。

②用户部分（UP）:用户部分是指使用消息传递部分的各功能实体。目前 ITU-T 建议使用的用户部分主要有电话用户部分（TUP）、数据用户部分（DUP）、ISDN 用户部分（ISUP）、信令连接控制部分（SCCP）、移动通信用户部分（MAP）、事务处理能力应用部分（TCAP）、操作维护管理部分（OMAP）及信令网维护管理部分。每个用户部分都包含其特有的用户功能或与其有关的功能。

若干个用户功能模块连同消息传递部分组合在一起,就构成一个实用的 No.7 信令系统。当需要增加功能时,只要增加用户部分功能模块即可,这是因为 No.7 信令系统的结构模块是按功能设计的。

（3）No.7 信令网

当电信网络采用 No.7 信令系统之后,将在原电信网上,寄生并存一个起支撑作用的专门传送 No.7 信令的信令网——No.7 信令网。

No.7 信令网由信令点（SP）、信令转接点（STP）和连接它们的信令链路组成。

①信令点（SP）:信令网中既发出又接收信令消息,或将信令消息从一条信令链路转到另一条信令链路,或同时具有这两种功能的信令网节点,称为信令点（SP）。在信令网中,交换

局、操作管理和维护中心、服务控制点和信令转接点这些节点都可以作为 SP。

②信令转接点(STP):将信令消息从一条信令链路转到另一条信令链路的信令点称为信令转接点(STP)。STP 是一种高度可靠的分组交换机,专门用于 No. 7 信令的转接功能。

③信令链路:连接两个 SP(或 STP)的信令数据链路及其传送控制功能组成的传输设备称为信令链路。每条运行的信令链路都分配有一条信令数据链路和位于此信令数据链路两端的两个信令终端。

某二级信令网如图 1-31 所示。

每个 SP 发出的信令消息一般需要经过 STP 转接。只有当 SP 之间的信令业务量足够大时,才设置直达信令链路,以便使信令消息快速传递并减少 STP 的负荷。

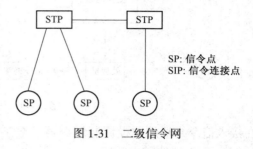

SP: 信令点
SIP: 信令连接点

图 1-31　二级信令网

(二)数字同步网

1. 同步的概念

在数字通信网中,传输链路和交换节点上流通和处理的都是数字信号的比特流,为实现它们之间的相互连接,并能协调地工作,必须要求其所处理的信号时钟频率都相同、相位上保持某种严格的特定关系,即要实现数字网的同步。要使庞大的数字网中每个设备的时钟都具有相同的频率,可通过建立数字同步网来实现。数字同步网就是为通信网中所有通信设备的时钟提供同步控制信号,以使它们工作在共同速率上的一个同步基准参考信号的分配网。

同步可以分为位同步、帧同步和网同步三种。

(1)位同步

位同步是指通信双方的位定时脉冲信号频率相同且符合一定的相位关系。在数字传输设备中,需要对接收到的信号进行判决。在程控交换机中,需要进行时隙交换。在复用设备中,需要把低速率的数字信号复用成较高速率的群路信号。在这些过程中,位同步是保证这些过程顺利进行的前提。如果通信双方的位定时信号偏差较大,在接收过程中就会造成判决时刻相对于理想时刻的偏离,从而导致误码的增加。在交换过程中,缓冲存储器把时钟的相位偏差转换成滑码,从而造成码元的增加和减少。在复用过程中,时钟频率的不一致会造成码元的重叠。由此可见,在数字通信设备中,位同步是保证通信质量的关键。

(2)帧同步

帧同步是指通信双方的帧定时信号的频率相同,并且保持一定的相位关系。帧同步的作用是在同步复用的情况下,能够正确区分每一帧的起始位置,从而确定各路信号的相应位置,并正确地把它们区分开来。帧同步是通过信息码流中插入帧同步码来实现的,帧同步码组是一组特定的码组,接收端利用检测电路检测出这一特定码组,并以此作为基准信号来控制本地的定时产生系统,使得接收设备的帧定位信号和接收信号的帧定位信号保持一致,即在时间轴上对齐,从而实现帧同步。

帧同步是以位同步为基础的,只有在位同步的情况下,才能使得接收信号帧和接收设备帧的持续时间相等,才有可能实现帧同步。

(3)网同步

网同步是指网络中各个节点的时钟信号的频率相等,也就是多个节点之间的时钟同步,从而实现各个节点帧同步。随着通信网的发展,在网络中运行设备的种类逐渐增加,数字信号以更高的速率进行交换和传输,时钟信号的相位偏移所造成的影响就越明显和严重,对于各个节点之间的时钟信号同步的需求也就越加迫切。

2. 同步实现方式

同步方式主要有:准同步方式、主从同步方式、互同步方式、混合同步方式。目前常用的是准同步方式和主从同步方式。

(1)准同步方式

在准同步方式中,各交换节点都具有独立时钟,并且互不控制,一般在数字通信网的各节点处都使用高精度时钟,其精度限制在规定范围内,从而使两个节点之间的滑码率低到可以接受的程度。这种同步方式最容易实现,但它的缺点是网中较小的交换节点处或需要定时的其他节点处都需要安装高精度的时钟源,费用较高。

(2)主从同步方式

主从同步方式是指在数字网中的所有节点都以一个规定的主节点时钟作为基准,该时钟的频率控制其他各节点从时钟的频率,也就是数字网中的同步节点和数字传输设备的时钟都受控于主基准的同步信息。主从同步方式的同步信令可以包含在传输信息业务的数据比特流中,用时钟提取的办法提取,也可以用指定的链路专门传输主基准时钟源的时钟信号。在从时钟节点及数字传输设备内,通过锁相环电路使其时钟频率锁定在主时钟基准源的频率上,从而使网内各节点时钟都与主节点时钟同步。主从同步网主要由主时钟节点、从时钟节点及传送基时钟的链路组成。各从时钟节点内通过锁相环电路将本地时钟信号锁定于主时钟频率上,有以下两种同步方式:

①直接主从同步方式。这种方式呈星状结构,各从时钟节点的基准时钟都由同一个主时钟源节点获取。一般在同一通信楼内的设备采用这种同步方式。

②等级主从同步方式。这种方式的基准时钟是通过树状时钟分配网络逐级向下传输。在正常运行时通过各级时钟的逐级控制,就可以达到网内各节点时钟都锁定于基准时钟,从而达到全网时钟统一。

考虑到等级主从同步方式的同步网的网络系统灵活、时钟费用低、时钟稳定性能好等优点,目前,等级主从同步方式已被一些国家所采用。我国数字同步网就是采用等级主从同步方式。

3. 数字同步网举例

某数字同步网的网络结构如图 1-32 所示。它是一个"多基准钟、分区等级主从同步"的网络,具体说明如下:

(1)在 A、B 两地各建立一个以铯原子钟组为主的、包括有全球定位系统(GPS)接收机的高精度基准时钟源,称为 PRC,作为一级基准时钟源。

(2)在下属区域各建立一个可以接收 GPS 信号和 PRC 信号的地区基准时钟,称为 LPR,作为二级基准时钟源。

(3)当 GPS 系统正常工作时,各二级钟以 GPS 信号为主用构成 LPR,作为本区域内数字同步区的基准时钟源。

(4)当 GPS 信号故障或质量下降时,各二级钟转为经地面数字电路直接(或间接)跟踪 A 地或 B 地的 PRC。

（5）各区域内的LPR均由通信楼综合定时供给系统（BITS）构成。BITS接收上面传来的同步信号（或GPS接收机送来的信号），经滤除抖动、瞬断和漂动处理，同步于该BITS。BITS可以为楼内需要同步的所有通信设备提供近于理想的同步时钟信号。

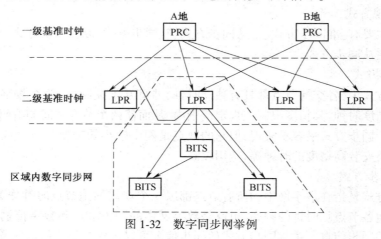

图1-32　数字同步网举例

（三）电信管理网

1. 电信管理网的概念

随着电信技术的迅猛发展和网络规模的不断扩大，网络的异构性和复杂程度都大大增加。而且，由于运行在网络上的新业务不断增多，人们对网络的可靠性、服务质量及灵活性提出了更高的要求，从而导致网络的运行、维护和管理的开销越来越大，迫切需要开放式、标准化的新的网络管理系统。1986年ITU-T正式提出了电信管理网（Telecommunication Management Network，TMN）的概念。

ITU在M.3010建议中指出：电信管理网（TMN）的基本概念是提供一个有组织的网络结构，以取得各种类型的操作系统（OS）之间、操作系统与电信设备之间的互连。它是采用商定的具有标准协议和信息接口进行管理信息交换的体系结构。

TMN的基本概念有两个方面的含义：其一，TMN是一组原则和为实现此原则定义的目标而制定的一系列技术标准和规范；另外，TMN是一个完整的、独立的管理网络，是各种不同应用的管理系统按照TMN的标准接口互连而成的网络，这个网络在有限的点上与电信网接口，与电信网的关系是管理网与被管理网之间的关系。

总之，电信管理网是建立在基础电信网络的业务之上的管理网络，是实现各种电信网络与业务管理功能的载体。建设电信管理网的目的，就是要加强对电信网及电信业务的管理，实现运行、维护、经营、管理的科学化和自动化。

2. 电信管理网与电信网的关系

TMN与电信网的总体关系如图1-33所示。图中，操作系统（OS）代表实现各种管理功能的处理系统，是管理与执行各种功能的计算机及软件系统；工作站代表实现人—机界面的装置；数据通信网（DCN）提供管理系统与被管理网元之间的数据通信能力。

TMN可进行管理的比较典型的电信业务和电信设备有：公用网和专用网（包括固定电话网、移动通信网、数据网、虚拟专用网及智能网等）、TMN本身、各种传输终端设备（复用器、交叉连接、ADM等）、数字和模拟传输系统（电缆、光纤、无线、卫星等）、各种交换设备（电话交换

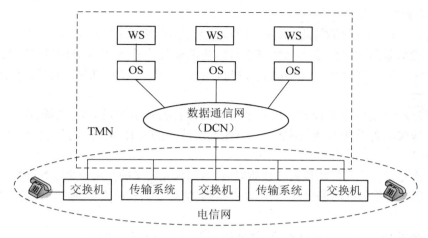

OS：操作系统；WS：工作站

图 1-33 TMN 与电信网的关系

机、数据交换机、ATM 交换）、承载业务及电信业务、相关的电信支撑网（No. 7 信令网、数字同步网）等。

3. 电信管理网的功能

TMN 的主要功能可分为一般功能和应用功能。TMN 的一般功能是传送、存储、安全、恢复、处理及用户终端支持等；TMN 的应用功能是指 TMN 为电信网及电信业务提供一系列管理功能，主要包括性能管理、配置管理、计费管理、故障（或维护）管理和安全管理五个方面。

（1）性能管理

性能管理是对网络的运行状态进行管理，包括性能监测、性能分析和性能控制。

①性能监测是指通过对网络中的设备进行测试，来获取关于网络运行状态的各种性能参数值。

②性能分析是在对通信设备采集关于性能统计数据的基础上，创建性能统计日志，并进行性能分析，如存在性能异常，则产生性能告警，并对当前性能和以前的性能进行分析、比较，以预测未来的趋势。

③性能控制是设置性能参数门限值。当实际的性能参数超过门限值时，则进入异常情况，从而采取措施加以控制。

（2）配置管理

配置管理对网络中通信设备和设施的变化进行管理，例如通过软件设定来改变电路群的数量和连接。从网管信息模型的角度上讲，就是对网络管理对象的创建、修改和删除。

在其他几个管理的功能域中，对网络中的设备和设施进行控制时，需要利用配置管理功能来实现，例如在性能管理中要启动一些电路群来疏散过负荷部分的业务量，在故障管理中需要启动备份设备来代替已损坏的通信设备。

（3）计费管理

计费管理部分首先采集用户使用网络资源的信息（例如通话次数、通话时间、通话距离），然后把这些信息存入用户账目日志以便查询，同时把这些信息传送到资费管理模块，以使资费管理部分根据预先确定的用户费率计算出费用。计费管理系统还支持费率调整、用户查询等功能。

（4）故障管理

故障管理可以分为故障检测、故障诊断和定位、故障恢复三个方面。

①故障检测是指在对网络运行状态进行监测的过程中检测出故障信息，或者接收从其他管理功能域发来的故障通报。在检测到故障以后，发出告警信息，并通知故障诊断、故障恢复部分进行处理。

②故障诊断和定位是指首先启用一个备份的设备去代替出故障的设备，再启动故障诊断系统对发生故障的部分进行测试和分析，以便确定故障的位置和故障的程度，启动故障恢复部分排除故障。

③故障恢复是在确定故障位置和性质以后，启用预先定义的控制命令序列来排除故障，这种修复过程适用于对软件故障的处理；对于硬件故障，需要维修人员去更换指定设备中的硬件。

（5）安全管理

安全管理的功能是保护网络资源，使网络资源处于安全运行状态。安全是多方面的，例如有进网安全保护、应用软件访问的安全保护、网络传输信息的安全保护等。

七、通信系统的技术指标

1. 通信系统的性能指标

一般通信系统的性能指标归纳起来有以下几个方面：

（1）有效性：指通信系统传输消息的"速率"问题，即快慢问题。

（2）可靠性：指通信系统传输消息的"质量"问题，即好坏问题。

（3）适应性：指通信系统适用的环境条件。

（4）经济性：指系统的成本问题。

（5）保密性：指系统对所传信号的加密措施。这点对军用通信系统尤为重要。

（6）标准性：指系统的接口、各种结构及协议是否合乎国家、国际标准。

（7）维修性：指系统是否维修方便。

（8）工艺性：指通信系统各种工艺要求。

通信的任务是快速、准确地传递信息。因此，从研究消息传输的角度来说，有效性和可靠性是评价通信网络优劣的主要性能指标，也是通信技术讨论的重点。

通信系统的有效性和可靠性，是一对矛盾。一般情况下，要增加网络的有效性，就得降低可靠性，反之亦然。在实际中，常常依据实际网络的要求采取相对统一的办法，即在满足一定可靠性指标下，尽量提高消息的传输速率，即有效性；或者在维持一定有效性的条件下，尽可能提高网络的可靠性。

对于模拟通信系统来说，其有效性和可靠性可用频带利用率和输出信噪比来衡量。对于数字通信系统而言，其有效性和可靠性可用传输速率和差错率来衡量。本书只介绍数字通信系统的有效性指标和可靠性指标。

2. 数字通信系统的有效性指标

数字通信系统的有效性可用传输速率和频带利用率来衡量，传输速率和频带利用率越高，系统的有效性越好。

（1）传输速率

通常可从以下两个不同的角度来定义传输速率：

①码元传输速率 R_B

码元传输速率简称码元速率,又称为传码率、波特率等,用符号 R_B 来表示。码元速率是指单位时间(每秒钟)内传输码元的数目,单位为波特(Baud),常用符号"B"表示。例如,某系统在 2 s 内共传送 4 800 个码元,则该系统的码元速率为 2 400 B。

数字信号一般有二进制与多进制之分,但码元速率 R_B 与信号的进制数无关,只与码元宽度 T_b 有关。

$$R_B = \frac{1}{T_b} \tag{1-3}$$

通常在给出系统码元速率时,有必要说明码元的进制。

②信息传输速率 R_b

信息传输速率简称信息速率,又称为传信率、比特率等,用符号 R_b 表示。信息速率是指单位时间(每秒钟)内传送的信息量,单位为比特/秒(bit/s),简记为 b/s。例如,若某信源在 1 s 内传送 1 200 个符号,且每一个符号的平均信息量为 1 bit,则该信源的信息速率 $R_b = 1\ 200$ bit/s。

因为信息量与信号进制数 N 有关,因此,R_b 也与 N 有关。

③R_b 与 R_B 之间的关系

信息速率 R_b 与码元速率 R_B 在数值上存在一定的关系。在二进制码元系统中,每个码元含有 1 bit 的信息量。因此,信息速率与码元速率在数值上相等,只是单位不同。

在多进制码元系统中,每个码元所含有的信息量大于 1 bit。因此,码元传输速率与信息传输速率是不相等的。在 N 进制下,信息速率 R_b 与的码元速率 R_B 之间的关系为

$$R_b = R_B \log_2 N \tag{1-4}$$

【例 1-1】 用二进制信号传送信息,已知在 20 s 钟内共传送了 24 000 个码元,(1)问其码元速率和信息速率各为多少?(2)如果码元宽度不变(即码元速率不变),但改用八进制信号传送信息,则其码元速率为多少?信息速率又为多少?

解 (1)依题意,有

$$R_B = 24\ 000/20 = 1\ 200(\text{B})$$
$$R_b = R_B = 1\ 200(\text{bit/s})$$

(2)若改为八进制,则

$$R_B = 24\ 000/20 = 1\ 200(\text{B})$$

根据式(1-4),得

$$R_b = R_B \log_2 N = 1\ 200 \times \log_2 8 = 3\ 600(\text{bit/s})$$

(2)频带利用率

频带利用率是指单位频带内的传输速率。在比较不同通信系统的传输效率时,单看它们的传输速率是不够的,还应该看在这样的传输速率下所占的频带宽度。所以,用来衡量数字传输系统传输效率的指标应当是单位频带内的传输速率,单位是(bit/s)/Hz。

3. 通信网的可靠性指标

衡量数字通信系统可靠性的指标,可用信号在传输过程中出错的概率来表述,即用差错率来衡量。差错率越大,表明系统可靠性愈差。差错率通常有两种表示方法。

(1)码元差错率 P_e

码元差错率 P_e 简称误码率,是指发生差错的码元数在传输总码元数中所占的比例,更确

切地说,误码率就是码元在传输系统中被传错的概率。用表达式可表示成:

$$P_e = \frac{接收的错误码元数}{系统传输的总码元数} \qquad (1\text{-}5)$$

(2)信息差错率 P_{eb}

信息差错率 P_{eb} 简称误信率,或误比特率,是指发生差错的信息量在信息传输总量中所占的比例,或者说,它是码元的信息量在传输系统中被丢失的概率。用表达式可表示成:

$$P_{eb} = \frac{接收的错误比特数}{系统传输的总比特数} \qquad (1\text{-}6)$$

【例 1-2】 已知某八进制数字通信系统的信息速率为 30 000 bit/s,接收端在 10 分钟内共测得出现了 12 个错误码元,试求系统的误码率。

解 依题意 $R_b = 30\ 000(\text{bit/s})$

则 $R_B = R_b / \log_2 N = 30\ 000 / \log_2 8 = 10\ 000(\text{B})$

由式(1-5),得系统误码率

$$P_e = \frac{12}{10\ 000 \times 10 \times 60} = 2 \times 10^{-6}$$

复习思考题

1. 画出通信系统的基本模型,并说明各部分的作用。

2. 通信网的常见分类方法有哪些?

3. 常见的通信信道类型有哪些,简要说明它们的主要特征。

4. 什么是模拟信号? 什么是数字信号?

5. 简述 PCM 的基本过程。

6. 什么是基带传输? 什么是频带传输?

7. 若发送数字信息为 011010,试画出单极性 NRZ 码、双极性 RZ 码、差分码、AMI 码、CMI 码的波形示意图。

8. 若发送的数字信息为 011010,试分别画出 ASK、FSK 和 PSK 的信号波形示意图。

9. 什么是串行通信? 什么是并行通信?

10. 简述单工、全双工、半双工的基本原理。

11. 什么是频分复用? 什么是时分复用?

12. 画出 PCM30/32 系统的帧结构,并说明其传输速率。

13. 通信网的构成要素是什么?

14. 常见的网络拓扑结构有哪些?

15. 简述电路交换和分组交换的基本原理,并说明它们各自的特点。

16. 信令网的作用是什么?

17. 数字同步网的作用是什么? 主要的同步方式有哪些?

18. 电信管理网的作用是什么?

第二章 电 话 通 信

【学习目标】

1. 理解时隙交换的概念。

2. 理解程控数字交换的基本原理。

3. 掌握程控数字交换机的软硬件组成。

4. 掌握程控数字交换机的呼叫接续过程。

5. 掌握现阶段我国电话通信网的结构。

6. 了解我国电话网的编号计划。

7. 了解软交换的基本概念。

第一节 程控交换技术

自从发明了电话后,就开创了电话通信的历史。随后,交换技术与交换设备的发展就成了电话通信发展的关键。到目前为止,电话交换技术已有百余年的历史,主要经历了人工、机电自动式(以步进制和纵横制为代表)和电子式(以程控交换机为代表)三个阶段。本节主要介绍程控交换技术。

一、数字交换原理

在数字通信基础上发展起来的数字程控交换系统,其交换网络交换的信号是数字信号,连接的线路是时分复用 PCM 线路。数字交换是一种新的交换方式,进行交换的每个话路(用户)在一条公共的导线上占有一个指定的时隙,其信息(二进制编码的数字信号)在这个时隙内传送,多个话路的时隙按一定次序排列,沿这条公共导线传送。

1. 时隙交换的基本概念

如果要将数字链路上的第 1 路和第 5 路进行交换,即把第 1 路传送的信息 a 交换到第 5 路去,就必须把时隙 TS_1 的内容 a 通过数字交换网送到时隙 TS_5 中去,如图 2-1 所示。

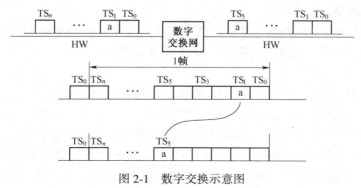

图 2-1 数字交换示意图

确切地说,数字交换的实质是时隙内容的交换。也可以说,数字交换是通过改变信息排队的顺序来实现的。如原来第 1 路的信息 a 排行第 1,通过数字交换网变为排行第 5,占用第 5 个时隙,从而实现了从第 1 路到第 5 路的交换。

这里需要注意的是,当 TS_1 到来时,TS_1 的内容需要等待一段时间[这里的等待时间是 $4×3.9=15.6$(μs)],等到 TS_5 到达时,才能将信息 a 在 TS_5 送出去。等待时间的长短,视交换时隙的位置而定,但最长不得超过一帧的时间($125\ \mu s$)。否则,下一帧 TS_1 的新内容又要到达输入端,而前一个信息尚未送出,这样就会把原来的信息覆盖而产生漏码。

当然,第 1 路与第 5 路的交换,不仅第 1 路发第 5 路能收到,第 5 路发第 1 路也应当能收到,这样两路间才能通话。图 2-2 是实现双向数字交换的示意图,从图中可以看出两个时隙的内容是如何进行交换的。

在图 2-2 中,TS_5 所传送的信息 b 不可能在同一帧的时间内交换至 TS_1 去,原因很明显,因为 TS_5 到来时,同一帧的 TS_1 已经过去,所以 TS_5(第 n 帧)中的信息,必须在下一帧(第 $n+1$ 帧)的 TS_1 到来时,才能传送出去,这样就完成了从 TS_1 到 TS_5 和从 TS_5 到 TS_1 的信息交换。从数字交换内部来看,建立了 $TS_1 \sim TS_5$ 和 $TS_5 \sim TS_1$ 两条通路,也就是说,数字交换的特点是单向的,要完成双向通话,就必须建立两个通路(一来一去),即四线交换。

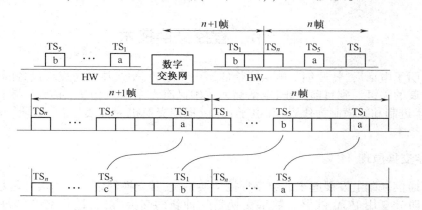

图 2-2　双向数字交换示意图

从时隙交换的概念可以看出,当输入端某时隙 TS_i 的信息要交换到输出端的某个时隙 TS_j 时,TS_i 时隙的内容需要在一个地方暂存一下,等 TS_j 时隙到来时,再把它取出来,就可以实现从 TS_i 至 TS_j 的交换了。

2. 数字交换网络的基本电路

程控数字交换机的交换功能主要是由数字交换网络完成的。数字交换网络由若干个基本交换单元构成,交换单元主要有 T 型接线器和 S 型接线器等。

(1)T 型接线器

T 型接线器的功能是进行时隙交换,即将某一时隙的信息交换到另一时隙中去。在组成数字交换网时,T 型接线器称作时分接线器,简写为 TSW。

从时分交换的基本概念可知,时隙交换的实质是时隙内容的交换。假如要把某一时隙的内容交换到另一时隙中去,只要在这个时隙到来时,把它的内容先存下来,等另一时隙到来时把它取走就可以了,通过一存一取,即可实现时隙内容的交换。时隙内容是数字化了的话音信号或数据,即二进制编码,而能对二进制信息进行存/取,最方便和最经济的器件是随机存储器RAM。因此可以想象,只要能在某一时隙到来时,把它的内容存放到 RAM 中,而另一时隙到来时,把它从 RAM 中取出,就可以实现两个不同时隙的信息交换了。

实际的时分接线器主要由两个存储器组成,如图 2-3 所示,其中之一用来暂存话音信息,称为数据存储器 DM;另一个用于对数据存储器进行读(写)控制,称为接续控制存储器,简称控制存储器,缩写为 CM。

为了便于说明,假定交换是在 PCM 一次群的 32 个时隙之间进行的。

因为要交换的路数是 32,为了进行交换,每个时隙的内容都要有一个地方存放,所以数据存储器需要 32 个存储单元,每个单元可存放 8 位二进制码。数据存储器的地址,按时隙的序号排列,从 0 到 31。控制存储器的单元数与数据存储器一样,也是 32 个,地址序号也按 0 到 31 编排,但其所存储的内容是数据存储器的读出地址,因此其字长由数据存储器的单元数确定。在所举的这个例子中,数据存储器的单元数为 32,故控制存储器的字长为 5($2^5 = 32$)。

这里,数据存储器的写入与控制存储器的读出,受同一地址计数器控制,地址计数器与输入的时隙同步。地址计数器有时也称为时钟计数信号。

根据前述原理,要进行交换,首先要把输入各时隙的内容(数字编码)依次存入数据存储器之中,由地址计数器的输出控制写入。因为地址计数器与输入的时隙同步,故当 TS_i 时隙到来时,地址计数器在这个时刻输出一个以 TS_i 序号为号码的写入地址 i,将 TS_i 的内容写入数据存储器的第 i 号存储单元中。各个时隙中的内容在存储器存储的时间为 125 μs(一帧的时间),即保留到下一帧这一时隙到来之前,因此在这 125 μs 之中,可根据需要在任一时隙读出,以达到时隙内容交换的目的。在本例中,为了在 TS_j 时刻把 a 读出去,需要预先在控制存储器的第 j 号存储器单元(地址与时隙序号对应)内写入 TS_i 的序号 i。因为接续控制存储器的读出也是由同一地址计数器控制顺序读出的,所以在 TS_j 时刻,地址计数器把读出地址 j 送给控制存储器,从 j 号存储单元中读出的内容为 i,它作为数据存储器的读出地址送往数据存储器,从 i 号单元中读出在 TS_i 时刻写入的内容 a,这样就实现了从时隙 TS_i 至时隙 TS_j 内容的交换。

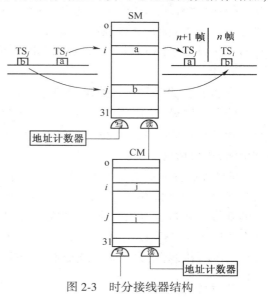

图 2-3　时分接线器结构

从上述说明可以看出,实现交换的关键是地址计数器要和输入时隙严格同步,即当 PCM 输入某个时隙到来时,一定要送出对应这个时隙的地址。

在图 2-3 中也指出了时隙 TS_j 的内容 b 交换至 TS_i 的过程,其中数据存储器的第 j 号单元在 TS_j 时刻将信息 b 写入,而在下一帧的 TS_i 时刻读出。

数据存储器每次只存储一帧的数字信息,每次正常通话约占用上百万帧。在此期间通路一经建立(即控制存储器的有关单元中写入相应的信息),发送时隙的内容将周期地一帧一帧写入到数据存储器中,并在 125 μs(一帧时间)之内读出,保留 125 μs 后被重新改写,这样多次重复循环,直到通话结束。

（2）S 型接线器

S 型接线器称为空间型时分接线器，简称空间接线器。S 型接线器与传统的空分接线器有很大区别，传统的空分接线器的接点一旦接通，在通路接续状态不改变的情况下总是要保持相对较长的一段时间，而 S 型接线器是以时分方式工作的，其接点在一帧内就要断开、闭合多次。

S 型接线器的功能是用来完成不同时分复用线之间的交换，而不改变时隙位置。

S 型接线器由交叉点矩阵和控制存储器组成，如图 2-4 所示。根据控制存储器的配置情况，S 型接线器可有按入线配置控制存储器和按出线配置控制存储器两种方式。

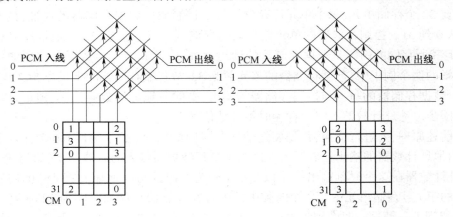

（a）按入线配置控存   （b）按出线配置控存

图 2-4　S 型接线器的组成

S 型接线器的交叉点矩阵由电子电路实现，用来完成通路的建立，各交叉点在哪些时隙闭合，哪些时隙断开，完全取决于控制存储器，控制存储器采用由处理机控制写入、顺序读出的工作方式。图 2-4 采用 4×4 交叉点矩阵，所以，每个控制存储器控制的交叉接点有 4 个，故每个存储单元只要 2 bit 就够了。假设每条时分线上的时隙数是 32 个，下面来分析 S 型接线器的工作原理。

图 2-4(a)是采用按入线配置控存的 S 型接线器，为每条入线配置一个控制存储器，控制存储器各存储单元的内容表示在相应时隙该条入线要接通的出线的号码。假设处理机根据链路选择结果在控制存储器各单元写入了图中所示的内容，当控制存储器受时钟控制而按顺序读出时，接续情况如下：

0 号控制存储器的 0 号单元内容为 1,1 号单元内容为 3,2 号单元内容为 0,31 号单元内容为 2，表示 0 号入线在 TS_0、TS_1、TS_2、TS_{31} 分别与 1 号、3 号、0 号、2 号出线接通。3 号控制存储器的 0 号单元内容为 2,1 号单元内容为 1,2 号单元内容为 3,31 号单元内容为 0，表示 3 号入线在 TS_0、TS_1、TS_2、TS_{31} 分别与 2 号、1 号、3 号、0 号出线接通。图 2-4(b)是采用按出线配置控存的 S 型接线器，为每条出线配置一个控制存储器。

二、程控交换机组成

程控交换机是一个专用的计算机系统，由硬件和软件两大部分组成。

1. 程控交换机的硬件构成

3. 程控交换机组成

程控数字交换机的硬件结构可划分为话路子系统和控制子系统两部分,如图2-5所示。

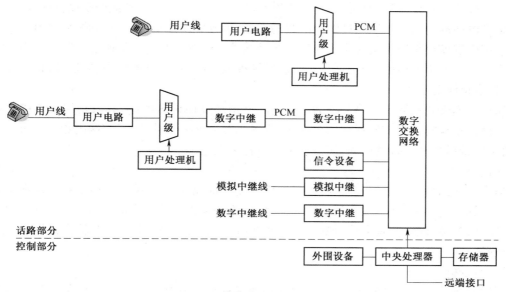

图2-5　程控交换机的基本结构

（1）话路子系统

话路子系统的作用是把用户线接到交换网络以构成通话回路。话路子系统包括以下四种主要部件:用户模块、中继模块、信令设备和交换网络。

①用户模块

用户模块通过用户线直接连接用户的终端设备,主要功能是向用户终端提供接口电路,完成用户话音的模/数、数/模转换和话务集中,以及对用户侧的话路进行必要的控制。用户模块包括两部分:用户电路和用户级(用户集线器)。

用户电路根据所连接的终端类型可分为模拟用户电路和数字用户电路两种。模拟用户电路是程控数字交换机连接模拟用户线的接口电路。目前电话网中绝大多数的用户终端都是模拟终端,故模拟用户电路采用较多。模拟用户电路的功能可归纳为 BORSCHT,即馈电(Battery feed)、过压保护(Overvoltage Protection)、振铃(Ringing)、监视(Supervision)、编解码(CODEC)、混合(Hybrid)和测试(Test)。数字用户电路是程控数字交换机与数字用户线之间的接口电路。主要完成馈电、监视、过压保护、电平调整、同步、复合/分路、码型变换等功能,为用户提供 ISDN 标准的"2B+D"通道(B 通道是速率为 64 kbit/s 的通道,可传递数字话音信息或计算机数据信息;D 通道是速率为 16 kbit/s 的通道,用来传递控制信号)。

用户级又称为用户集线器,它完成话务集中的功能,一群用户经用户级后以较少的链路接至交换网络,可以提高链路的利用率。由于在任一时刻,不是所有的用户都工作,通常只有少数用户在通话,用户级的作用是将正在通话的用户接到通信链路上面去,而空闲的用户是不提供通信路由的。

此外,在远离交换局(母局)的用户密集的区域,可以设置远端用户模块。远端用户模块通常位于无人值守的节点机房中,与母局间采用数字链路和数字中继接口设备传输,因此能大大降低用户线的投资,同时也提高了信号的传输质量。

②中继模块

中继模块是程控数字交换机与局间中继线的接口设备,完成与其他交换设备的连接,从而组成整个电话通信网。按照连接的中继线的类型,可分成模拟中继模块和数字中继模块。

数字中继模块是数字交换系统与数字中继线之间的接口电路,可适配一次群或高次群的数字中继线。数字中继模块具有码型变换、时钟提取、帧同步与复帧同步、帧定位、信令插入和提取、告警检测等功能。

模拟中继模块是数字交换系统为适应局间模拟环境而设置的终端接口,用来连接模拟中继线。模拟中继模块具有监视和信令配合、编译码等功能。目前,随着全网的数字化进程的推进,数字中继设备已经普及应用,而模拟中继设备正在逐步被淘汰。

③信令设备

信令设备的主要功能有:提供程控交换机在完成话路接续过程中所必需的各种数字化的信号音,接收双音多频话机发出的 DTMF 信号,接收和发送各种信令信息等。根据功能可以分为 DTMF 收号器、随路记发器信令的发送器和接收器、信号音发生器、No.7 信令系统的信令终端等设备。

④交换网络

交换网络是话路系统的核心,各种模块均连接在交换网络上。交换网络可在处理机控制下,在任意两个需要通话的终端之间建立一条通路,即完成连接功能。

(2)控制子系统

控制子系统包括处理机系统、存储器、外围设备和远端接口等部件,通过执行软件系统,来完成规定的呼叫处理、维护和管理等功能。

①处理机

处理机是控制子系统的核心,是程控交换机的"大脑"。它要对交换机的各种信息进行处理,并对数字交换网络和公用资源设备进行控制,完成呼叫控制以及系统的监视、故障处理、话务统计、计费处理等功能。处理机还要完成对各种接口模块的控制,如用户电路的控制、中继模块的控制和信令设备的控制等。

②存储器

存储器是保存程序和数据的设备,可细分为程序存储器、数据存储器等区域。存储器容量的大小也会对系统的处理能力产生影响。

③外围设备

外围设备包括计算机系统中所有的外围部件:输入设备包括键盘、鼠标等;输出设备包括显示设备、打印机等;此外也包括各种外围存储设备,如磁盘、磁带和光盘等。

④远端接口

远端接口包括到集中维护操作中心、网管中心、计费中心等的数据传送接口。

2. 程控交换机的软件基本结构

程控交换机的软件基本结构如图 2-6 所示。

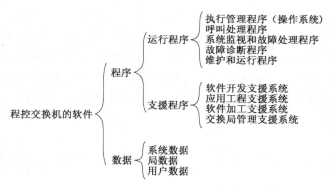

图 2-6 程控交换机的软件结构

运行程序又称为联机程序,其中的执行管理程序是多任务、多处理机的高性能操作系统;呼叫处理程序完成用户的各类呼叫接续;系统监视和故障处理程序、故障诊断程序共同保证程控交换机不间断运行;维护和运行程序提供人机界面,完成程控交换机的运行控制和测试等。

各类支援系统又称为脱机程序,其数量比联机程序要大得多。软件开发支援系统主要指语言工具;应用工程支援系统包括交换网规划、安装测试等;软件加工支援系统包含数据生成程序等;交换局管理支援系统包含交换机运行资料的收集、编辑和输出程序等。

程控交换机的系统数据是仅与交换机系统有关的数据,与该交换设备在哪个局里无关,如 I/O 设备的参数等;局数据与各局设备的具体情况有关,如该局的路由方向数等参数;用户数据指用户类别、用户设备号码等数据,是程控交换机作为非汇接局时应具有数据。

三、程控交换机呼叫接续过程

在数字程控交换机中,呼叫处理程序是数字程控交换机软件中的一个重要组成部分,实现电话的呼叫接续是由呼叫处理程序控制硬件设备,二者互相配合完成的。

呼叫处理是指:从主叫用户摘机呼出开始,到与被叫用户通话结束,双方挂机复原为止,处理机执行呼叫处理程序,进行呼叫接续的操作。呼叫处理基本过程如下:

1. 主叫摘机到送拨号音

主叫摘机以前,与其对应的话路设备处于空闲状态。处理机周期性地对用户线进行监视扫描,即按一定周期执行用户线扫描程序,以便及时发现用户的呼叫要求。

主叫摘机时,其用户回路发生了状态变化(回路状态由断开变为闭合),当扫描程序发现了用户回路状态的改变并判明为主叫摘机后,先识别出主叫用户的设备号码(用户电路的安装位置),然后据此从数据存储器中调出该用户的用户数据。用户数据中包括该用户的电话(簿)号码、运用类别、服务等级和话机类型等内容。

去话分析程序对用户数据中的有关内容进行分析,若是一个有呼出权的用户呼叫,对于 DTMF(T)型话机,要为其寻找一个空闲的收号器,并将其用户电路与收号器连通,而对于脉冲(P)型话机,则由处理机通过脉冲扫描程序对用户回路状态进行监测,收号准备工作完毕,向主叫送出拨号音。

2. 收号与数字分析

听到拨号音后,主叫即可开始拨号,由收号器接收或由脉冲扫描程序监视用户拨号,收到第一位号码时,立即停送拨号音,并将号码按位储存起来。

对于收到的号码进行分析,以确定呼叫局向、类别、应收号码位数等。

若是本局接续(主、被叫属于同一话局的用户),则要进行来话分析,即对被叫用户的数据进行分析,并检查被叫忙闲,当被叫空闲时,即为主、被叫在交换网络中选择(预占)一条通话电路。若为出局呼叫则应在有关中继群中选择一条空闲的出中继电路,并在选定的中继电路与主叫用户间经交换网络选择一条通话电路。应该说明的是,上述工作是由数字分析程序和通路选择程序完成的。

3. 振铃

向被叫用户振铃,向主叫用户送回铃音,并监视主、被叫用户的回路状态。

4. 通话

当被叫用户摘机应答时,立即停送铃流和回铃音,接通事先已选好(预占)的通话电路,双方用户即可通话。通话期间,仍由扫描程序监视主、被叫用户的状态。

5. 挂机复原

通话结束后,任一方用户挂机,均引起通路复原(假定为互不控制复原方式),另一方用户被锁定并听忙音,直到其也挂机为止。

四、电话交换中的信号系统

为了保证通信网的正常运行,完成网络中各部分之间信息的正确传输和交换,以实现任意两个用户之间的通信,必须要有完善的信号系统。信号系统是通信网中各个交换局在完成各种呼叫接续时所采用的一种“通信语言”。就像人们在相互交流时所使用的语言,该语言必须为双方都能理解,才能顺利地进行交流。因此信号在通信中起着举足轻重的作用。信号系统也称为信令系统。

在一次电话通信中,话音信息之外的信号统称为信号。电话通信网将各种类型的电话机和交换机连成一个整体,为了完成全程全网的接续,在用户与电话局的交换机之间以及各电话局的交换机之间,必须传送一些信号。对各交换机而言,要求这些信号从内容、形式及传送方法等方面,协调一致,紧密配合,互相能识别了解各信号的含义,以完成每个电话接续。

下面以不同城市的两个用户之间,进行一次电话呼叫为例,说明电话接续过程中所需的基本信号及其传送顺序。其过程如图 2-7 所示。

为了简化讨论,该图中采用市话和长途合一的交换机,它们能直接将用户线连接到长途中继线上。实际上,一般情况下(尤其在大城市)用户线应经过市话交换机,再通过长途交换机才能连到长途中继线上。从图中可以看出,在电话接续过程中有以下基本信号:

当主叫摘机时,向发端局发出呼叫信号;发端交换机立即向主叫送出拨号音;主叫用户听到拨号音随即拨号。接续方式中,如是长途接续,应根据长途网编号原则拨号;如是市内电话,则需拨被叫的市内号码。拨号过程中,话机把号码以多频形式或脉冲方式送给发端交换机。

发端交换机根据被叫号码选择局向路由及空闲中继线。然后从已选好的中继线向收端交换机送出占用信号,再将有关的路由信号及被叫号码送给收端交换机。

收端交换机根据被叫用户号码将呼叫接到被叫用户,若被叫话机是空闲的,则向被叫用户送振铃信号,同时向主叫用户送回铃音;被叫用户摘机应答时,一个应答信号送给收端交换机,再由收端局交换机将此信号送给发端交换机,这时发端交换机开始统计通话时长,并计费。随后,双方用户进入通话状态,线路上传送话音信号,它不属于控制接续的信号,而是用户讲话的

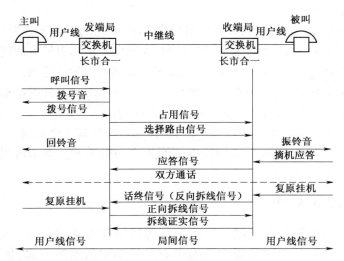

图 2-7　电话接续的基本信号

语音信息;话终时,若被叫用户先挂机,由被叫用户向收端局交换机送出挂机信号,然后由收端局将这信号送给发端局。此挂机信号是由被叫发出的,故称为话终信号或称反向拆线信号;若主叫用户先挂机,由主叫用户向发端局交换机送出挂机信号,再由发端交换机向收端交换机送出主叫挂机信号。此信号又称为正向拆线信号。收端局交换机收到正向拆线信号后,开始复原并向发端交换局回送一个拆线证实信号,发端交换机收到此信号后也将机键全部复原。

　　以上只是长话网中一次电话接续的最基本信号,当电话经过多个交换机的转接时,信号的流程还要复杂得多。

第二节　电话通信网

一、电话通信网的概念

　　电话通信网是以电路交换为信息交换方式,以电话业务为主要业务的电信网,简称电话网。电话网同时也可以提供传真和低速数据等部分非话业务。

　　1. 组建一个电话网需要满足的基本要求

　　(1)保证网内任一用户都能呼叫其他每个用户,包括国内和国外用户,对于所有用户的呼叫方式应该是相同的,而且能够获得相同的服务质量。

　　(2)保证满意的服务质量,如时延、抖动、清晰度等。话音通信对于服务质量有着特殊的要求,这主要决定于人的听觉习惯。

　　(3)能适应通信技术与通信业务的不断发展。能迅速引入新业务,而不对原有的网络和设备进行大规模的改造;在不影响网络正常运营的前提下利用新技术,对原有设备进行升级改造。

　　(4)便于管理和维护。由于电话通信网中的设备数量众多、类型复杂,而且在地理上分布于很广的区域内,因此要求提供可靠、方便而且经济的方法对它们进行管理与维护。

2. 电话通信网的分类

电话通信网从不同的角度出发,有不同的分类方法,常见的有如下分类。

(1)按通信传输手段分类:可分为有线电话网、无线电话网和卫星电话网等。

(2)按通信服务区域分类:可分为市话网、国内长途网和国际长途网。

(3)按通信服务对象分类:可分为公用电话网和专用电话网。公用电话网一般也称作公用交换电话网(Public Switched Telephone Network,PSTN)。

(4)按通信传输处理信号形式分类:可分为模拟电话网和数字电话网。

(5)按通信活动方式分类:可分为固定电话网和移动电话网。本书所说的电话网指的就是固定电话网。

二、电话通信网的网络结构

从等级上考虑,电话网的基本结构形式分为等级网和无级网两种。等级网中,每个交换中心被赋予一定的等级,不同等级的交换中心采用不同的连接方式,低等级的交换中心一般要连接到高等级的交换中心。在无级网中,每个交换中心都处于相同的等级,完全平等,各交换中心采用网状网或不完全网状网相连。我国电话网目前采用等级制,并将逐步向无级网发展。

我国目前采用的电话网基本结构如图 2-8 所示。它包括 2 级长途网和本地网两部分,其中长途网由一级长途交换中心 DC1、二级长途交换中心 DC2 组成,本地网由端局 DL 和汇接局 Tm 组成。

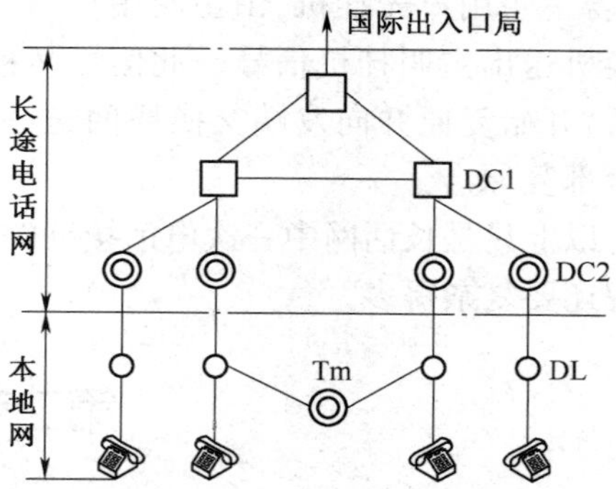

1. 国内长途电话网

长途电话网由各城市的长途交换中心、长市中继线和局间长途电路组成,用来疏通各个不同本地网之间的长途话务。长途电话网中的节点是各长途交换局,各长途交换局之间的电路即为长途电路。

图 2-8 我国目前的电话网基本结构

DC1 为省级交换中心,设在各省会城市、自治区首府和中央直辖市,主要职能是疏通所在省(自治区、直辖市)的省际长途来话、去话业务以及所在本地网的长途终端业务。DC2 为地区中心,设在各地级城市,主要职能是汇接所在本地网的长途终端业务。

二级长途网中,形成了两个平面。DC1 之间以网状网相互连接,形成高平面,或叫做省际平面。DC1 与本省内各地市的 DC2 以星状相连,本省内各地市的 DC2 局之间以网状或不完全网状相连,形成低平面,又叫作省内平面。同时,根据话务流量流向,二级交换中心 DC2 也可与非从属的一级交换中心 DC1 之间建立直达电路群。

要说明的是,较高等级交换中心可具有较低等级交换中心的功能,即 DC1 可同时具有 DC1、DC2 的交换功能。

最终,我国长途电话网将逐步演变为动态无级网。"动态"是指路由选择序列可以变化,它可以分为时间相关的选路、状态相关的选路和事件相关的选路,而"无级"是指在同一平面的呼叫进行迂回路由选择时各交换中心不分等级。

2. 本地电话网

在同一长途区号所辖范围之内,由若干个端局与汇接局所组成的通信网,称为本地通信网。它的服务范围一般包括一个或若干个市区及所辖的卫星城镇、郊县县城和农村。

本地网可以仅设置端局 DL,但一般是由汇接局 Tm 和端局 DL 构成的二级网结构。二级本地网的基本结构如图 2-9 所示。

端局是本地网中的第二级,通过用户线与用户相连,它的职能是疏通本局用户的去话和来话业务。根据服务范围的不同,有市话端局、县城端局、卫星城镇端局和农话端局等,分别连接市话用户、县城用户、卫星城镇用户和农村用户。

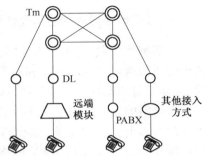

图 2-9　二级本地网的基本结构

汇接局是本地网的第一级,它与本汇接区内的端局相连,同时与其他汇接局相连,它的职能是疏通本汇接区内用户的去话和来话业务,还可疏通本汇接区内的长途话务。有的汇接局还兼有端局职能,称为混合汇接局(Tm/DL)。汇接局可以有市话汇接局、市郊汇接局、郊区汇接局和农话汇接局等几种类型。

二级网结构中,各汇接局之间各个相连组成网状网,汇接局与其所汇接的端局之间以星状网相连。在业务量较大且经济合理的情况下,任一汇接局与非本汇接区的端局之间或者端局与端局之间也可设置直达电路群。

在经济合理的前提下,根据业务需要在端局以下还可设置远端模块、用户集线器或用户交换机,它们只和所从属的端局之间建立直达中继电路群。

二级网中各端局与位于本地网内的长途局之间可设置直达中继电路群,但为了经济合理和安全、灵活地组网,一般在汇接局与长途局之间设置低呼损直达中继电路群,作为疏通各端局长途话务之用。

3. 国际电话网结构

国际电话网由国际交换中心和局间长途电路组成,用来疏通各个不同国家之间的国际长途话务。国际电话网中的节点称为国际电话局,简称国际局。用户间的国际长途电话通过国际局来完成,每一个国家都设有国际局。各国际局之间的电路即为国际电路。

国际电话网的网络结构如图 2-10 所示,国际交换中心分为 CT1、CT2 和 CT3 三级。各 CT1 局之间均有直达电路,形成网状网结构,CT1 至 CT2,CT2 至 CT3 为辐射式的星状网结构,由此构成了国际电话网的复合型基干网络结构。除此之外,在经济合理的条件下,在各CT 局之间还可根据业务量的需要设置直达电路群。

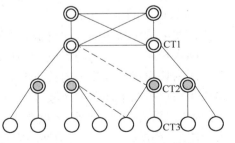

图 2-10　国际电话网的基本结构

CT1 和 CT2 只连接国际电路,CT1 局在很大的地理区域汇集话务,其数量很少。在每个 CT1 区域内的一些较大的国家可设置 CT2 局。CT3 局连接国际和国内电路,它将国内长途网和国际长途网连接起来,各国的国内长途网通过 CT3 进入国际电话网,因此 CT3 局通常称为国际接口局,每个国家均可有一个或多个 CT3 局。

我国有三个国际接口局,分别设在北京、上海、广州,这三个国际局均具有转接和终端话务的功能。三个国际局之间以网状网方式相连。国际局所在城市的本地网端局与国际局间可设置直达电路群,该城市的用户打国际长途电话时可直接接至国际局,而与国际局不在同一城市的用户打国际电话则需要经过国内长途局汇接至国际局。

三、公用电话通信网的编号计划

所谓编号计划,是指在本地网、国内长途网、国际长途网以及一些特殊业务、新业务等中的各种呼叫所规定的号码编排和规程。电话网的编号计划是使电话网正常运行的一个重要规程,交换设备应能适应各项接续的编号要求。

电话网的编号计划是由国际电信联盟远程通信标准化组 ITU-TE.164 建议规定的。各国家在此基础上,根据自己的实际情况,编制本国的电话号码计划。编号计划主要包括本地电话用户编号和长途电话用户编号两部分内容。我国的电话号码计划如下:

1. 第一位号码的分配使用

第一位号码的分配规则如下:

(1)“0”为国内长途全自动冠号。

(2)“00”为国际长途全自动冠号。

(3)“1”为特殊业务、新业务及网间互通的首位号码。

(4)“2”~“9”为本地电话首位号码,其中,“200”“300”“400”“500”“600”“700”“800”为新业务号码。

2. 本地网的编号方案

同一长途编号范围内的用户均属于同一个本地网。在一个本地电话网内,采用统一的编号,一般情况下采用等位制编号。

本地电话网的一个用户号码组成为:局号+用户号。

局号可以是 1 位(用 P 表示)、2 位(用 PQ 表示)、3 位(用 PQR 表示)或 4 位(用 PQRS 表示);用户号为 4 位(用 ABCD 表示)。因此,如果号长为七位,则本地电话网的号码可以表示为“PQRABCD”。

在同一本地电话网范围内,用户之间呼叫时拨统一的本地用户号码。例如直接拨PQRABCD 即可。

3. 长途网的编号方案

长途电话包括国内长途电话和国际长途电话。

国内长途电话号码的组成为:国内长途字冠+长途区号+本地号码。

国内长途字冠是拨国内长途电话的标志,在全自动接续的情况下用“0”代表。长途区号是被叫用户所在本地网的区域号码,全国统一划分为若干个长途编号区,每个长途编号区都编上固定的号码,这个号码的长度为 1~4 位长,即如果从用户所在本地网以外的任何地方呼叫这个用户,都需要拨这个本地网的固定长途区域号。按照我国的规定,长途区号加本地电话号码的总位数最多不超过 11 位(不包括长途字冠“0”)。

长途编号可以采用等位制和不等位制两种。等位制适用于大、中、小城市的总数在一千个以内的国家,不等位制适用于大、中、小城市的总数在一千个以上的国家。我国幅员辽阔,各地区通信的发展很不平衡,因此采用不等位制编号,采用 2、3 位的长途区号。

（1）首都北京，区号为"10"。其本地网号码最长可以为 9 位。

（2）大城市及直辖市，区号为 2 位，编号为"2×"，×为 0～9，共 10 个号，分配给 10 个大城市。如上海为"21"，天津为"22"等。这些城市的本地网号码最长可以为 9 位。

（3）省中心、省辖市及地区中心，区号为 3 位，编号为"×1×2×3"，×1 为 3～9（6 除外），×2 为 0～9，×3 为 0～9。如石家庄为"311"，兰州为"931"。这些城市的本地网号码最长可以为 8 位。

（4）首位为"6"的长途区号除 60、61 外，其余号码为 62×～69×共 80 个号码作为 3 位区号使用。

长途区号采用不等位的编号方式，不但可以满足我国对号码容量的需要，而且可以使长途电话号码的长度不超过 11 位。显然，若采用等位制编号方式，如采用两位区号，则只有 100 个容量，满足不了我国的要求；若采用三位区号，区号的容量足够，但每个城市的号码最长都只有 8 位，满足不了一些特大城市的号码需求。

国际长途电话号码的组成为：国际长途字冠+国家号码+长途区号+本地号码。

国际长途呼叫除了拨上述国内长途号码中的长途区号和本地号码外，还需要增拨国际长途字冠和国家号码。国际长途字冠是拨国际长途电话的标志，在全自动接续的情况下用"00"代表。国家号码为 1～3 位，即如果从用户所在国家以外的任何地方呼叫这个用户，都需要拨这个国家的国家号码。根据 ITU-T 的规定，世界上共分为 9 个编号区，我国在第 8 编号区，国家代码为 86。

第三节　软交换技术

一、软交换的概念

随着经济社会和科技发展，各种单一业务的网络面临的压力越来越大，电话网、计算机网、有线电视网趋向融合成为必然。特别是各种非话业务需求快速增长且趋于多样化，网络面临着负荷在不断增大，而目前的 PSTN 和 PLMN 难以满足新型的多样性的业务需求。在这样的发展背景下，基于软交换技术的新一代网络应运而生。软交换是一种功能实体，为 NGN 提供具有实时性要求业务的呼叫控制和连接控制功能，是一种基于软件的分布式交换和控制平台。简单地看，软交换就是实现传统程控交换机的"呼叫控制"功能的实体，但传统的呼叫控制功能是和业务结合在一起的，不同的业务所需要的呼叫控制功能不同；而软交换则是与业务无关的，即"业务与控制相分离"，软交换把呼叫控制功能从媒体网关（传输层）中分离出来，通过软件实现基本呼叫控制功能，包括呼叫选路、管理控制、连接控制（建立会话、拆除会话）、带宽管理、安全性和信令互通（如从 SS7 到 IP）等，实现呼叫传输与呼叫控制分离。其中更重要的是，软交换采用了开放式应用程序接口（API），允许在交换机制中灵活引入新业务。

软交换的技术定义可以描述为：它是一种提供了呼叫控制功能的软件实体，支持所有现有的电话功能及新型会话式多媒体业务，采用各种标准协议，提供了不同厂商的设备之间的互操作能力。从业务角度来看，软交换是一种针对与传统电话业务和新型多媒体业务相关的网络和业务问题的解决方案。

二、软交换的特点

软交换技术的主要特点表现在以下几个方面：

（1）可支持 PSTN、ATM 和 IP 协议等各种网络的可编程呼叫处理。

（2）可方便地运行在各种商用计算机和操作系统上。

（3）高效灵活性。例如：软交换加上一个中继网关便是一个长途/汇接交换机的替代；软交换加上一个接入网关便是一个语音虚拟专用网（VPN）/专用小交换机（PBX）中继线的替代；软交换加上一个中继网关和一个本地性能服务器便是一个本地交换机的替代。

（4）开放性。通过一个开放的和灵活的号码簿接口便可以再利用智能网业务。例如，它提供一个具有接入到关系数据库管理系统、轻量级号码簿访问协议和事务能力应用部分的号码簿嵌入机制。

（5）为第三方开发者创建下一代业务提供开放的应用编程接口（API）。

（6）具有可编程的后营业室特性。例如：可编程的事件详细记录、详细呼叫事件写到一个业务提供者的收集事件装置中。

（7）具有先进的基于策略服务器的管理所有软件组件的特性。

三、软交换的系统结构

软交换系统主要应由下列设备组成：

（1）软交换控制设备

软交换控制设备是网络中的核心控制设备（也就是我们通常所说的软交换），它完成呼叫处理控制功能、接入协议适配功能、业务接口提供功能、互联互通功能、应用支持系统功能等。

（2）业务平台

业务平台完成新业务生成和提供功能，主要包括 SCP 和应用服务器。

（3）信令网关

信令网关目前主要指 No.7 信令网关设备。传统的 No.7 信令系统是基于电路交换的，所有应用部分都是由 MTP 承载的，在软交换体系中则需要由 IP 来承载。

（4）媒体网关

媒体网关完成媒体流的转换处理功能。按照其所在位置和所处理媒体流的不同可分为：中继网关、接入网关、多媒体网关、无线网关等。

（5）IP 终端

目前主要指 H.323 终端和 SIP 终端两种，如 IP PBX、IP Phone、PC 等。

（6）其他支撑设备

如 AAA 服务器、大容量分布式数据库、策略服务器等，它们为软交换系统的运行提供必要的支持。

软交换的系统结构如图 2-11 所示。

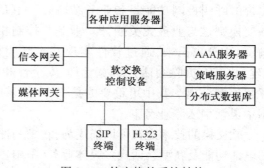

图 2-11　软交换的系统结构

四、软交换的功能与对外接口

1. 软交换主要功能

软交换是多种逻辑功能实体的集合,它提供综合业务的呼叫控制、连接和部分业务功能。主要功能表现在以下几个方面。

(1)呼叫控制和处理:为基本呼叫的建立、维持和释放提供控制功能。

(2)协议功能:支持相应标准协议,包括 H. 248、SCTP、H. 323、SNMP、SIP 等。

(3)业务提供功能:可提供各种通用的或个性化的业务。

(4)业务交换功能:支持各种业务高效、可靠地交换。

(5)互通功能:可通过各种网关实现与响应设备的互通。

(6)资源管理功能:对系统中的各种资源进行集中管理,如资源的分配、释放和控制。

(7)操作维护功能:主要包括业务统计和告警等。

(8)计费功能:根据运营需求将话单传送至计费中心。

2. 软交换的对外接口

软交换作为一个开放的实体,与外部的接口必须采用开放的协议。图 2-12 为软交换与外部的接口的例子。

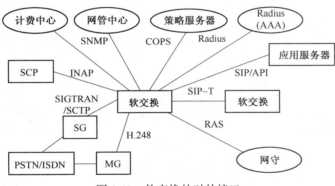

图 2-12 软交换的对外接口

媒体网关(MG)与软交换间的接口:该接口可使用媒体网关控制协议(MGCP),IP 设备控制协议(IPDC)或 H. 248(MeGaCo)协议。

信令网关(SG)与软交换间的接口:该接口可使用信令控制传输协议(SCTP)或其他类似协议。

软交换间的接口:该接口实现不同软交换间的交互。此接口可使用 SIP-T 或 H. 323 协议。

软交换与应用/业务层之间的接口:该接口提供访问各种数据库、三方应用平台、各种功能服务器等的接口,实现对各种增值业务、管理业务和三方应用的支持。

软交换与应用服务器间的接口:该接口可使用 SIP 协议或 API(如 Parlay),提供对三方应用和各种增值业务的支持功能。

软交换与网管中心间的接口:该接口可使用 SNMP,实现网络管理。

软交换与智能网的 SCP 之间的接口:该接口可使用 INAP。实现对现有智能网业务的支持。

复习思考题

1. 什么叫时隙交换？

2. 分别按照读出控制和写入控制的方式，画出在 T 型接线器中完成时隙 TS_6 和 TS_9 的话音信息的交换过程。

3. 程控数字交换机硬件是如何组成的？

4. 程控数字交换机软件是如何组成的？

5. 简述程控交换机的呼叫处理过程。

6. 用户 A 和用户 B 分别属于两个省的不同市话局，写出其通话接续过程。

7. 什么是软交换？有何特点？

第三章 数据通信

【学习目标】

1. 了解数据通信的概念和系统模型。
2. 掌握 OSI 模型的结构;理解模型中各层的作用。
3. 掌握 TCP/IP 模型的结构;理解模型中各层协议的作用。
4. 了解以太网的标准;掌握主要类型以太网的特征。
5. 了解以太网帧的结构;掌握 MAC 地址的作用和组成。
6. 了解以太网卡的作用;掌握以太网交换机的转发原理。
7. 理解 VLAN 的概念;掌握 VLAN 的接口类型。
8. 了解 IPv4 和 IPv6 的区别。
9. 掌握 IP 地址的类别和编写规则;掌握子网掩码的作用和编码规则。
10. 了解 IP 转发原理。
11. 掌握路由的概念;了解 RIP 协议和 OSPF 协议的基本原理。
12. 了解 MPLS 的概念、基本原理和技术特点。

第一节　数据通信概述

一、数据通信的概念

数据是包含有一定内容的物理符号,是传送信息的载体,如字母、数字和符号等。信息是指数据在传输过程中的表示形式或向人们提供关于现实世界事实的知识,它不随载荷符号的形式不同而改变。数据是信息传送的形式,信息是数据表达的内涵。

在通信领域中,通常把语言和声音、音乐、文字和符号、数据、图像等统称为消息。这些消息所给予接受者的新知识称为信息。信息一般可分为话音、数据和图像三大类型。

数据通信就是按照通信协议,利用传输技术在功能单元之间传递数据信息,从而实现计算机与计算机之间、计算机与其终端之间及其他数据终端设备之间的信息交互而产生的一种通信技术。数据通信是计算机和通信相结合的产物,使人们可以利用终端实现远距离的数据交流和共享。为了保证数据通信有效而可靠地进行,通信双方必须按一定的规程(或称协议)进行通信,如收发双方的同步、差错控制、传输链路的建立、维持和拆除及数据流量控制等。

在当前社会,数据通信主要的通信方式有网页浏览、文件下载、在线视频播放、电子购物等。例如,当我们从某个网站下载一首 MP3 的歌曲时,必须先接入 Internet,然后才能下载所需的歌曲,这就属于一种数据通信方式。Internet,又称作因特网、互联网、网际网等,是目前世界上规模最大的计算机网络,它的广泛普及和应用是当今信息时代的标志之一。

二、数据通信协议

1. 数据通信协议

数据通信协议是为保证数据通信网中通信双方能有效、可靠通信而规定的一系列约定。这些约定包括数据的格式、顺序和速率,数据传输的确认或拒收,差错检测,重传控制和询问等操作。

协议可分为两类:一类是各网络设备厂商自己定义的私有协议;另一类是专门的标准机构定义的开放式协议。显然,为了促进网络的普遍性互联,各厂商应尽量遵从开放式协议,减少私有协议的使用。

专门整理、研究、制定和发布开放性标准协议的组织称为标准机构。表3-1列出了几个在网络通信领域非常知名的标准机构。

表 3-1 知名网络标准机构

标准机构	说　明
国际标准化组织(International Organization for Standardization,ISO)	ISO 是世界上最大的非政府性标准化专门机构,是国际标准化领域中一个十分重要的组织。ISO 的任务是促进全球范围内的标准化及其有关活动,以利于国际间产品与服务的交流,以及在知识、科学、技术和经济活动中发展国际间的相互合作
互联网工程任务组(Internet Engineering Task Force,IETF)	IETF 是全球互联网最具权威的技术标准化组织,其主要任务是负责互联网相关技术规范的研发和制定。目前,绝大多数的互联网技术标准都是出自 IETF。著名的 RFC(Request For Comments)标准系列就是由 IETF 制定和发布的
电气电子工程师学会(Institute Of Electrical and Electronics Engineers,IEEE)	IEEE 是世界上最大的专业技术组织之一。IEEE 成立的目的在于为电气电子方面的科学家、工程师、制造商提供国际联络交流的场合,并为他们提供专业教育、提高专业能力服务。著名的以太网标准规范就是 IEEE 的杰作之一
国际电信联盟(International Telecommunications Union,ITU)	ITU 是主管信息通信技术事务的联合国机构,也简称为"国际电联"或"电联"
电子工业联盟(Electronic Industries Alliance EIA)	EIA 是美国电子行业标准制定者之一,常见的 RS-232 串口标准便是由 EIA 制定的
国际电工技术委员会(International Electrotechnical Commission,IEC)	IEC 主要负责有关电气工程和电子工程领域中的国际标准化工作。该组织与 ISO、ITU、IEEE 等有着非常紧密的合作关系

2. OSI 参考模型

开放系统互联(Open System Interconnection,OSI)参考模型是国际标准化组织(International Standard Organization,ISO)为统一通信网协议标准而发布的标准参考模型。作为一个概念性框架,它是不同制造商的设备和应用软件在网络中进行通信的标准。

OSI 参考模型如图 3-1 所示。OSI 将通信过程定义为七层,分别为:物理层、数据链路层、网络层、传输层、会话层、表示层和应用层。每一层都用来实现一种相对独立的通信功能,每一层又都包含若干重要的应用与通信协议来完成该层的相关服务。其中,OSI 参考模型的 5、6、7 层(较高层)主要处理应用方面的问题,第 1、2、3、4 层(较低层)主要处理数据传输方面的问题。

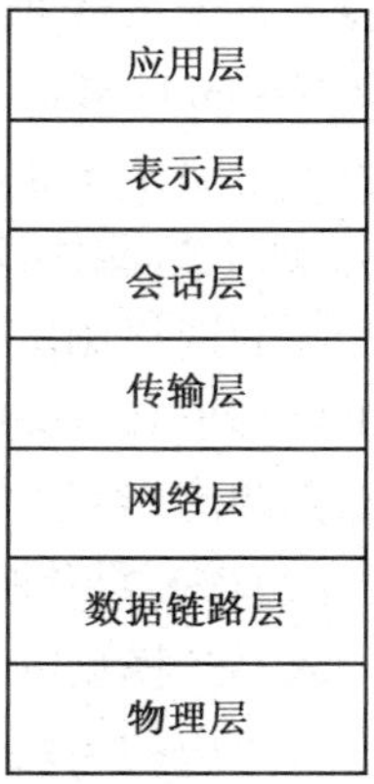

（1）各层的主要功能

①物理层实现了逻辑上的数据与可以感知和测量的光/电信号之间的转换。物理层功能是通信过程的基础。物理层关注的是单个"0"和"1"的发送、传输和接收。

②数据链路层在通过物理链路相连接的相邻节点之间,建立逻辑

图 3-1　OSI 参考模型

意义上的数据链路,在数据链路上实现数据的点到点或点到多点方式的直接通信。数据链路层实现了有内在结构和意义的一连串的"0"和"1"的发送和接收。如果没有数据链路层,则通信的双方只能看到不断变化的光/电信号,并从中识别出一连串的"0"和"1",但却不能将这些"0"和"1"组织起来,形成有意义、可理解的数据。

③数据链路层实现的是数据在相邻节点之间的(这里的"相邻节点"是指其间不跨越任何路由节点)、局部性的直接传递,局域网技术便是聚焦在数据链路层及其下面的物理层。而网络层需要实现的则是任意两个节点之间的、全局性的数据传递。网络层根据数据中包含的网络层地址信息,实现数据从任何一个节点到任何另外一个节点的整个传输过程。

④传输层建立、维护和取消一次端到端的数据传输过程,控制传输节奏的快慢,调整数据的排序等。两个人在谈话交流时,如果一个人说得太快,另一个人通常会说:"你说慢点。""你说慢点"这句话的作用其实是在控制谈话交流的速度。如果一个人在听对方说话时,有的话没有听清楚,通常就会说:"对不起,刚才没听清楚,你再说一遍。""……你再说一遍"这句话其实是在提高谈话交流的可靠性。传输层的某些功能非常类似于"你说慢点""你说快点""请再说一遍"等起的作用。

⑤会话层在通信双方之间建立、管理和终止会话,确定双方是否应该开始进行某一方发起的通信等。我们上网请求某种网络服务时,由于输错了账号/密码,结果服务请求被拒绝。服务提供方对我们输入的账号/密码进行了验证,发现有问题,于是立即终止了接下来的通信过程。服务提供方进行的账号/密码验证并关闭通信过程的操作,便是会话层的功能之一。

⑥表示层进行数据格式的转换,以确保一个系统生成的应用层数据能够被另外一个系统的应用层所识别和理解。我们平时常用的 rar 压缩解压工具所起的作用,就是表示层的典型功能之一。文件发送方为了减少对网络带宽资源的使用,将原始文件进行了压缩后再进行发送。如果接收方不对收到的压缩文件进行解压,就无法识别和理解所发送的原始文件的真正内容。总之,表示层的作用就是使得通信双方的应用层能够识别和理解对方应用层发送过来的数据。

⑦OSI 模型中的应用层(第七层),其实是指"系统应用层"。在"系统应用层"之上,其实

还有一层(第八层),称为"用户应用层(User-defined Application Layer)",但是"用户应用层"已经不属于 OSI 模型的范畴。应用层向用户应用软件提供丰富的系统应用接口。HTTP、SMTP(Simple Mail Transfer Protocol)、FTP、SNMP(Simple Network Management Protocol)等协议模块本是属于 TCP/IP 协议簇的,如果我们把这些协议模块看成是属于 OSI 模型的协议模块的话,那么这些协议模块就位于 OSI 的"系统应用层"。而 Netscape、IE(Internet Explorer)等这些不同的网络浏览器软件就位于 OSI 的"用户应用层",但它们都会调用"系统应用层"中的 HTTP 模块;Foxmail、Outlook 等这些不同的 E-mail 收发软件也位于 OSI 的"用户应用层",但它们都会调用"系统应用层"中的 SMTP 模块。

(2)OSI 参考模型的通信过程

从 OSI 模型的观点来看,计算机发送数据时,数据会从高层向底层逐层传递,在传递过程中进行相应的封装,并最终通过物理层转换为光/电信号发送出去。计算机接收数据时,数据会从底层向高层逐层传递,在传递过程中进行相应的解封装。图 3-2 示意了两台计算机和一根网线组成的简单网络中,计算机 A 向计算机 B 传递数据时的层次化处理过程。

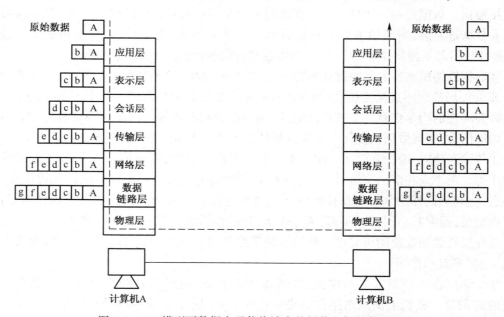

图 3-2　OSI 模型下数据在通信终端中的封装和解封装过程

3. TCP/IP 模型

TCP/IP 协议定义了一种在计算机网络间传送数据的方法。TCP/IP 协议的应用导致了 Internet 的大发展。

TCP/IP 协议具有以下几个特点:

(1)开放的协议标准。任何系统只要遵循这一国际标准进行构造,它就能与世界上所有遵循这一标准的其他系统相互通信。

(2)独立于特定的网络硬件。它既适用于广域网,也可以运行在局域网、城域网上。

(3)统一的网络地址分配方案,任何一个 TCP/IP 设备在网中都具有唯一的地址。

(4)标准化的高层协议,可以提供多种可靠的用户服务。

TCP/IP 的数据格式和协议在分层结构上不是很严格,在实现上也具有较大的灵活性,它的协议被设计成能支持广泛的计算机平台的网络配置。

TCP/IP 模型发端于 ARPA Net 的设计和实现,其后被 IETF 不断地充实和完善。TCP/IP 模型、TCP/IP 功能模型、TCP/IP 协议模型、TCP/IP 协议簇、TCP/IP 协议栈等说法在现实中是经常被混用的。TCP/IP 这个名字来自这个协议簇中两个非常重要的协议,一个是 IP(Internet Protocol),另一个是 TCP(Transmission Control Protocol)。

图 3-3 给出了 TCP/IP 模型的标准模型、对等模型及它们与 OSI 模型的比较。

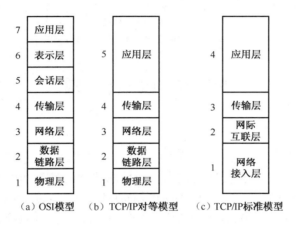

图 3-3　TCP/IP 模型分层结构

标准模型共有 4 层,其"网络接入层"对应了 OSI 模型的第一层和第二层。OSI 模型中的第五、六、七层的功能全部影射到了 TCP/IP 标准模型或对等模型中的应用层。现实中,五层的 TCP/IP 对等模型使用最为广泛。

TCP/IP 模型与 OSI 模型在层次的划分上稍有差异,但这种层次划分上的差异并不是二者之间的主要差别。TCP/IP 与 OSI 模型主要差别在于二者所使用的具体协议的不同。

在 TCP/IP 模型中,把物理层的数据单元称为"比特(Bit)";把数据链路层的数据单元称为"帧(Frame)";把网络层的数据单元称为"分组或包(Packet)";对于传输层,我们习惯把通过 TCP 封装而得到的数据单元称为"段(Segment)",即"TCP 段(TCP Segment)";把通过 UDP 封装而得到的数据单元称为"报文(Datagram)",即"UDP 报文(UDP Datagram)"。对于应用层,我们习惯把通过 HTTP 封装而得到的数据单元称为"HTTP 报文(HTTP Datagram)",把通过 FTP 封装而得到的数据单元称为"FTP 报文(FTP Datagram)",如此等等。

现在,假设我们在 Internet 上通过某网站找到了一首歌曲,并向相应的 Web 服务器请求下载这首 2 000 Byte 大小的歌曲,那么,这首歌曲在被发送之前将在 Web 服务器中被逐层进行封装,如图 3-4 所示,应用层会对原始歌曲数据(Data)添加 HTTP 头部,形成一个 HTTP 报文;因为该 HTTP 报文太长,所以传输层会将该 HTTP 报文分解成两部分,并在每部分前添加 TCP 头部,从而形成两个 TCP 段;网络层会对每个 TCP 段添加 IP 头部,形成 IP 包;数据链路层(假定数据链路层使用的是以太网技术)会在 IP 包的前面和后面分别添加以太网帧头和帧尾,形成以太网帧(简称以太帧);最后,物理层会将这些以太帧转化为比特流。

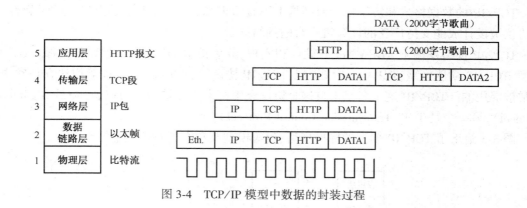

图 3-4　TCP/IP 模型中数据的封装过程

第二节　以　太　网

一、以太网概述

1. 以太网标准

以太网(Ethernet)属于一种局域网技术。局域网技术的种类非常多,如令牌总线(IEEE 802.4)、令牌环(IEEE 802.5)、FDDI/ DQDB(Distributed Queue Dual Bus, IEEE 802.6)、isoEthernet(IEEE 802.9a)、100VG-AnyLAN(IEEE 802.12)、WLAN(无线局域网)等。然而,随着时间的推移及市场的选择,除了以太网技术和技术得到了积极发展和广泛应用外,其他所有曾经出现的各种各样的局域网技术,几乎都已经销声匿迹,或正处于被淘汰的过程中。

以太网(Ethernet)是局域网组网规范,后提交 IEEE 并成为 IEEE 的正式标准,并编号为 IEEE 802.3。

以太网相关标准规范:

(1)IEEE 802.3,以太网标准。

(2)IEEE 802.3u,100BASE-T 快速以太网标准。

(3)IEEE 802.3z/ab,1 000 Mbit/s 千兆以太网标准。

(4)IEEE 802.3ae,10GE 以太网标准。

(5)IEEE 802.3ba,40G/100G 以太网标准。

2. 以太网拓扑结构

以太网的拓扑结构分为总线型和星状。早期以太网多使用总线型的拓扑结构,采用同轴电缆作为传输介质,不需要专用的网络设备,但由于存在管理成本高,不易隔离故障点、易造成网络拥塞等固有缺陷,已经逐渐被星状网络所代替。星状拓扑是指采用专用的网络设备(如集线器或交换机)作为核心节点,通过双绞线(或光纤)将局域网中的各站点连接到核心节点上。星状拓扑可以通过级联的方式很方便地将网络扩展到很大的规模,已经被绝大部分的以太网所采用。

3. 以太网的类型

以太网主要有以下几种类型:

（1）共享式以太网

共享式以太网的典型代表是使用 10Base2/10Base5 的总线型网络和以集线器为核心的星状网络。10Base2 以太网采用细同轴电缆组网；10Base5 以太网采用粗同轴电缆组网；在使用集线器的以太网中，多个站点连接到一个集线器上，此种方式在逻辑上也是总线型结构。共享式以太网中的各个站点共享同一个信道传输数据，容易产生传输冲突，降低传输效率。

共享式以太网的传输机制采用载波帧听多路访问/冲突检测（CSMA/CD）协议。CSMA/CD 的工作原理为：当一个站点要传输数据时，首先帧听信道上是否有信号在传输。如果有，表明信道处于忙状态，就继续帧听，直到信道空闲为止；若没有侦听到任何信号，就传输数据。传输的时候继续侦听，如发现冲突则暂停传输数据，随机等待一段时间后，重新进行侦听；若未发现冲突则发送成功，站点会返回到侦听信道状态。

（2）交换式以太网

在交换式以太网中，交换机根据收到的数据帧中的物理地址决定数据帧应发向交换机的哪个端口。因为端口间的帧传输彼此屏蔽，因此站点就不担心自己发送的帧在通过交换机时是否会与其他站点发送的帧产生冲突。

10Base-T 以太网就是一种交换式以太网，它的数据传输速率为 10 Mbit/s。10Base-T 以太网采用星状拓扑，传输媒介为双绞线，最大网段长度为 100 m。

（3）快速以太网

100Base-T 快速以太网（Fast Ethernet，FE），即百兆以太网，它的工作机制与 10Base-T 以太网相同，但是速率比 10Base-T 以太网增加了 10 倍，达到 100 Mbit/s。快速以太网使用光纤时传输距离可达 2 km。100Base-T 快速以太网技术适于组建中小规模的局域网。

（4）千兆以太网

1000Base-T 千兆以太网（Gigabit Ethernet，GE）的传输速度为 1 000 Mbit/s（即 1 Gbit/s）。连接介质以光纤为主，最大传输距离已达到 70 km。由于千兆以太网采用了与传统以太网、快速以太网完全兼容的技术规范，因此千兆以太网除了继承传统以太网的优点外，还具有升级平滑、实施容易、性价比高和易管理等优点。千兆以太网技术适用于交换机到交换机的连接或大中规模（几百至上千台电脑的网络）园区网之间的主干连接。

下面举例说明以太网的结构。某校园网的网络结构如图 3-5 所示。该校园网分为三级结构，采用 1000Base-T 千兆以太网技术。第一级采用千兆交换机作为校园网的核心节点，它负责连接各个二级交换机、服务器以及通过路由器和 Internet 相连，它们之间采用光纤连接，传输速率为 1 000 Mbit/s。第二级采用百兆交换机，它负责连接下一级的集线器，它们之间采用双绞线连接，传输速率为 100 Mbit/s。第三级采用集线器（HUB），它负责连接各终端计算机，它们之间采用双绞线连接，传输速率为 10 Mbit/s。

以太网具有高度灵活、相对简单、易于实现的特点，是目前发展最迅速、应用最广泛的局域网。

二、以太网帧

以太网是一种局域网通信技术，在 TCP/IP 模型定义于物理层和数据链路层。

以太网技术所使用的帧被称为以太网帧，或简称以太帧。以太帧的格式有两个标准：一个

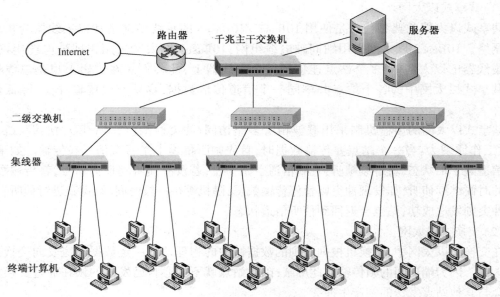

图 3-5　以太网举例

称为 IEEE 802.3 格式；一个称为 Ethernet II 格式，也称为 DIX 格式。以太帧的两种标准格式如图 3-6 所示。虽然 Ethernet II 格式与 IEEE 802.3 格式存在一定的差别，但它们都可以应用于以太网。目前的网络设备都可以兼容这两种格式的帧，但 Ethernet II 格式的帧使用得更加广泛些。通常，承载了某些特殊协议信息的以太帧才使用 IEEE 802.3 格式，而绝大部分的以太帧使用的都是 Ethernet II 格式。

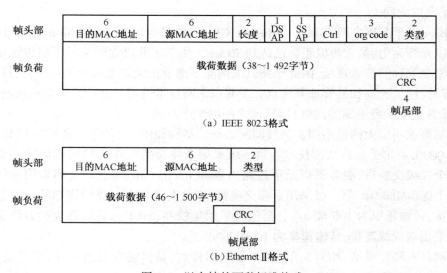

图 3-6　以太帧的两种标准格式

下面介绍 Ethernet II 格式的以太帧中各个字段的描述。

（1）目的 MAC（Media Access Control，媒体接入控制）地址：该字段有 6 个字节，用来表示该帧的接收者（目的地）。目的 MAC 地址可以是一个单播 MAC 地址，或是一个组播 MAC 地址,或是一个广播 MAC 地址。

（2）源 MAC 地址：该字段有 6 个字节,用来表示该帧的发送者（出发地）。源 MAC 只能是一个单播 MAC 地址。

（3）类型：该字段有 2 个字节,用来表示载荷数据的类型。例如,如果该字段的值是 0x0800,则表示载荷数据是一个 IPv4 包;如果该字段的值是 0x86dd,则表示载荷数据是一个 IPv6 包;如果该字段的值是 0x0806,则表示载荷数据是一个 ARP 报文;如果该字段的值是 0x8848,则表示载荷数据是一个 MPLS 报文。

（4）载荷数据：该字段的长度是可变的,最短为 46 个字节,最长为 1 500 个字节,它是该帧的有效载荷,载荷的类型由前面的类型字段表示。

（5）CRC 字段：该字段有 4 个字节。CRC（Cyclic Redundancy Check,循环冗余校验）的作用是对该帧进行检错校验。

需要特别说明的是,根据目的 MAC 地址的种类不同,以太帧可以分为以下 3 种不同的类型：

（1）单播以太帧（或简称单播帧）,目的 MAC 地址为一个单播 MAC 地址的帧。

（2）组播以太帧（或简称组播帧）,目的 MAC 地址为一个组播 MAC 地址的帧。

（3）广播以太帧（或简称广播帧）,目的 MAC 地址为广播 MAC 地址的帧。

三、MAC 地址

如同每个人都有一个身份证号码来标识自己一样,每块网卡也拥有一个用来标识自己的号码,这个号码就是 MAC 地址,其长度为 48 bit（6 个字节）。不同的网卡,其 MAC 地址也不相同。也就是说,一块网卡的 MAC 地址是具有全球唯一性的。

MAC 地址共分为 3 种,分别为单播 MAC 地址、组播 MAC 地址、广播 MAC 地址。这 3 种 MAC 地址的定义如图 3-7 所示。

单播 MAC 地址是指第一个字节的最低位是 0 的 MAC 地址。

组播 MAC 地址是指第一个字节的最低位是 1 的 MAC 地址。

广播 MAC 地址是指每个比特都是 1 的 MAC 地址。广播 MAC 地址是组播 MAC 地址的一个特例。

一个单播 MAC 地址（例如 BIA 地址）标识了一块特定的网卡;一个组播 MAC 地址标识的是一组网卡;广播 MAC 地址是组播 MAC 地址的一个特例,它标识了所有的网卡。

一个 MAC 地址有 48 bit,为了方便起见,通常采用十六进制数的方式来表示一个 MAC 地址：每两位十六进制数 1 组（即 1 个字节）,一共 6 组,中间使用中划线连接;也可以每四位十六进制数 1 组（即 2 个字节）,一共 3 组,中间使用中划线连接。图 3-8 对这两种表示方法进行了举例说明。

四、以太网卡

网络接口卡（Network Interface Card, NIC）通常也简称为"网卡",它是计算机、交换机、路由器等网络设备与外部网络世界相连的关键部件、根据所使用的技术不同,网络接口卡分为很多种类型,例如令牌环接口卡、FDDI 接口卡、SDH 接口卡、以太网接口卡等。本章所提及的网卡都是指以太网接口卡,简称以太网卡。

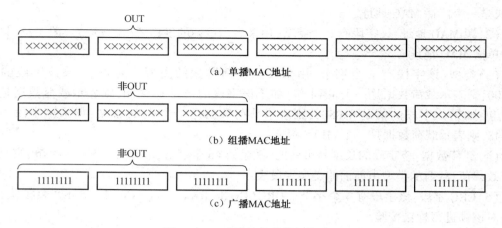

图 3-7　MAC 地址的分类与格式

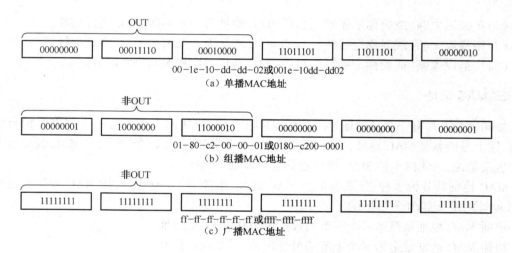

图 3-8　MAC 地址表示方法

　　不管是在计算机上也好,还是在交换机上也好,一个端口总是对应一块网卡(或者说一个端口总是拥有一块属于自己的网卡),不同的端口对应不同的网卡。网卡的作用就是用来进行数据的收发或转发。当我们说某个端口在收发或转发数据时,实质上是指这个端口的网卡在收发或转发数据。

　　交换机上的网卡和计算机上的网卡在组成结构上是完全一样的,都包含 7 个功能模块,分别是 CU(Control Unit,控制单元)、OB(Output Buffer,输出缓存)、IB(Input Buffer,输入缓存)、LC(Line Coder,线路编码器)、LD(Line Decoder,线路解码器)、TX(Transmitter,发射器)、RX(Receiver,接收器)。

　　交换机上的网卡和计算机上的网卡在功能上并不完全相同。计算机上网卡的 CU 需要进行帧(Frame)的封装和解封装,并与计算机上 TCP/IP 模型的网络层交换数据包(Packet)。交换机上网卡的 CU 不需要进行帧的封装和解封装,而是直接与本交换机上其他网卡进行帧的交换。

五、以太网交换机

4. 交换机

如果交换机转发数据的端口都是以太网口,则这样的交换机称为以太网交换机。交换机是以太网的核心设备,其基本作用就是对进入其端口的数据帧进行转发操作。

1. 三种转发操作

如图 3-9 所示,交换机对于从传输介质进入其某一端口的帧的转发操作一共有 3 种:泛洪(Flooding)、转发(Forwarding)和丢弃(Discarding)。

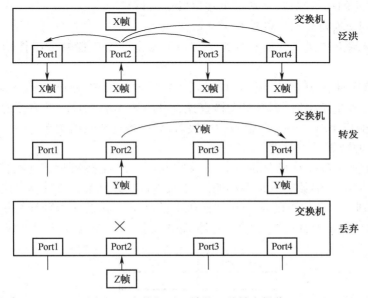

图 3-9　交换机对于帧的 3 种转发操作

(1)泛洪

交换机把从某一端口进来的帧通过所有其他的端口转发出去(除了这个帧进入交换机的那个端口以外的所有端口)。泛洪操作是一种点到多点的转发行为。

(2)转发

交换机把从某一端口进来的帧通过另一个端口转发出去(不能是这个帧进入交换机的那个端口)。这里的转发操作是一种点到点的转发行为。

(3)丢弃

交换机把从某一端口进来的帧直接丢弃。丢弃操作其实就是不进行转发。

泛洪操作、转发操作、丢弃操作这 3 种转发行为经常被笼统地称为转发。

2. 交换机的工作原理

交换机的工作原理主要是指交换机对于从传输介质进入其端口的帧进行转发的过程。在下面的描述中,将出现诸如"MAC 地址表"等一些读者可能觉得完全陌生或不太明白的概念。随着学习的继续和深入,读者自然会熟悉和理解这些概念,每台交换机中都有一个 MAC 地址表,它存放了 MAC 地址与交换机端口编号之间的映射关系。交换机的工作内存中存在一个

MAC 地址表,交换机刚上电时,MAC 地址表中没有任何内容,是一个空表。随着交换机不断地转发数据并进行地址学习,MAC 地址表的内容会逐步丰富起来。当交换机下电或重启时,MAC 地址表的内容会完全丢失。

(1)如果从传输介质进入交换机的某个端口的帧是一个单播帧,则交换机会去 MAC 地址表中查找这个帧的目的 MAC 地址。

①如果查不到这个 MAC 地址,则交换机将对该帧执行泛洪操作。

②如果查到了这个 MAC 地址,则比较这个 MAC 地址在 MAC 地址表中对应的端口编号是不是这个帧从传输介质进入交换机的那个端口的端口编号。

a. 如果不是,则交换机将对该帧执行转发操作(将该帧送至该帧的目的 MAC 地址在 MAC 地址表中对应的那个端口,并从那个端口发送出去)。

b. 如果是,则交换机将对该帧执行丢弃操作。

(2)如果从传输介质进入交换机的某个端口的帧是一个广播帧或组播帧,则交换机直接执行泛洪操作。

另外,交换机还具有 MAC 地址学习能力。当一个帧(无论是单播帧、组播帧,还是广播帧)从传输介质进入交换机后,交换机会检查这个帧的源 MAC 地址,并将该源 MAC 地址与这个帧进入交换机的那个端口的端口编号进行映射,然后将这个映射关系存放进 MAC 地址表。

3. 单交换机的数据转发示例

如图 3-10 所示,4 台计算机分别通过双绞线与同一台交换机相连。交换机有 4 个端口(Port),Port 后面的阿拉伯数字就是端口编号(Port No.),分别为 1、2、3、4。注意,双绞线两端所连接的其实分别是计算机上的网卡和交换机上的网卡。假设这 4 台计算机的网卡的 MAC 地址分别是 MAC1、MAC2、MAC3、MAC4;另外,假设交换机的 MAC 地址表此刻为空。

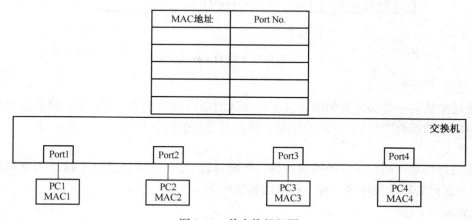

图 3-10 单交换机组网

现在,假设 PC1 需要向 PC3 发送单播帧 X(假设:PC1 已经知道了 PC3 的网卡地址为 MAC3),因此把 PC1 称为源主机,PC3 称为目的主机。下面的步骤描述了 X 帧从 PC1 到 PC3 的全过程。

(1)PC1 的应用软件所产生的数据经 TCP/IP 模型的应用层、传输层、网络层处理后,得到数据包(Packet)。数据包下传给 PC1 的网卡,网卡将之封装成帧(假设封装的第一个帧叫 X 帧)将 MAC3 作为 X 帧的目的 MAC 地址,将 MAC1 作为 X 帧的源地址。

（2）接下来,X 帧的运动轨迹为:PC1 的网卡→双绞线→Port1 的网卡。

（3）X 帧到达 Port1 的网卡后,交换机会去 MAC 地址表中查找 X 帧的目的 MAC 地址 MAC3。由于此时 MAC 地址表是空表,所以在 MAC 地址表中查不到 MAC3。根据交换机的转发原理,交换机会对 X 帧执行泛洪操作。然后,交换机还要进行地址学习,因为 X 帧是从 Port1 进入交换机的,并且 X 帧的源 MAC 地址为 MAC1,所以,交换机会将 MAC1 映射到 Port1,并将这一映射关系作为一个条目写进 MAC 地址表。

（4）X 帧被执行泛洪操作后,Port$i$(i=2,3,4)的网卡的 CU 都会从 Port1 的网卡的 CU 里获得一个 X 帧的复制。然后,这些复制的运动过程如下:Port$i$ 的网卡→双绞线→PCi 的网卡。

（5）PC2 的网卡在收到 X 帧后,会检查 X 帧的目的 MAC 地址是不是自己的 MAC 地址。由于 X 帧的目的 MAC 地址是 MAC3,而自己的 MAC 地址是 MAC2,所以二者不一致。于是,X 帧将在 PC2 的网卡中被直接丢弃。PC4 的网卡在收到 X 帧后,处理过程是一样的,其结果是,X 帧将在 PC4 的网卡的中被直接丢弃。

（6）PC3 的网卡在收到 X 帧后,会检查 X 帧的目的 MAC 地址是不是自己的 MAC 地址。由于 X 帧的目的 MAC 地址是 MAC3,而自己的 MAC 地址也是 MAC3,所以二者是一致的。于是,PC3 的网卡会将 X 帧中的数据包（Packet）抽取出来,并根据 X 帧的类型字段的值将数据包上送至 TCP/IP 模型的网络层的相应处理模块。最后,该数据经过网络层、传输层、应用层的处理后,到达相应的应用软件。

至此,网络的状态如图 3-11 所示。X 帧已经成功地被从源主机 PC1 送至目的主机 PC3,虽然非目的主机 PC2 和 PC4 也收到了 X 帧,但它们都会将 X 帧直接丢弃。X 帧在 PC2 和 PC4 的双绞线上产生的流量并没有实际的用处,这样的流量被称为垃圾流量。显然,这里的垃圾流量是因为交换机对 X 帧执行了泛洪操作而引起的。

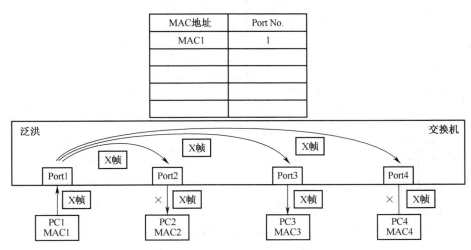

X帧：目的MAC地址为MAC3，源MAC地址为MAC1

图 3-11 PC1 向 PC3 发送一个单播帧

现在,在图 3-11 所示的网络状态下,假设 PC4 需要向 PC1 发送一个单播帧 Y（假设 PC4 已经知道了 PC1 的网卡的 MAC 地址为 MAC1）。此时,PC4 为源主机,PC1 为目的主机。下面的步骤描述了 Y 帧从 PC4 运动到 PC1 的全过程。

（1）PC4 的应用软件所产生的数据经 TCP/IP 模型的应用层、传输层、网络层处理后,得到数据包(Packet)。数据包下传给 PC4 的网卡后,网卡将之封装成帧(假设封装的第一个帧叫 Y 帧),将 MAC1 作为 Y 帧的目的 MAC 地址,然后将 MAC4 作为 Y 帧的源地址。

（2）接下来,Y 帧的运动轨迹为:PC4 的网卡→双绞线→Port4 的网卡。

（3）Y 帧到达 Port4 的网卡后,交换机会去 MAC 地址表中查找 Y 帧的目的 MAC 地址 MAC1。查表的结果是,MAC1 对应了 Port1,而 Port1 不是 Y 帧的入端口 Port 4。根据交换机的转发原理,交换机会对 Y 帧执行点到点转发操作,也就是将 Y 帧送至 Port1 的网卡。然后,交换机还要进行地址学习:因为 Y 帧是从 Port4 进入交换机的,并且 Y 帧的源 MAC 地址为 MAC4,所以,交换机会将 MAC4 映射到 Port4,并将这一映射关系作为一个新的条目写进 MAC 地址表。

（4）Y 帧到达 Port1 的网卡的 CU 后,接下来的运动过程为:Port1 的网卡→双绞线→PC1 的网卡。

（5）PC1 的网卡在收到 Y 帧后,会检查 Y 帧的目的 MAC 地址是不是自己的 MAC 地址。由于 Y 帧的目的 MAC 地址是 MAC1,而自己的 MAC 地址也是 MAC1,所以二者是一致的。于是,PC1 的网卡会将 Y 帧中的数据包(Packet)抽取出来,并根据 Y 帧的类型字段的值将数据包上送至 TCP/IP 模型的网络层的相应处理模块。最后,该数据经过网络层、传输层、应用层的处理后,到达相应的应用软件。

至此,网络的状态如图 3-12 所示。Y 帧已经成功从源主机 PC4 送至目的主机 PC1,并且这次没有产生任何垃圾流量(因为交换机对 Y 帧执行的是点对点转发操作)。

MAC地址	Port No.
MAC1	1
MAC4	4

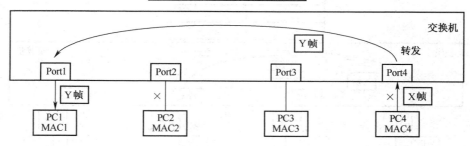

Y帧：目的MAC地址为MAC1，源MAC地址为MAC4

图 3-12　PC4 向 PC1 发送一个单播帧

现在,在图 3-12 所示的网络状态下,假设 PC1 将发送一个单播帧 Z。由于某种未知的原因(比如由于 Bug 的原因),在 PC1 的网卡的 CU 中形成的 Z 帧的目的 MAC 地址为 MAC1,源 MAC 地址为 MAC5。下面的步骤描述了 Z 帧的运动轨迹。

（1）PC1 的网卡→双绞线→Port1 的网卡。

（2）Z 帧到达 Port1 的网卡后,交换机会去 MAC 地址表中查找 Z 帧的目的 MAC 地址 MAC1。查表的结果是,MAC1 对应了 Port1,而 Port1 正是 Z 帧的入端口。

根据交换机的转发原理,交换机会对 Z 帧执行丢弃操作。然后,交换机还要进行地址学习:因为 Z 帧是从 Port1 进入交换机的,并且 Z 帧的源 MAC 地址为 MAC5,所以,交换机会将 MAC5 映射到 Port1,并将这一映射关系作为一个新的条目写进 MAC 地址表。

至此,网络的状态如图 3-13 所示。

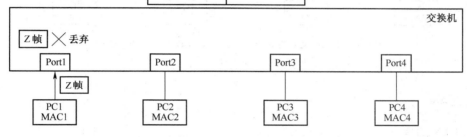

MAC地址	Port No.
MAC1	1
MAC4	4
MAC5	1

Z 帧：目的MAC地址为MAC1，源MAC地址为MAC5

图 3-13　PC1 发送一个单播帧

下面介绍计算机发送广播帧的例子。假定目前的网络状态如图 3-13 所示,而 PC3 将要发送一个广播帧 W。下面的步骤描述了 W 帧的运动轨迹。

（1）PC3 希望把应用软件所产生的数据同时发送给所有其他的计算机。这些数据经模型的应用层、传输层、网络层处理后,得到数据包(Packet)。数据包下传给 PC3 的网卡,网卡将之封装成广播帧。假设封装的第一个帧叫 W 帧,网卡将广播地址作为 W 帧的目的 MAC 地址,然后会将 BIA 地址作为 W 帧的源地址。

（2）W 帧接下来的运动轨迹为:PC3 的网卡→双绞线→Port3 的网卡。

（3）W 帧到达 Port3 的网卡的 CU 后,交换机不会去查 MAC 地址表,而是直接对 W 帧执行泛洪操作,这是因为交换机能判断出 W 帧是一个广播帧。然后,交换机还要进行地址学习:因为 W 帧是从 Port3 进入交换机的,并且 W 帧的源 MAC 地址为 MAC3,所以,交换机会将 MAC3 映射到 Port3,并将这一映射关系作为一个新的条目写进 MAC 地址表。

（4）W 帧被执行泛洪操作后,Port$i$($i=1,2,4$)的网卡的 CU 都会从 Port3 的网卡的 CU 那里获得一个 W 帧的复制。然后,这些复制的运动过程为:Port$i$ 的网卡→双绞线→PCi 的网卡。

（5）PCi($i=1,2,4$)的网卡在收到 W 帧后,判断出 W 帧是一个广播帧,于是会将 W 帧中的数据包(Packet)抽取出来,并根据 W 帧的类型字段的值将数据包上送至 TCP/IP 模型的网络层的相应处理模块。最后,该数据经过网络层、传输层、应用层的处理后,到达相应的应用软件。

至此,PC1、PC2、PC4 的应用软件都收到了同样的来自 PC3 的应用软件的数据,网络的状态如图 3-14 所示。

MAC地址	Port No.
MAC1	1
MAC4	4
MAC5	1
MAC3	3

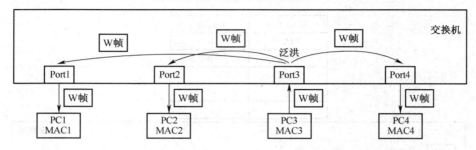

W帧：目的MAC地址为 ff-ff-ff-ff-ff-ff，源MAC地址为MAC3

图 3-14　PC3 发送一个广播帧

六、VLAN

1. VLAN 的概念

VLAN(Virtual Local Area Network，虚拟局域网)是将一个物理的 LAN 在逻辑上划分成多个广播域的通信技术。如图 3-15 所示，通过划分不同的 VLAN，VLAN 内的主机间可以直接通信，而 VLAN 间不能直接互通，从而将广播报文限制在一个 VLAN 内。

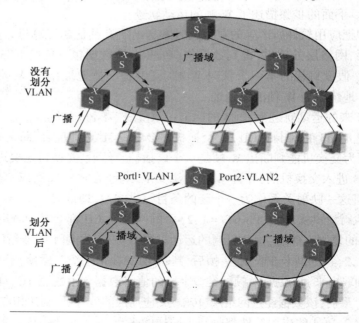

图 3-15　VLAN 划分

2. VLAN 的作用

VLAN 技术的主要优点如下。

（1）限制广播域

广播域被限制在一个 VLAN 内,节省了带宽,提高了网络处理能力。

（2）增强局域网的安全性

不同 VLAN 内的报文在传输时是相互隔离的,即一个 VLAN 内的用户不能和其他 VLAN 内的用户直接通信。

（3）提高网络的健壮性

由于广播域被限制在一个 VLAN 内,减少垃圾流量,提高了带宽及处理资源的利用率。

（4）灵活构建虚拟工作组

用 VLAN 可以划分不同的用户到不同的工作组,同一工作组的用户也不必局限于某一固定的物理范围,网络构建和维护更方便灵活。

3. VLAN 的数据帧

要使设备能够分辨不同 VLAN 的报文,需要在报文中添加标识 VLAN 信息的字段。IEEE 802.1Q 协议规定,在以太网数据帧的目的 MAC 地址和源 MAC 地址字段之后、协议类型字段之前加入 4 个字节的 VLAN 标签(又称 VLAN Tag,简称 Tag),用以标识 VLAN 信息。

VLAN 帧格式如图 3-16 所示。

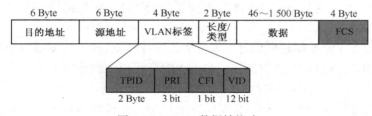

图 3-16　VLAN 数据帧格式

字段解释如下:

（1）TPID(Tag Protocol Identifier,标签协议标识符)

2 Byte,表示数据帧类型。取值为 0x8100 时,表示 IEEE 802.1Q 的 VLAN 数据帧。如果不支持 802.1Q 的设备收到这样的帧,会将其丢弃。各设备厂商可以自定义该字段的值。当邻居设备将 TPID 值配置为非 0x8100 时,为了能够识别这样的报文,实现互通,必须在本设备上修改 TPID 值,确保和邻居设备的 TPID 值配置一致。

（2）PRI(Priority,优先级)

3 bit,表示数据帧的 802.1Q 优先级。取值范围为 0~7,值越大优先级越高。当网络阻塞时,设备优先发送优先级高的数据帧。

（3）CFI(Canonical Format Indicator,标准格式指示位)

1 bit,表示 MAC 地址在不同的传输介质中是否以标准格式进行封装,用于兼容以太网和令牌环网。CFI 取值为 0 表示 MAC 地址以标准格式进行封装,为 1 表示以非标准格式封装。在以太网中,CFI 的值为 0。

（4）VID(VLAN ID,VLAN 编号)

12 bit,表示该数据帧所属 VLAN 的编号。VLAN ID 取值范围是 0~4 095。由于 0 和 4 095

为协议保留取值,所以 VLAN ID 的有效取值范围是 1~4 094。设备利用 VLAN 标签中的 VID 来识别数据帧所属的 VLAN,广播帧只在同一 VLAN 内转发,这就将广播域限制在一个 VLAN 内。

在一个 VLAN 交换网络中,以太网帧主要有以下两种格式:

①有标记帧(Tagged 帧),加入了 4 ByteVLAN 标签的帧。

②无标记帧(Untagged 帧),原始的、未加入 4 ByteVLAN 标签的帧。

用户主机、服务器、Hub 只能收发 Untagged 帧。交换机、路由器和 AC 既能收发 Tagged 帧,也能收发 Untagged 帧。语音终端、AP 等设备可以同时收发一个 Tagged 帧和一个 Untagged 帧。

4. VLAN 的设置

VLAN 的设置,可以是事先固定的、也可以是根据所连的计算机而动态改变设定。前者被称为"静态 VLAN"、后者自然就是"动态 VLAN"了。

(1)静态 VLAN——基于端口

静态 VLAN 又被称为基于端口的 VLAN(Port Based VLAN)。顾名思义,就是明确指定各端口属于哪个 VLAN 的设定方法。

由于需要一个个端口地指定,因此当网络中的计算机数目超过一定数字(比如数百台)后,设定操作就会变得繁杂无比。并且,客户机每次变更所连端口,都必须同时更改该端口所属 VLAN 的设定——这显然不适合那些需要频繁改变拓扑结构的网络。

(2)动态 VLAN

另一方面,动态 VLAN 则是根据每个端口所连的计算机,随时改变端口所属的 VLAN。这就可以避免上述的更改设定之类的操作。动态 VLAN 可以大致分为 3 类:

①基于 MAC 地址的 VLAN(MAC Based VLAN)

基于 MAC 地址的 VLAN,就是通过查询并记录端口所连计算机上网卡的 MAC 地址来决定端口的所属。假定有一个 MAC 地址"A"被交换机设定为属于 VLAN "10",那么不论 MAC 地址为"A"的这台计算机连在交换机哪个端口,该端口都会被划分到 VLAN 10 中去。计算机连在端口 1 时,端口 1 属于 VLAN 10;而计算机连在端口 2 时,则是端口 2 属于 VLAN 10。

由于是基于 MAC 地址决定所属 VLAN 的,因此可以理解为这是一种在 TCP/IP 的第二层设定访问链接的办法。

但是,基于 MAC 地址的 VLAN,在设定时必须调查所连接的所有计算机的 MAC 地址并加以登录。而且如果计算机交换了网卡,还是需要更改设定。

②基于子网的 VLAN(Subnet Based VLAN)

基于子网的 VLAN,则是通过所连计算机的 IP 地址,来决定端口所属 VLAN 的。不像基于 MAC 地址的 VLAN,即使计算机因为交换了网卡或是其他原因导致 MAC 地址改变,只要它的 IP 地址不变,就仍可以加入原先设定的 VLAN。

因此,与基于 MAC 地址的 VLAN 相比,能够更为简便地改变网络结构。IP 地址是 TCP/IP 中第三层的信息,所以我们可以理解为基于子网的 VLAN 是一种在 OSI 的第三层设定访问链接的方法。

③基于用户的 VLAN(User Based VLAN)

基于用户的 VLAN,则是根据交换机各端口所连的计算机上当前登录的用户,来决定该端口属于哪个 VLAN。这里的用户识别信息，一般是计算机操作系统登录的用户，比如可以是 Windows 域中使用的用户名。这些用户名信息，属于 TCP/IP 第四层以上的信息。

总的来说，决定端口所属 VLAN 时利用的信息在 TCP/IP 中的层面越高，就越适于构建灵活多变的网络。

从理论上说，VLAN 的类型远远不止这些，因为划分 VLAN 的原则可以是灵活而多变的，并且某一种划分原则还可以是另外若干种划分原则的某种组合。在现实中，究竟该选择什么样的划分原则，需要根据网络的具体需求、实现成本等因素决定。就目前来看，基于端口的 VLAN 在实际的网络中应用最为广泛。如无特别说明，本节所提到的 VLAN，均是指基于端口的 VLAN。

5. VLAN 的链路类型和接口类型

设备内部处理的数据帧一律都带有 VLAN 标签，而现网中的设备有些只会收发 Untagged 帧，要与这些设备交互，就需要接口能够识别 Untagged 帧并在收发时给帧添加、剥除 VLAN 标签。同时，现网中属于同一个 VLAN 的用户可能会被连接在不同的设备上，且跨越设备的 VLAN 可能不止一个，如果需要用户间的互通，就需要设备间的接口能够同时识别和发送多个 VLAN 的数据帧。

为了适应不同的连接和组网，为设备定义了 Access 接口、Trunk 接口和 Hybrid 接口 3 种接口类型，以及接入链路（Access Link）和干道链路（Trunk Link）两种链路类型。

（1）链路类型

根据链路中需要承载的 VLAN 数目的不同，以太网链路分为接入链路和干道链路。

①接入链路

接入链路只可以承载 1 个 VLAN 的数据帧，用于连接设备和用户终端（如用户主机、服务器等）。通常情况下，用户终端并不需要知道自己属于哪个 VLAN，也不能识别带有 Tag 的帧，所以在接入链路上传输的帧都是 Untagged 帧。

②干道链路

干道链路可以承载多个不同 VLAN 的数据帧，用于设备间互连。为了保证其他网络设备能够正确识别数据帧中的 VLAN 信息，在干道链路上传输的数据帧必须都打上 Tag。

（2）接口类型：

根据接口连接对象以及对收发数据帧处理的不同，以太网接口分为 Access 接口、Trunk 接口和 Hybrid 接口。

①Access 接口

Access 接口一般用于和不能识别 Tag 的用户终端（如用户主机、服务器等）相连，或者不需要区分不同 VLAN 成员时使用。它只能收发 Untagged 帧，且只能为 Untagged 帧添加唯一 VLAN 的 Tag。

②Trunk 接口

Trunk 接口一般用于连接交换机、路由器、AP 以及可同时收发 Tagged 帧和 Untagged 帧的语音终端。它可以允许多个 VLAN 的帧带 Tag 通过，但只允许一个 VLAN 的帧从该类接口上发出时不带 Tag（即剥除 Tag）。

③Hybrid 接口

Hybrid 接口既可以用于连接不能识别 Tag 的用户终端（如用户主机、服务器等）和网络设备（如 Hub），也可以用于连接交换机、路由器以及可同时收发 Tagged 帧和 Untagged 帧的语音终端、AP。它可以允许多个 VLAN 的帧带 Tag 通过,且允许从该类接口发出的帧根据需要配置某些 VLAN 的帧带 Tag(即不剥除 Tag)、某些 VLAN 的帧不带 Tag(即剥除 Tag)。

Hybrid 接口和 Trunk 接口在很多应用场景下可以通用,但在某些应用场景下,必须使用 Hybrid 接口。比如一个接口连接不同 VLAN 网段的场景中,因为一个接口需要给多个 Untagged 报文添加 Tag,所以必须使用 Hybrid 接口。

6. 缺省 VLAN

缺省 VLAN 又称 PVID(Port Default VLAN ID)。前面提到,设备处理的数据帧都带 Tag,当设备收到 Untagged 帧时,就需要给该帧添加 Tag,添加什么 Tag,就由接口上的缺省 VLAN 决定。

接口收发数据帧时,对 Tag 的添加或剥除过程如下:

对于 Access 接口,缺省 VLAN 就是它允许通过的 VLAN,修改缺省 VLAN 即可更改接口允许通过的 VLAN。

对于 Trunk 接口和 Hybrid 接口,一个接口可以允许多个 VLAN 通过,但是只能有一个缺省 VLAN。接口的缺省 VLAN 和允许通过的 VLAN 需要分别配置,互不影响。

第三节 IP 技术

TCP/IP 协议完全撇开了底层物理网络的特性,具有巨大的灵活性和通用性。TCP/IP 协议的功能和特色集中体现在 IP 报文上。所有的 TCP、UDP、ICMP 及 IGMP 数据都以 IP 报文格式传输。

一、IP 报文格式

IP 报文分为两部分,即报头和数据。IP 报文可分为 IPv4 和 IPv6 两种格式。

1. IPv4 报文格式

IP 报文的格式如图 3-17 所示。

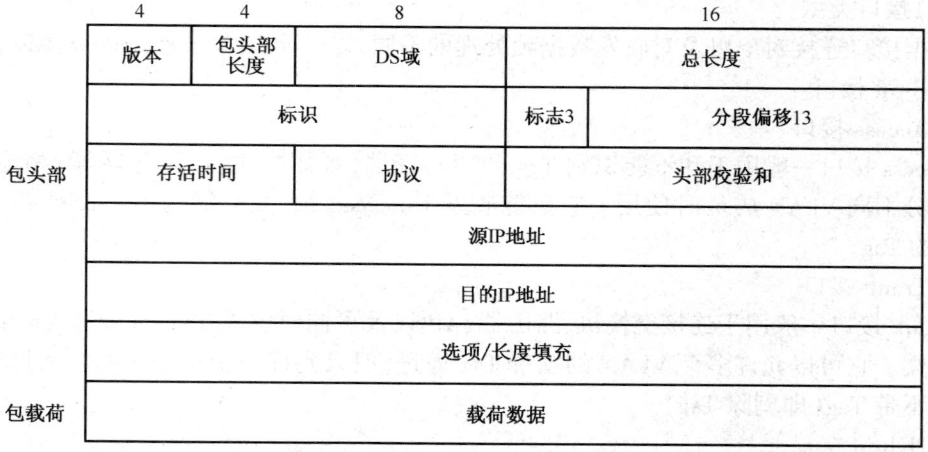

版本 (4)	包头部长度 (4)	DS域 (8)	总长度 (16)		
标识			标志3	分段偏移13	
存活时间		协议	头部校验和		
源IP地址					
目的IP地址					
选项/长度填充					
载荷数据					

图 3-17 IP 报文格式

（1）版本

该字段长度为 4 bit，表示 IP 报文的版本信息。如果该字段的值为 0x4，则表示该 IP 报文是一个 IPv4 报文；如果该字段的值为 0x6，则表示该 IP 报文是一个 IPv6 报文。注意，IPv6 报文的格式与 IPv4 报文的格式是完全不兼容的，图 3-17 的报文格式只是 IPv4 报文的格式，不是 IPv6 报文的格式。

（2）包头部长度

该字段长度为 4 bit，用来表示 IP 包的头部的长度。由于 IP 包的头部中可能会包含一些长度不定的选项，所以 IP 包的头部的长度是不固定的（但必须是 4 字节的整数倍）。

"包头部长度"字段的值×4＝包头部的字节数

（3）DS 域

该字段长度为 8 bit，用来表示报文在 QoS（Quality of Service）中的服务等级，用以区分报文的转发优先级。

（4）总长度

该字段长度为 16 bit，用来表示整个 IP 报文（IP 包的头部和 IP 包的载荷数据）的长度。一个 IP 报文的最大长度为 65 536（2^{16}）个字节。

（5）标识

该字段长度为 16 bit，用于 IP 报文的分片和重组。一个数据报在传输过程中可能分成若干段，标识符可以区分某分段属于某报文，一个数据报的所有分段具有相同的标识符。

（6）标志

该字段长度为 3 bit，用于 IP 报文的分片和重组。标识是否已经分段，是否是最后一个分段。

（7）分段偏移

该字段长度为 13 bit，用于 IP 报文的分片和重组。指明此分段在当前数据报中的位置，以 8 字节为单位。

（8）存活时间

该字段长度为 8 bit，也称为 TTL（Time To Live）字段。当一个 IP 报文在一个网络中运动时，每经过一台路由器，该字段的值就被路由器减 1。如果该字段的值被减至 0，则这个报文就会被设备直接丢弃。

如果没有 TTL 机制，那么当一个网络中存在路由环路时，IP 报文就可能永不停止地在环路中循环运动，从而消耗大量的网络资源。有了 TTL 机制后，即使存在路由环路，IP 报文的运动时间也只能是有限的。

（9）协议

该字段长度为 8 bit，用来表示 IP 报文的载荷数据的类型。例如，如果该字段的值是 0x01，则表示 IP 报文的载荷数据是一个 ICMP 报文；如果该字段的值是 0x02，则表示 IP 报文的载荷数据是一个 IGMP 报文；如果值是 0x06，则表示 IP 报文的载荷数据是一个 TCP 段；如该字段的值是 0x11，则表示 IP 报文的载荷数据是一个 UDP 报文；如果该字段的值是 0x59，则表示 IP 报文的载荷数据是一个 OSPF 报文，如此等等。

（10）头部校验和

该字段长度为 16 bit，用来对 IP 报文的头部进行差错校验。它的功能类似于以太网帧结构中的 FCS(Frame Check Sum)字段(也叫 CRC 字段),但我们这里不做细究。

(11)源 IP 地址

该字段长度为 32 bit,表示产生并发送该 IP 报文的设备接口的 IP 地址。

(12)目的 IP 地址

该字段长度为 32 bit,表示该 IP 报文的目的接口的 IP 地址。

(13)选项/长度填充

该字段的长度是可变的。通过添加不同的选项,可以实现一些扩展功能。添加完选项之后,如果报文的头部不是 4 字节的整数倍,则必须再填充一些 0,以保证整个报文的头部长度刚好为 4 字节的整数倍。

2. IPv6 报文格式

IPv6 是由互联网工程任务组(IETF)设计的下一代互联网协议,目的是取代现有的 IPv4。IPv4 以其简单、灵活和高开放性,成就了 Internet 现在的辉煌成就。但随着新应用的不断涌现,IPv4 逐渐暴露出自己的弊端,重要的是其地址已经枯竭,严重制约了 Internet 的发展。以 IPv6 代替 IPv4 是网络发展的趋势。IPv6 数据报是在 IPv4 数据报基础上提出的,相对 IPv4 数据报它增加了优先级字段,去掉了一些可选项。IPv6 的报头格式如图 3-18 所示。

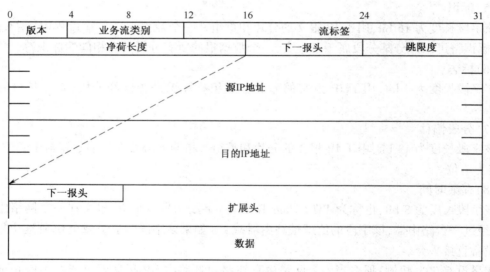

图 3-18 IPv6 的报头格式

IPv6 的报头为固定的 40 Byte,包括 8 个域,报头以 64 bit 为单位。IPv6 报头虽然大,但是其格式比 IPv4 更为简单,可以直接存储路由选择信息,读取这种信息的速度也更快。而 IPv4 的报头是变长的,要处理的基本域为 12 个,长度为 20~60 Byte,路由器收到数据报时要先判断报头的长度,花费了额外的时间。

IPv6 报头各个字段的含义如下。

版本(4 bit):该值为 6,表示 IPv6。

业务流类别(8 bit):指明该数据报的业务流类别,如优先级、时延大小、速率类别等。

流标签(20 bit):用于标识属于同一业务流的数据报。一个节点可以同时作为多个业务流的发送源。流标签和源节点地址唯一地标识了一个业务流。

净荷长度(16 bit):包括数据报净荷的字节长度,即 IPv6 报头后的数据报中包含的字节数。

下一报头(8 bit):用于识别紧随 IPv6 报头之后的报头类型。可以是传输层数据段(如 TCP 或 UDP),也可以是扩展报头。

跳限度(8 bit):指定了 IP 数据报传输的最大跳数。数据报每经过一跳(一个路由器)跳数减 1。如果跳限度减至零,则该数据报被丢弃。

源 IP 地址(128 bit)和目的 IP 地址(128 bit):标识数据报的源地址和目的地址。IPv6 的地址写成 8 个 16 bit 的无符号整数,每个整数用四个十六进制位表示,这些数之间用冒号":"分开,例如:3ffe:3201:1401:1:280:c8ff:fe4d:db39。

扩展头:如果必要,扩展头连接在上面八个域之后。扩展头的大小是不固定的。在数据报中有多种扩展头类型,用于路由扩展、目的地扩展、加密、认证等。

IPv6 的主要特点如下:

(1)简化的报头和灵活的扩展

IPv6 对数据报头作了简化,以减少处理器开销并节省网络带宽。IPv6 的报头由一个基本报头和多个扩展报头构成。基本报头具有固定的长度,放置所有路由器都需要处理的信息,这就使得路由器在处理 IPv6 报头时显得更为轻松;与此同时,IPv6 还定义了多种扩展报头,这使得 IPv6 变得极其灵活,能提供对多种应用的强力支持,同时又为以后支持新的应用提供了可能。

(2)层次化的地址结构

IPv6 将现有的 IP 地址长度扩大 4 倍,达到 128 bit,以支持大规模数量的网络节点。IPv6 支持更多级别的地址层次,IPv6 的设计者把 IPv6 的地址空间按照不同的地址前缀来划分,并采用了层次化的地址结构,以利于骨干网路由器对数据包的快速转发。

(3)即插即用的联网方式

IPv6 能够自动将 IP 地址分配给用户,只要机器连接上网络便可自动设定地址。它有两个优点:一是最终用户用不着花精力进行地址设定;二是可以大大减轻网络管理者的负担。

(4)网络层的认证与加密

由于在 IP 协议设计之初没有考虑安全性,因而在早期的 Internet 上时常发生诸如企业或机构网络遭到攻击、机密数据被窃取等事情。为了加强 Internet 的安全性,从 1995 年开始,IETF 着手研究制定了一套用于保护 IP 通信的 IP 安全(IPSec)协议。IPSec 是 IPv4 的一个可选扩展协议,是 IPv6 的一个必须组成部分。

IPSec 的主要功能是在网络层对数据分组提供认证和加密等安全服务。认证机制使 IP 通信的数据接收方能够确认数据发送方的真实身份以及数据在传输过程中是否遭到改动;加密机制通过对数据进行编码来保证数据的机密性,以防数据在传输过程中被他人截获而失密。

(5)服务质量的满足

Internet 在设计之初,只有一种简单的服务质量,即采用"尽力而为"传输,从原理上讲 QoS 是无保证的。随着 IP 网上多媒体业务增加,如 IP 电话、VOD、电视会议等实时应用,对传输延时和延时抖动均有严格的要求。

IPv6 数据报的格式包含一个 8 bit 的业务流类别和一个新的 20 bit 的流标签。其目的是允许发送业务流的源节点和转发业务流的路由器在数据报上加上标记,并进行除默认处理之外的不同处理。一般来说,在所选择的链路上,可以根据开销、带宽、延时或其他特性对数据报进行特殊的处理。

（6）对移动通信更好的支持

未来移动通信与互联网的结合将是网络发展的趋势之一。移动互联网不仅仅是移动地接入互联网，它还提供一系列以移动性为核心的多种增值业务，如即时信息查询、远程控制工具、无线互动游戏、远程购物付款等。移动 IPv6 的设计汲取了移动 IPv4 的设计经验，并且利用了 IPv6 的许多新特征，所以提供了比移动 IPv4 更多、更好的特点。移动 IPv6 成为 IPv6 协议不可分割的一部分。

二、IP 地址

MAC 地址并不是真正意义上的"地址"，而是某个设备接口（或网卡）的身份识别号，即 MAC 地址表示的是"我是谁"，而不是"我在哪里"。从 MAC 地址的组成结构上看，MAC 地址本身并不带有任何位置信息。

使用 MAC 地址来实现全球范围内的网络通信显然是不现实的。如果使用 MAC 地址来作为全球范围内的网络通信的地址，那么传递信息的网络设备就需要每时每刻都知道所有在用的 MAC 地址，以及它们各自的位置信息，这显然是天方夜谭。

事实上，真正用来实现全球范围内的网络通信所采用的地址是一种被称为"IP 地址"的地址。我们知道，传统的座机电话号码是带有国家代码、城市代码等结构信息的，这种结构使得座机电话号码能够反映出自己的位置信息。IP 地址也具有与座机电话号码类似的结构，这种结构也能在一定程度上反映出 IP 地址本身的位置信息。

与 MAC 地址一样，IP 地址是网络设备接口的属性，而不是网络设备本身的属性。当我们说给某台设备分配一个 IP 地址时，实质上，是指给这台设备的某个接口分配一个 IP 地址；设备有多个接口时，通常每个接口都至少需要一个 IP 地址。

需要使用 IP 地址的接口通常是路由器和计算机的接口。交换机的接口（端口）通常是不需要 IP 地址的（注意，这里所说的交换机是指不具备网络层转发功能的"二层交换机"）。在谈及 IP 地址分配的问题时，常常把路由器和计算机统称为"主机（Host）"，并且常常把主机的某个（或某些）接口的 IP 地址简称为主机 IP 地址。

IP 地址的长度是 32 个比特，由 4 个字节组成。为了阅读和书写的方便，IP 地址通常采用点分十进制数来表示。例如，11.1.0.254 就是一个采用点分十进制数表示的 IP 地址，表 3-2 给出了它所对应的二进制数。

表 3-2　IP 地址的二进制格式与十进制格式对比

进制	第一字节	第二字节	第三字节	第四字节
十进制	11	1	0	254
二进制	00001011	00000001	00000000	11111110

IP 地址是统一由 ICANN（Internet Corporation for Assigned Names and Numbers）来分配和管理的。IP 地址的分配有一套严格的机制和程序，这种机制和程序保证了 IP 地址在 Internet 上的唯一性。

（一）有类编址

IP 地址最初被设计划分成了 5 类（Class），分别称为 A 类、B 类、C 类、D 类、E 类，如图 3-19 所示。

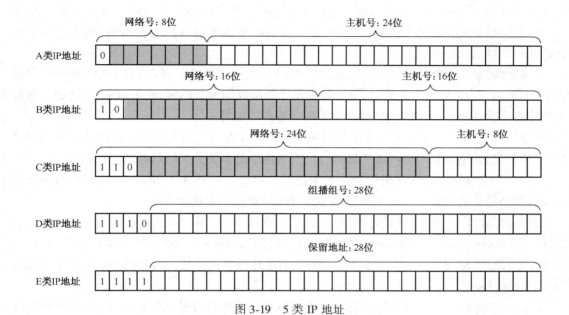

图 3-19　5 类 IP 地址

在这 5 类 IP 地址中,D 类地址属于组播 IP 地址的范畴(注意,不要与组播 MAC 地址混淆了,虽然二者具有一定的相似性),E 类地址是专门用于特殊的实验目的的,我们这里只关注 A、B、C 三类地址。

A、B、C 三类地址都是单播 IP 地址(其中的一些特殊地址除外),只有这三类中的地址才能分配给主机接口使用。主机接口的 IP 地址既是该接口在网络层的"身份识别号",又在一定程度上表示了该接口的位置信息。

从图 3-19 可以看出,主机 IP 地址分为网络号(Netid)和主机号(Hostid)两部分。

网络号用于表示主机接口所在的网络,类似于"××省××市××区××街道"的作用,而主机号用于表示在网络号所定义的网络范围内某个特定的主机接口,类似于"门牌号"的作用。

我们把使用 A 类地址的网络称为 A 类网络,使用 B 类地址的网络称为 B 类网络,使用 C 类地址的网络称为 C 类网络。从图 3-19 可以看出,A 类网络的网络号的个数很少,但每个 A 类网络中所允许的主机接口的个数却非常多;相反,C 类网络的网络号的个数非常多,但每个 C 类网络中所允许的主机接口的个数却非常少;B 类网络的情况介于二者之间,具体的数量关系见表 3-3。

表 3-3　三类地址的结构差异

网络类型	网络号位数	网络号个数	主机号位数	每个网络号下可分配的 IP 地址的个数	地址范围
A 类	8	$2^7 = 128$	24	$2^{24} - 2 = 16\ 777\ 214$	0. 0. 0. 0 ~ 127. 255. 255. 255
B 类	16	$2^{14} = 16\ 384$	16	$2^{16} - 2 = 65\ 534$	128. 0. 0. 0 ~ 191. 255. 255. 255
C 类	24	$2^{21} = 2\ 097\ 152$	8	$2^8 - 2 = 254$	192. 0. 0. 0 ~ 223. 255. 255. 255

网络号与主机号这种二分结构,使得 IP 地址的分配在一定程度上具有了合理性和灵活

性。比如,对于一个大型机构的网络(假设该网络包含了 $1.6×10^7$ 个主机接口),则给它分配一个 A 类网络号就比较合适;而对于一个只包含 500 个主机接口的小型网络,则给它分配两个 C 类网络号就比较合适。

我们通常也把一个网络号所定义的网络范围称为一个网段。表 3-3 中,在计算一个网段中可分配的主机 IP 地址的个数时,除了将主机号的位数作为 2 的幂,还要减去 2,这是因为每一个网络号下(即每一个网段中)都预留了两个特殊的地址。

(1)一个 IP 地址,若其网络号为 X 且主机号的每个比特均为 0,则该 IP 地址称为网络号为 X 的网络的网络地址(Network Address)。网络地址是不能分配给具体的主机接口的。

(2)一个 IP 地址,若其网络号为 X 且主机号的每个比特均为 1,则该 IP 地址称为网络号为 X 的网络的广播地址。广播地址也是不能分配给具体的主机接口的。

表 3-4 给出了一个 A 类网络(网段)的例子。在这个例子中,64.0.0.0 是一个网络号为二进制数 01000000(或十进制数 64)的网络(网段)的网络地址;64.255.255.255 是这个网络(网段)的广播地址;64.0.0.1~64.255.255.254 中的地址为主机地址,可以分配给该网络(网段)中的主机接口使用。

所以,这种将 IP 地址划分为 5 类的做法在当时看来并没有什么问题。然而,随着网络通信的迅猛发展,这种称为"有类编址(Classful Addressing)"的地址划分方法却暴露出了明显的问题。例如,某个大公司需要建设一个规模较大的网络,需要大约十万个 IP 地址,假设 B 类网络号早已被分配完毕,那么如果给这个网络分配一个 A 类网络号,则意味着将有大约 $1.66×10^7$ 个 IP 地址被浪费掉。类似的例子数不胜数。总之,"有类编址"的地址划分方法太过于"死板",也可以说是划分的"颗粒度"太大,使得拥有大量主机号的 A 类和 B 类地址不能被充分地利用起来,从而造成了大量的 IP 地址资源浪费。

表 3-4　一个 A 类网段示例

网络号		主机号	点分十进制格式	类型
固定位	其他位			
0	1000000	00000000 00000000 00000000	64.0.0.0	网络地址
		00000000 00000000 00000001~ 11111111 11111111 11111110	64.0.0.1~64.255.255.254	主机地址
		11111111 11111111 11111111	64.255.255.255	广播地址

(二)无类编址

有类编址方法中,A 类、B 类、C 类地址限定了网络号和主机号的位数。无类编址(Classless Addressing)则是不限定网络号和主机号的位数,这使得 IP 地址的分配更加灵活,IP 地址的利用率也得到了提高。比如,原来的 64.0.0.0 这个 A 类网段内的 IP 地址如果都分配给一个组织,则无法利用的 IP 地址就会太多。现在,我们可以扩展网络号的位数,减少主机号的位数,就可以使得这个范围内的 IP 地址可以分配给更多的组织,同时减少 IP 地址的浪费。假设我们希望将这个范围内的地址分成 4 部分,分别分配给 4 个组织,则可以按表 3-5 的方案进行分配。

可以看到,保持原来的网络位不变,从以前的主机名中拿出前两位用于网络位,就可以将原来的一整段 IP 地址分成 4 个新的网段。每个新网段内所包含的 IP 地址的数量都有所减少,但这些 IP 地址却是可以分配给 4 个不同的组织。

表 3-5 扩展网络号的位数

	网络号	主机号的位数	可分配的 IP 地址个数
有类编址	0100 0000	24	$2^{24}-2=16\ 777\ 214$
无类编址	0100 0000 00	22	$2^{22}-2=4\ 194\ 302$
	0100 0000 01	22	$2^{22}-2=4\ 194\ 302$
	0100 0000 10	22	$2^{22}-2=4\ 194\ 302$
	0100 000011	22	$2^{22}-2=4\ 194\ 302$

通常,我们可以这样来规划和分配 IP 地址:假设一个组织所需的主机 IP 地址的数量为 N,我们可以通过计算确定出大于或等于"$N+2$"的最小的 2 的幂,然后以幂的值作为主机号的位数,余下的位全部作为网络位。例如,某公司申请到了一个网络地址为 192.168.1.0 的 C 类网段,这个网段原来的网络位是 24 bit,主机位是 8 bit,共有 254 个地址可供分配(192.168.1.1 ~ 192.168.1.254)。但是,该公司有 3 个独立的部门部门 1、部门 2、部门 3,每个部门都需要建立自己的网络,并且要求不同部门的网络所使用的网络号不能相同。这 3 个部门的网络所需要的主机 IP 地址个数分别是 100、50、30。那么,我们可以根据表 3-6 的方案来合理地将 IP 地址分配给这 3 个部门的网络。

采用有类编址方式时,我们很容易知道关于一个 IP 地址的所有信息。例如,对于 64.1.5.0 这个 IP 地址,由于其第一个字节的值在 0~127 的范围内,所以它肯定是一个 A 类地址,于是 64 便是其所在网络的网络号,其余 3 个字节为其主机号。并且,64.0.0.0 是这个网络的网络地址,64.255.255.255 是这个网络的广播地址,64.1.5.0 是这个网络中的一个主机接口地址。

表 3-6 使用无类编址进行 IP 地址的分配

部门	所需地址数	大于或等于"$N+2$"的最小的 2 次幂	主机号位数	网络号位数	网络位(省略固定的前 24 位)	主机位范围	地址范围	可分配的地址个数
1	100	$128=2^7$	7	$32-7=25$	0	0000000~1111111	192.168.1.0~192.168.1.127	$2^7-2=126$
2	50	$64=2^6$	6	$32-6=26$	10	000000~111111	192.168.1.128~192.168.1.191	$2^6-2=62$
3	30	$32=2^5$	5	$32-5=27$	110	00000~11111	192.168.1.192~192.168.1.223	$2^5-2=30$
剩余	—	—	5	27	111	00000~11111	192.168.1.224~192.168.1.255	$2^5-2=30$

然而,采用无类编址方式后,情况就不一样了。同样是 64.1.5.0 这个地址,它可能是网络号为前 2 个字节(64.1)的网络中的一个主机接口地址,也可能是网络号为前 3 个字节

(64.1.5)的网络的网络地址,并且还有很多的其他可能性。

那么,采用无类编址方式时,我们如何才能判断出一个 IP 地址所属网络的网络号呢？利用子网掩码。比如:64.1.5.0/255.255.0.0 或 64.1.5.0/16,16 为子网掩码长度。

(三)子网掩码

子网掩码(Subnet Mask)由 32 个比特组成,也可看作是由 4 个字节组成,并且也通常以点分十进制数来表示。但是,子网掩码本身并不是一个 IP 地址,并且子网掩码必须由若干个连续的 1 和接若干个连续的 0 组成。下面是一些例子。

11111100 00000000 00000000 00000000 (252.0.0.0) 子网掩码

11111111 11000000 00000000 00000000 (255.192.0.0) 子网掩码

11111111 11111111 11111111 11110000(255.255.255.240) 子网掩码

11111111 11111111 11111111 11111111(255.255.255.255) 子网掩码

00000000 00000000 00000000 00000000 (0.0.0.0) 子网掩码

11011000 00000000 00000000 00000000(216.0.0.0)不是子网掩码

00000000 11111111 11111111 11111111 (0.255.255.255)不是子网掩码

我们通常将一个子网掩码中 1 的个数称为这个子网掩码的长度。例如,子网掩码 0.0.0.0 的长度为 0,子网掩码 252.0.0.0 的长度为 6,子网掩码 255.192.0.0 的长度为 10,子网掩码 255.255.255.255 的长度为 32。

子网掩码总是与 IP 地址结合使用的。当一个子网掩码与一个 IP 地址结合使用时,子网掩码中 1 的个数(也就是子网掩码的长度)就表示这个 IP 地址的网络号的位数,而 0 的个数就表示这个 IP 地址的主机号的位数。如果将一个子网掩码与一个 IP 地址进行逐位的"与"运算,所得的结果便是该地址所在网络的网络地址。

例如,对于 64.1.5.0 这个 IP 地址,假设其子网掩码为 255.255.0.0,那么我们就可以通过计算得知这个接口地址所在网络的网络地址为 64.1.0.0,计算过程见表 3-7。

表 3-7 从 IP 地址和子网掩码到网络地址

字节 类别	第一字节	第二字节	第三字节	第四字节
IP 地址	0100000	0000001	00000101	00000000
子网掩码	11111111	11111111	00000000	00000000
逐位"与"运算结果	01000000	00000001	00000000	00000000
网络地址	64	0	0	0

子网掩码的引入,使得无类编址方式可以完全后向兼容有类编址方式,即:有类编址时,A 类地址的子网掩码总是 255.0.0.0,B 类地址的子网掩码总是 255.255.0.0,C 类地址的子网掩码总是 255.255.255.0。这样一来,所谓的有类编址便成了无类编址的特例。使用无类编址时,子网掩码的长度是可以根据需要而灵活变化的,所以此时的子网掩码也称为"可变长子网掩码(Variable Length Subnet Mask,VLSM)"。

目前,Internet 所使用的编址方式都是无类编址方式,一个 IP 地址总是有其对应的子网掩码。我们在书写 IP 地址及其对应的子网掩码时,习惯 IP 地址在前,子网掩码在后,中间以"/"隔开;另外,为了简化起见,还常常以子网掩码的长度来代替子网掩码本身。例如:64.1.5.0/255.255.0.0(或 64.1.5.0/16)、192.168.1.5/252.0.0.0(或 192.168.1.5/6)。

（四）特殊 IP 地址

IP 地址是由 ICANN 来统一分配的，以保证任何一个 IP 地址在 Internet 上的唯一性。其实这里的 IP 地址是指公网的 IP 地址。连接到 Internet 上的网络必须具有 ICANN 分配的公网 IP 地址。

但是实际上，有些网络并不需要连接到 Internet 上，比如一个大学的封闭实验室内的网络。这种网络中的设备无须使用公网 IP 地址，只要同一网络中的网络设备的 IP 地址不发生冲突即可。

在 IP 地址的空间里，A 类、B 类、C 类地址中各预留了一些地址专门用于上述情况，他们被称为私网 IP 地址，如下：

（1）A 类：10. 0. 0. 0～10. 255. 255. 255。

（2）B 类：172. 16. 0. 0～172. 31. 255. 255。

（3）C 类：192. 168. 0. 0～192. 168. 255. 255。

凡是 Internet 上的网络设备均不会接收、发送或者转发源 IP 地址或目的 IP 地址在上述范围内的报文，这些 IP 地址只能用于私有网络。私有地址使得网络可以得到更为自由的扩展，因为同一个私网 IP 地址可以在不同的私有网络中得到重复使用。

本来，私有网络由于使用了私有 IP 地址，所以是不允许连接到 Internet 上的。然而，由于实际需求的驱动，很多私有网络也希望能够连接到 Internet 上，从而实现私网与 Internet 之间的通信，以及通过 Internet 实现私网与私网之间的通信。私网与 Internet 的互联，必须使用到一种被称为"网络地址转换"（Network Address Translation）的技术，如图 3-20 所示。

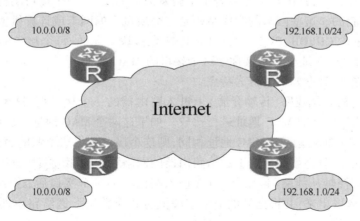

图 3-20　私有网络连接到 Internet 上

IP 地址空间中，除了私有地址外，还有其他特殊的 IP 地址，这些 IP 地址有着特殊的含义和作用，举例如下。

（1）255. 255. 255. 255

这个地址称为有限广播地址（Limited Broadcast Address），它可以作为一个 IP Packet 的目的 IP 地址使用。路由器接收到目的 IP 地址为有限广播地址的 IP Packet 后，会停止对该 IP Packet 的转发。

（2）0. 0. 0. 0

如果把这个地址作为一个网络地址来对待，它的意思便是"任何网络"的网络地址。如果把这个地址作为一个主机接口地址来对待,它的意思便是"这个网络上这个主机接口"的 IP 地址。例如,当一个主机接口在启动过程中尚未获得自己的 IP 地址时,就可以向网络发送目的 IP 地址为有限广播地址、源 IP 地址为 0.0.0.0 的 DHCP(Dynamic Host Configuration Protocol)请求报文,希望 DHCP 服务器在收到自己的请求后,能够给自己分配一个可用的 IP 地址。

(3)127.0.0.0/8

这部分地址称为环回地址(Loopback Address)。环回地址可以作为一个 IP Packet 的目的 IP 地址使用。一个设备所产生的、目的 IP 地址为环回地址的 IP Packet 是不可能离开这个设备本身的。环回地址的作用通常是用来测试设备自身的软件系统。

(4)169.254.0.0/16

如果一个网络设备获取 IP 地址的方式被设置成了自动获取方式,但是该设备在网络上又没有找到可用的 DHCP 服务器,那么该设备会使用 169.254.0.0/16 网段中的某个地址来进行临时通信。

三、IP 转发原理

IP 报文的转发主要是由路由器(Router)来完成的。路由器的工作内容主要分为两个方面:一方面是通过运行路由协议来建立并维护自己的路由表,另一方面是根据自己的路由表对 IP 报文进行转发。

1. 路由器接口

与交换机一样,一台路由器上也有若干个转发数据的接口,一个接口的行为也是由与该接口对应的网卡控制的。这些网卡的组成结构是与交换机上的网卡或计算机上的网卡的结构完全一样的,同样包含 CU、OB、IB、LC、LD、TX、RX7 个模块。同样,每个接口的网卡都有自己的 MAC 地址,这个 MAC 地址也通常被称为这个接口的 MAC 地址。

路由器上的接口具有如下的行为特点:

(1)当一个单播帧从线路(传输介质)上进入路由器的一个接口后,这个接口会将这个帧的目的 MAC 地址与自己的 MAC 地址进行比较。如果这两个 MAC 地址不相同,则这个接口会将这个帧直接丢弃;如果这两个 MAC 地址相同,则这个接口会将这个帧的载荷数据提取出来,并根据帧的类型字段值将载荷数据上送给路由器的网络层中的相应模块进行后续处理。

(2)当一个广播帧从线路(传输介质)上进入路由器的一个接口后,这个接口会直接将这个帧的载荷数据提取出来,并根据帧的类型字段值将载荷数据上送给路由器的网络层中的相应模块进行后续处理。

(3)当一个组播帧从线路(传输介质)上进入路由器的一个接口后,情况比较复杂,已超出了本书的知识描述范围,所以我们不予考虑。

2. IP 转发的整体过程

为了便于简化而清晰地描述 IP 转发原理的核心内容,我们先做出如下的几点假设:

(1)路由器的每个接口都是以太网接口。

(2)从线路上进入路由器的某个接口的帧是一个单播帧,该帧取名为 X。

(3)X 帧的目的 MAC 地址与这个接口的 MAC 地址是相同的。

(4)X 帧的类型字段的值是 0x0800,也就是说 X 帧的载荷数据是一个 IP 包(IP Packet),该 IP 包取名为 P。

（5）P 是一个单播 IP 包,也就是说 P 的目的 IP 地址是一个单播 IP 地址。

接下来,我们先对 IP 转发及其前后的过程进行一个整体性的描述。

（1）X 帧从线路上进入路由器的某个接口后,由于 X 帧的目的 MAC 地址与这个接口的 MAC 地址相同,所以该接口会将 P 提取出来。

（2）由于 X 帧的类型字段的值是 0x0800,所以接口会将 P 上送给路由器的网络层中的 IP 转发模块进行处理。

（3）IP 转发模块收到 P 后,会根据 P 的目的 IP 地址查询自己的路由表。查询路由表后,结果会有两种可能:要么将 P 直接丢弃,要么确定出 P 的出接口(即 P 应该从哪个接口离开路由器),以及 P 的下一跳(Next Hop)IP 地址。

（4）IP 转发模块将 P 下发给出接口,同时将 P 的下一跳 IP 地址告诉出接口。

（5）出接口将 P 封装成一个单播帧,该帧取名为 Y。Y 帧的载荷数据就是 P,Y 帧的类型字段的值为 0x0800,Y 帧的源 MAC 地址就是出接口的 MAC 地址,Y 帧的目的 MAC 地址是 P 的下一跳 IP 地址所对应的 MAC 地址。如果路由器能从自己的 ARP 缓存表中查找到 P 的下一跳 IP 地址所对应的 MAC 地址,则直接将这个 MAC 地址作为 Y 帧的目的 MAC 地址;否则,出接口会发出 ARP 请求,以便获知 P 的下一跳 IP 地址所对应的 MAC 地址。

（6）出接口将 Y 帧发送到线路(传输介质)上去。

以上 6 个步骤便是 IP 转发的整体过程如图 3-21 所示。显然,在这 6 个步骤中,第 3 步才是 IP 转发的核心内容。

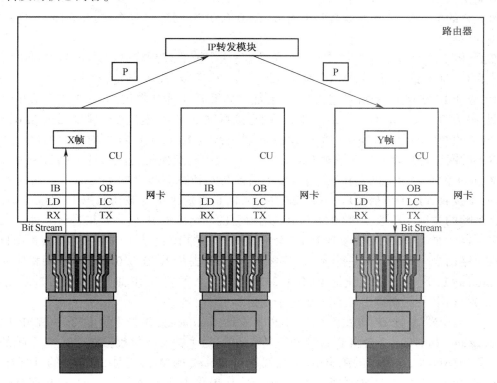

图 3-21　IP 转发的整体过程

3. IP 转发举例

下面,以图 3-22 所示的例子来进一步地对 IP 转发的原理进行分析和描述。在这个例子中,假设 PC1(IP 地址为 10.0.0.2/24)需要发送一个单播 IP 报文给 PC2(IP 地址为 10.0.2.2/24)。显然,这个单播 IP 报文的源 IP 地址为 10.0.0.2/24,目的 IP 地址为 10.0.2.2/24。为简化描述,我们把这个 IP 报文取名为 P。

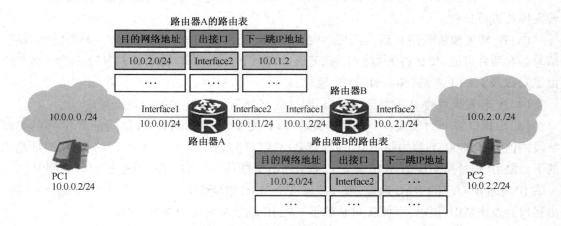

图 3-22 IP 转发示例

P 是在 PC1 的网络层形成的。P 形成之后,PC1 根据 P 的目的 IP 地址 10.0.2.2/24 查找自己的路由表。通过查找路由表,PC1 知道了 P 的出接口就是自己的网口(假设 PC1 只有一个网口),P 的下一跳 IP 地址就是路由器 A(10.0.0.0/24 网段的网关)的 Interface1 的 IP 地址 10.0.0.1/24。

然后,PC1 的网口会将 P 封装成一个单播帧,这个帧的载荷数据就是 P,这个帧的类型字段的值为 0x0800,这个帧的源 MAC 地址就是 PC1 的网口的 MAC 地址,这个帧的目的 MAC 地址是 IP 地址 10.0.0.1/24 所对应的 MAC 地址。如果 PC1 能从自己的 ARP 缓存表中查找到 IP 地址 10.0.0.1/24 所对应的 MAC 地址,则直接将这个 MAC 地址作为帧的目的 MAC 地址;否则,PC1 的网口就会发出 ARP 请求,以便获知 IP 地址 10.0.0.1/24 所对应的 MAC 地址。

PC1 的网口将封装好的单播帧发送给网云,网云中的交换机(注意,这个网云只是一个交换网络,其中没有路由器的存在)会将这个单播帧转发到路由器 A 的 Interface1。路由器 A 的 Interface 1 接收到这个单播帧后,不会将之丢弃,而是将这个帧的载荷数据 P 提取出来,并且根据这个帧的类型字段值 0x0800 将它上送给自己的网络层的 IP 转发模块进行处理。

路由器 A 的 IP 转发模块收到 P 后,会根据 P 的目的 IP 地址 10.0.2.2/24 去查询自己的路由表。路由表中存在这样一个条目,其含义:如果要去往 10.0.2.0/24 网段,则相应的出接口是 Interface2,下一跳 IP 地址是 10.0.1.2/24。因为 P 的目的 IP 地址 10.0.2.2/24 是位于 10.0.2.0/24 网段的,所以 P 匹配上了这个条目。

于是,路由器 A 的 IP 转发模块会将 P 下发给 Interface2,并告之 P 的下一跳 IP 地址是 10.0.1.2/24。Interface 2 会将 P 封装成一个单播帧,这个帧的载荷数据就是 P,这个帧的类型字段的值为 0x0800,这个帧的源 MAC 地址就是 Interface2 的 MAC 地址,这个帧的目的 MAC 地址是 IP 地址 10.0.1.2/24 所对应的 MAC 地址。如果路由器 A 能从自己的 ARP 缓存表中查找到 IP 地址 10.0.1.2/24 所对应的 MAC 地址,则直接将这个 MAC 地址作为帧的目的 MAC

地址;否则,Interface2 就会发出 ARP 请求,以便获知 IP 地址 10.0.1.2/24 所对应的 MAC 地址。

路由器 A 的 Interface2 将封装好的单播帧发送出去。路由器 B 的 Interface1 接收到这个单播帧后,不会将之丢弃,而是将这个帧的载荷数据 P 提取出来,并且根据这个帧的类型字段值 0x0800 将它上送给自己的网络层的 IP 转发模块进行处理。

路由器 B 的 IP 转发模块收到 P 后,会根据 P 的目的 IP 地址 10.0.2.2/24 去查询自己的路由表。路由表中存在这样一个条目,其含义:如果要去往 10.0.2.0/24 网段,则相应的出接口是 Interface 2,下一跳不存在,因为 Interface 2 是与 10.0.2.0/24 网段直接相连的。因为 P 的目的 IP 地址 10.0.2.2/24 是位于 10.0.2.0/24 网段的,所以 P 匹配上了这个条目。

于是,路由器 B 的 IP 转发模块会将 P 下发给 Interface2,并告之 P 的下一跳 IP 地址不存在。Interface2 会将 P 封装成一个单播帧,这个帧的载荷数据就是 P,这个帧的类型字段的值为 0x0800,这个帧的源 MAC 地址就是 Interface 2 的 MAC 地址,这个帧的目的 MAC 地址就是 P 的目的 IP 地址 10.0.2.2/24 所对应的 MAC 地址。如果路由器 B 能从自己的 ARP 缓存表中查找到 IP 地址 10.0.2.2/24 所对应的 MAC 地址,则直接将这个 MAC 地址作为帧的目的 MAC 地址;否则,Interface2 就会发出 ARP 请求,以便获知 IP 地址 10.0.2.2/24 所对应的 MAC 地址。

路由器 B 的 Interface 2 将封装好的单播帧发送给网云,网云中的交换机(注意,这个网云只是一个交换网络,其中没有路由器的存在)会将这个单播帧转发到 PC2 的网口。PC2 的网口接收到这个单播帧后,不会将之丢弃,而是将这个帧的载荷数据 P 提取出来,并且根据这个帧的类型字段值 0x0800 将它上送给自己的网络层的 IP 模块进行后续处理。至此,P 便从 PC1 的网络层成功地到达了 PC2 的网络层,P 的三层转发过程也告结束。

仔细回顾上述过程,我们会发现,PC1 发送出的单播帧的源 MAC 地址是 PC1 的网口的 MAC 地址,目的 MAC 地址是路由器 A 的 Interface 1 的 MAC 地址。路由器 A 发送出的单播帧的源 MAC 地址是路由器 A 的 Interface 2 的 MAC 地址,目的 MAC 地址是路由器 B 的 Interface 1 的 MAC 地址。路由器 B 发送出的单播帧的源 MAC 地址是路由器 B 的 Interface 2 的 MAC 地址,目的 MAC 地址是 PC2 的网口的 MAC 地址。这说明,PC2 所接收到的帧已经完全不是 PC1 发送出的帧了(PC1 与 PC2 无法实现帧交换),PC1 和 PC2 的二层通信(数据链路层通信)是被路由器阻断了的。然而,PC2 的网络层所接收到的 IP 报文依然是 PC1 的网络层发出的 IP 报文(PC1 与 PC2 实现了 IP 报文交换),PC1 与 PC2 实现了网络层通信(三层通信)。

下面对交换机和路由器进行一下比较:交换机的作用是在同一个二层网络中进行帧(Frame)的转发,而路由器的作用是在不同的二层网络之间进行包(Packet)的转发。因为帧是二层(数据链路层)数据单元,所以交换机实现的是二层转发;因为包是三层(网络层)数据单元,所以路由器实现的是三层转发。

第四节　路由协议

一、路由的概念

1. 什么是路由

在网络通信中,"路由(Route)"一词是一个网络层的术语,它是指从某一网络设备出发去往某个目的地的路径;而路由表(Routing Table)则是若干条路由信息的一个集合体。在路由表中,一条路由信息也被称为一个路由项或一个路由条目。路由表只存在于终端计算机和路由器(以及三层交换机)中,二层交换机中是不存在路由表的。

我们先来看一下实际的路由表的模样。假设 R1 是某个网络上正在运行的一台路由器,我们在 R1 上可查看到 R1 的 IP 路由表,如下:

```
<R1> display ip routing-table
```

Destination/Mask		ProtoPre		Cost	FlagsNextHop	Interface
1. 0. 0. 0/8	Direct	0	0	D	1. 0. 0. 1	GigabitEthernet1/0/0
1. 0. 0. 1/32	Direct	0	0	D	127. 0. 0. 1	InLoopBack0
2. 0. 0. 0/8	Static	60	0	D	12. 0. 0. 2	GigabitEthernet1/0/1
2. 1. 0. 0/16	RIP	100	1	D	12. 0. 0. 2	GigabitEthernet1/0/1
12. 0. 0. 0/30	Direct	0	0	D	12. 0. 0. 0	GigabitEthernet1/0/1
12. 0. 0. 1/32	Direct	0	0	D	127. 0. 0. 1	InLoopBack0

这个路由表中,每一行就是一条路由信息(一个路由项或一个路由条目)。通常情况下,一条路由信息由三个要素组成,它们分别是:目的地/掩码(Destination/Mask)、出接口(Interface)、下一跳 IP 地址(Next Hop)。我们现在以 Destination/Mask 为 2. 0. 0. 0/8 这个路由项为例,来对路由信息的三个要素进行说明。

显然,2. 0. 0. 0/8 是一个网络地址,掩码长度是8。由于 R1 的 IP 路由表中存在 2. 0. 0. 0/8 这个路由项,就说明 R1 知道自己所在的 internet 上存在一个网络地址为 2. 0. 0. 0/8 的网络。需要特别说明的是,如果目的地/掩码中的掩码长度为 32,则目的地将是一个主机接口地址,否则目的地就是一个网络地址。通常,我们总是说一个路由项的目的地是一个网络地址(即目的网络地址),而把主机接口地址视为目的地的一种特殊情况。

从这个路由表中可以看到,2. 0. 0. 0/8 这个路由项的出接口(Interface)是 GigabitEthernet1/0/1,其含义是:如果 R1 需要将一个 IP 报文送往 2. 0. 0. 0/8 这个目的网络,那么 R1 应该把这个 IP 报文从 R1 的 GigabitEthernet1/0/1 接口发送出去。

从这个路由表中还可以看到,2. 0. 0. 0/8 这个路由项的下一跳 IP 地址(Next Hop)是 12. 0. 0. 2,其含义是:如果 R1 需要将一个 IP 报文送往 2. 0. 0. 0/8 这个目的网络,则 R1 应该把这个 IP 报文从 R1 的 GigabitEthernet1/0/1 接口发送出去,并且这个 IP 报文离开 R1 的 GigabitEthernet1/0/1 接口后应该到达的下一个路由器的接口的 IP 地址是 12. 0. 0. 2。需要指出的是,如果一个路由项的下一跳 IP 地址与出接口的 IP 地址相同,则说明出接口已经直连到了该路由项所指的目的网络(也就是说,出接口已经位于目的网络之中了)。还需要指出的是,下一跳 IP 地址所对应的那个主机接口与出接口一定是位于同一个二层网络(二层广播域)的。

总之,通常情况下,目的地/掩码(Destination/Mask)、出接口(Interface)、下一跳 IP 地址(Next Hop)是构成一个路由项的三要素。然而,除了这三个要素外,一个路由项通常还包含其他一些属性,例如,产生这个路由项的 Protocol(路由表中 Pre 列),该条路由的代价值(路由表中 Cost 列)等。

接下来我们解释一下路由器是如何进行 IP 路由表查询工作的。当路由器的 IP 转发模块接收到一个 IP 报文时,路由器将会根据这个 IP 报文的目的 IP 地址来进行 IP 路由表的查询工作,也就是将这个 IP 报文的目的 IP 地址与 IP 路由表的所有路由项逐项进行匹配。假设这个 IP 报文的目的 IP 地址为 x,路由器的某个路由项的目的地/掩码为 z/y,那么,如果 x 与 y 进行逐位"与"运算之后的结果等于 z,我们就说这个 IP 报文匹配上了 z/y 这个路由项;如果 x 与 y 进行逐位"与"运算之后的结果不等于 z,我们就说这个 IP 报文没有匹配上 z/y 这个路由项。

以前面的 IP 路由表为例,如果一个 IP 报文的目的 IP 地址为 2.1.0.1,那么这个 IP 报文就匹配上了 2.0.0.0/8 这个路由项,但是匹配不了 12.0.0.0/30 这个路由项。事实上,这个 IP 报文还可以匹配上 2.1.0.0/16 这个路由项。当一个 IP 报文同时匹配上了多个路由项时,路由器将根据"最长掩码匹配"原则,来确定出一条最优路由,并根据最优路由来进行 IP 报文的转发。例如,目的地址为 2.1.0.1 的 IP 报文既能匹配上 2.0.0.0/8 这个路由项,也能匹配上 2.1.0.0/16 这个路由项,但是后者的掩码长度大于前者的掩码长度,所以 2.1.0.0/16 这条路由就被确定为目的地址为 2.1.0.1 的 IP 报文的最优路由。路由器总是根据最优路由来进行 IP 报文的转发的。

计算机也会进行 IP 路由表的查询工作。当计算机的网络层封装好了等待发送的 IP 报文后,就会根据 IP 报文的目的 IP 地址去查询自己的 IP 路由表。计算机上 IP 路由表的查询过程与路由器上 IP 路由表的查询过程完全一样(例如,同样要遵循最长掩码匹配原则等),这里不再赘述。最后,计算机将根据查表而确定出的最优路由将相应的 IP 报文发送出去。

2. 路由信息的来源

我们知道,一个 IP 路由表中包含了若干条路由信息。那么,这些路由信息是从何而来的呢?或者说,这些路由信息是如何生成的呢?

路由信息的生成方式总共有三种:设备自动发现、手工配置、通过动态路由协议生成。我们把设备自动发现的路由信息称为直连路由(Direct Route),把手工配置的路由信息称为静态路由(Static Route),把网络设备通过运行动态路由协议而得到路由信息称为动态路由(Dynamic Route)。前面所展示的 R1 的 IP 路由表中,Protocol 一列为 Direct 的那些路由项就是 R1 自动发现的直连路由信息,Protocol 一列为 static 的那些路由项就是人工配置的静态路由信息,Protocol 一列为 RIP 的那些路由项就是 R1 通过运行 RIP 路由协议而得到的动态路由信息。

(1)直连路由

网络设备启动之后,当设备接口的状态为 UP 时,设备就能够自动发现去往与自己的接口直接相连的网络的路由。当我们说某一网络是与某台网络设备的某个接口直接相连(直连)的时候,是指这台设备的这个接口已经位于这个网络之中了,而这里所说的某一网络是指某个二层网络(二层广播域)。当我们说某一网络是与某台网络设备直接相连(直连)的时候,是指这个网络是与这个设备的某个接口直接相连的。

设备自动发现直连路由如图 3-23 所示,路由器 R1 的 GE1/0/0 接口的状态为 UP 时,R1 便可以根据 GE1/0/0 接口的 IP 地址 1.0.0.1/24 推断出 GE1/0/0 接口所在的网络的网络地址为 1.0.0.0/24。于是,R1 便会将 1.0.0.0/24 作为一个路由项填写进自己的路由表,这条路由的目的地/掩码为 1.0.0.0/24,出接口为 GE1/0/0,下一跳 IP 地址是与出接口的 IP 地址相同的, 即 1.0.0.1。由于这条路由是直连路由,所以其 Protocol 属性为 Direct。另外,对于直连路由,其 Cost 的值总是为 0。

类似地,路由器 R1 还会自动发现另外一条直连路由,该路由的目的地/掩码为 2.0.0.0/24,出接口为 GE2/0/0,下一跳 IP 地址是 2.0.0.1,Protocol 属性 Direct,Cost 的值为 0。

同样,PC1 也会自动发现一条直连路由,该路由的目的地/掩码为 1.0.0.0/24,出接口为

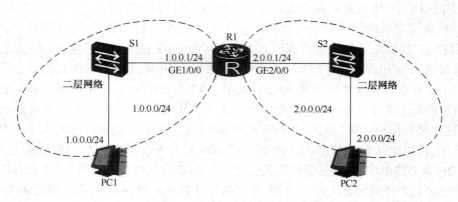

图 3-23 设备自动发现直连路由

PC1 的网口(假设 PC1 只有一个网口),下一跳 IP 地址是 1.0.0.2,Protocol 属性为 Direct,Cost 的值为 0。

最后,PC2 也会自动发现一条去往 2.0.0.0/24 的直连路由。

(2)静态路由

手工配置静态路由如图 3-24 所示,R1 显然是可以自动发现 1.0.0.0/8 和 12.0.0.0/30 这两条直连路由的。然而,R1 无法自动发现 2.0.0.0/8 这条路由。为此,我们可以人为地在 R1 上手工配置一条路由,该路由的目的地/掩码为 2.0.0.0/8,出接口为 R1 的 GE1/0/1,下一跳 IP 地址为 R2 的 GE1/0/1 接口的 IP 地址 12.0.0.2,Cost 的值可以人为地设定为 0(也可以是其他我们希望的值)。这条路由出现在 R1 的路由表中时,Protocol 属性将会 Static,表示是一条静态路由。当然,我们也可以在 R2 上手工配置一条去往 1.0.0.0/8 的静态路由,出接口为 R2 的 GE1/0/1,下一跳 IP 地址为 R1 的 GE1/0/1 接口的 IP 地址 12.0.0.1,Cost 的值可以人为地设定为 0(也可以是其他我们希望的值)。

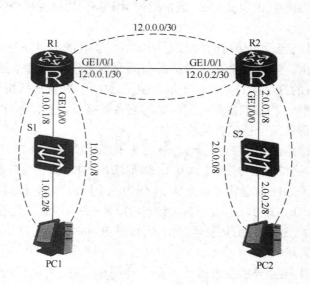

图 3-24 手工配置静态路由

（3）动态路由

前面介绍了直连路由和静态路由，网络设备可以自动发现去往与自己直接相连网络的路由，同时，我们还可以通过手工配置的方式"告诉"网络设备去往哪些非直接相连的网络的路由。然而，如果非直接相连的网络的数量众多时，必然会耗费大量的人力来进行手工配置，这在现实中往往是不可取的，甚至是不可能的。另外，手工配置的静态路由还有两个明显的缺陷，就是它不具备自适应性。当网络发生故障或网络结构发生改变而导致相应的静态路由发生错误或失效时，必须手工对这些静态路由进行修改，而这在现实中也往往是不可取的，或是不可能的。

事实上，网络设备还可以通过运行路由协议来获取路由信息。"路由协议"和"动态路由协议"这两个术语其实是一回事，因为我们还未曾有过被称为"静态路由协议"的路由协议（我们有静态路由，但无静态路由协议）。网络设备通过运行路由协议而获取到的路由被称为动态路由。由于设备运行了路由协议，所以设备的路由表中的动态路由信息能够实时地反映出网络结构的变化。

需要特别指出的是，一台路由器是可以同时运行多种路由协议的。比如，一台路由器可以同时运行 RIP 路由协议和 OSPF 路由协议。此时，该路由器除了会创建并维护一个 IP 路由表外，还会分别创建并维护一个 RIP 路由表和一个 OSPF 路由表。RIP 路由表用来专门存放 RIP 协议发现的所有路由，OSPF 路由表用来专门存放 OSPF 协议发现的所有路由。通过一些优选法则的筛选后，某些 RIP 路由表中的路由项及某些 OSPF 路由表中的路由项才能被加入进 IP 路由表，而路由器最终是根据 IP 路由表来进行 IP 报文的转发工作的。

需要注意的是，计算机是不运行任何路由协议的。计算机上只有一个 IP 路由表。

3. 计算机上的路由表与路由器上的路由表

计算机上的 IP 路由表的规模一般都很小，通常只包含一二十条路由。对于路由器来说，其 IP 路由表的规模大小变化很大，并且是与该路由器所运行的路由协议及该路由器在整个网络中的位置紧密相关的。路由器上的 IP 路由表可能包含几条、几十条、几百条、几千条、几万条、几十万条，甚至上百万条路由。

计算机是不运行任何路由协议的，所以计算机的 IP 路由表中的路由要么是直连路由，要么是手工配置的静态路由，还有就是计算机的操作系统代替我们的手工配置而配置出来的各种路由。路由器的 IP 路由表中的路由可以有直连路由，可以有静态路由，但更多的都是通过运行路由协议而获得的动态路由。路由器上除了存在 IP 路由表外，还存在为每个运行的路由协议专门创建并维护的路由表。

二、主要的路由协议

首先，我们简单解释一下自治系统（Autonomous System, AS）的概念。在网络通信中，一个自治系统是指由若干个二层网络及若干台路由器组成的集合，集合中的这些网络及路由器均属于同一个管理机构。由于规模大小的不同，一个网络可能只包含一个自治系统，也可能包含多个不同的自治系统。例如，图 3-25 所示的网络便包含了 3 个不同的自治系统，分别是自治系统 X、自治系统 Y、自治系统 Z。

路由协议分为两大类，一类称为 IGP（Interior Gateway Protocol, 内部网关协议），另一类称为 EGP（Exterior Gateway Protocol, 外部网关协议）。IGP 的成员有 RIP（Routing Information Pro-

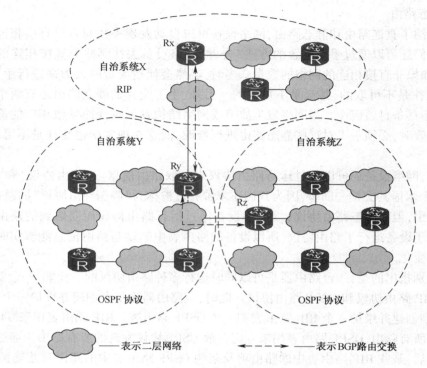

图 3-25 自治系统的概念

tocol,路由信息协议）、OSPF(Open Shortest Path First) 协议、IS-IS(Intermediate System to Inter-mediate System)协议等。EGP 虽然也有若干个成员协议,但目前在实际的网络中得到应用的协议只有一个,那就是 BGP(Bolder Gateway Protocol)。

通常情况下,一个自治系统中的所有路由器需要运行同种具体的、由该自治系统的管理机构指定的 IGP(有的情况下还可能会同时运行不同的 IGP)。IGP 的运行,将会使得自治系统中的每一台路由器都能够发现通往本自治系统内各个目的网络的路由。在一个由多个自治系统组成的网络中,通常还需要通过 BGP 来实现不同自治系统之间的路由交换。通过这种交换,一台路由器不仅能发现通往本自治系统内各个目的网络的路由,而且还能够发现通往其他自治系统中的目的网络的路由。

例如,在图 3-25 所示的网络中,自治系统 X 中的所有路由器(包括路由器 Rx)均运行 RIP,自治系统 Y 中的所有路由器(包括路由器 Ry)均运行 OSPF 协议,自治系统 Z 中的所有路由器(包括路由器 Rz)均运行 OSPF 协议。同时,Rx、Ry、Rz 还要运行 BGP,以实现不同自治系统之间的路由交换。通过这样的路由架构,每台路由器便可以发现通往该网络中任何目的网络的路由。

1. RIP

(1) RIP 的基本原理

RIP(Routing Information Protocol,路由信息协议)是一种基于距离矢量(Distance Vector,简称 DV)算法的 IGP,其协议优先级的值为 100。相比于其他各种路由协议,RIP 最为简单且易于实现。

RIP 只能以"跳数"来定义路由的开销。所谓跳数,就是指到达目的地需要经过的路由器的个数。例如,在图 3-26 所示的网络中,路由器 R1 去往网络 A、网络 B、网络 C、网络 D 的跳数分别为 1、2、3、4。RIP 规定,跳数等于或大于 16 的路由将被视为不可达的路由,这一限制使得RIP 一般只应用于规模较小的网络。

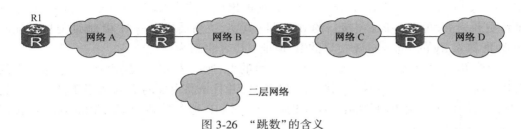

图 3-26　"跳数"的含义

运行 RIP 的路由器称为 RIP 路由器。假设一个自治系统选定了 RIP 作为其 IGP,则该自治系统中的每台路由器都是 RIP 路由器,该自治系统本身也通常被称为一个 RIP 网络。RIP路由器除了拥有一个 IP 路由表外,还会单独创建并维护一个 RIP 路由表,该 RIP 路由表专门用来存放该路由器通过运行 RIP 而发现的路由。

一台 RIP 路由器在创建自己的 RIP 路由表之初,RIP 路由表中只包含了该路由器自动发现的直连路由。在一个 RIP 网络中,每台 RIP 路由器都会每隔 30 s 向它所有的邻居路由器发布它的最新的 RIP 路由表中的所有路由信息,同时又不断地接收它的邻居路由器发来的路由信息,并根据这些接收到的路由信息来更新自己的 RIP 路由表,如此反复循环,这样的过程被称为路由交换过程。经过足够长的时间之后(这一时间称为 RIP 路由的收敛时间),每台路由器的 RIP 路由表中的路由信息不再发生变化,而是达到了一种稳定状态(即 RIP 路由实现了收敛)。在稳定状态下,每台路由器的 RIP 路由表都包含了该路由器去往整个 RIP 网络中各个目的网络的路由。注意,在稳定状态下,路由交换过程仍会继续进行。当网络的结构发生改变后,稳定状态会被打破,但随着路由交换过程的继续进行,经过足够长的时间之后,每台路由器的 RIP 路由表又会达到新的稳定状态(即 RIP 路由重新实现了收敛)。

(2)RIP 路由表的形成

一台路由器在创建自己的 RIP 路由表之初,RIP 路由表中只包含了该路由器自动发现的直连路由。随后,该路由器不断地接收它的邻居路由器发来的路由信息,并根据这些接收到的路由信息来更新自己的 RIP 路由表。同时,该路由器每隔 30 s 会向它所有的邻居路由器发布它的最新的 RIP 路由表中的所有路由信息。

那么,RIP 路由器是如何根据它所接收到的路由信息来更新自己的 RIP 路由表的呢? 假设 RIP 路由器 Rx 和 RIP 路由器 Ry 互为邻居路由器;假设 Ry 的 RIP 路由表中存在一条目的地/掩码为 z/y 的路由,该路由的 Cost(跳数)为 $N(1 \leq N \leq 16)$。当 Ry 把这条路由信息通过自己的 Interface-y 接口发送给 Rx,且 Rx 通过自己的 Interface-x 接口接收到这条路由信息后(注意,Rx 的 Interface-x 接口和 Ry 的 Interface-y 接口位于同一个二层网络中),Rx 将会根据如下的更新算法(Bellman-Ford 算法,距离矢量算法)来更新自己的 RIP 路由表。在下面的算法中,如果"$N+1$"小于 16,则规定 M(Metric,度量值,表明了到达目的网络所需要的"跳数")的值为"$N+1$";如果"$N+1$"等于或大于 16,则规定 M 的值为 16。

①如果 Rx 的 RIP 路由表中不存在目的地/掩码为 z/y 的路由项,则 Rx 会在自己的 RIP 路由表中添加一个路由项,该路由项的目的地/掩码为 z/y,出接口为 Rx 的 Interface-x 接口,下一

跳 IP 地址为 Ry 的 Interface-y 接口的 IP 地址,Cost 为 *M*。

②如果 Rx 的 RIP 路由表中已经存在一条目的地/掩码为 z/y 的路由项,且该路由项的下一跳 IP 地址为 Ry 的 Interface-y 接口的 IP 地址,则 Rx 会将该路由项的出接口更新为 Rx 的 Interface-x 接口(其实,更新后的出接口与更新前的出接口均为 Rx 的 Interface-x 接口),下一跳 IP 地址更新为 Ry 的 Interface-y 接口的 IP 地址(其实,更新后的下一跳 IP 地址与更新前的一跳 IP 地址均为 Ry 的 Interface-y 接口的 IP 地址),Cost 更新为 *M*。

③如果 Rx 的 RIP 路由表中已经存在一条目的地/掩码为 z/y 的路由项,且该路由项的下一跳 IP 地址不是 Ry 的 Interface-y 接口的 IP 地址,并且该路由项的 Cost 大于 *M*,则 Rx 会将该路由项的出接口更新为 Rx 的 Interface-x 接口,下一跳 IP 地址更新为 Ry 的 Interface-y 接口的 IP 地址,Cost 更新为 *M*。

④如果 Rx 的 RIP 路由表中已经存在一条目的地/掩码为 z/y 的路由项,且该路由项的下一跳 IP 地址不是 Ry 的 Interface-y 接口的 IP 地址,并且该路由项的 Cost 小于或等于 *M*,则该路由项的出接口、下一跳 IP 地址及 Cost 均保持不变。也就是说,Rx 不会对该路由项进行更新。

对于 RIP 路由表的形成过程,图 3-27 和图 3-28 给出了一个示例。

R2的RIP路由表（初态）

目的地/掩码	出接口	下一跳IP地址	Cost
2.0.0.0/8	GE1/0/0	2.0.0.1	1
12.0.0.0/8	GE2/0/0	12.0.0.2	1
23.0.0.0/8	GE3/0/0	23.0.0.1	1

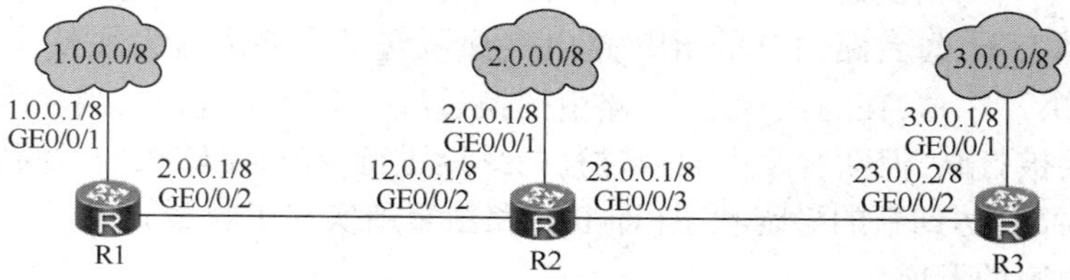

R1的RIP路由表（初态）

目的地/掩码	出接口	下一跳IP地址	Cost
1.0.0.0/8	GE1/0/0	1.0.0.1	1
12.0.0.0/8	GE2/0/0	12.0.0.1	1

R3的RIP路由表（初态）

目的地/掩码	出接口	下一跳IP地址	Cost
3.0.0.0/8	GE1/0/0	3.0.0.1	1
12.0.0.0/8	GE2/0/0	23.0.0.2	1

图 3-27 初始状态下的 RIP 路由表

2. OSPF 协议

(1) OSPF 基本原理

在 RIP 协议中,路由器会将自己所知道的关于整个网络的路由信息周期性地发送给所有的邻居路由器;在 OSPF 协议中,路由器会将自己的链路状态信息一次性地泛洪(Flooding)给所有其他的路由器。

(2) OSPF 协议与 RIP 的比较

OSPF 协议是一种基于链路状态(Link-State)的路由协议,而 RIP 则是一种基于距离矢量的路由协议,这是二者之间最根本性的差别。关于什么是链路状态,我们后面会进行描述和解释。

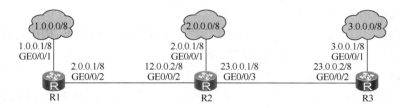

R2的RIP路由表（初态）

目的地/掩码	出接口	下一跳IP地址	Cost
2.0.0.0/8	GE1/0/0	2.0.0.1	1
12.0.0.0/8	GE2/0/0	12.0.0.2	1
23.0.0.0/8	GE3/0/0	23.0.0.1	1
1.0.0.0/8	GE2/0/0	12.0.0.1	2
3.0.0.0/8	GE3/0/0	23.0.0.2	2

R1的RIP路由表（初态）

目的地/掩码	出接口	下一跳IP地址	Cost
1.0.0.0/8	GE1/0/0	1.0.0.1	1
12.0.0.0/8	GE2/0/0	12.0.0.1	1
2.0.0.0/8	GE2/0/0	12.0.0.2	2
23.0.0.0/8	GE2/0/0	12.0.0.2	2
2.0.0.0/8	GE2/0/0	12.0.0.2	3

R3的RIP路由表（初态）

目的地/掩码	出接口	下一跳IP地址	Cost
3.0.0.0/8	GE1/0/0	3.0.0.1	1
23.0.0.0/8	GE2/0/0	23.0.0.2	1
2.0.0.0/8	GE2/0/0	23.0.0.1	2
12.0.0.0/8	GE2/0/0	23.0.0.1	2
1.0.0.0/8	GE2/0/0	23.0.0.1	3

图 3-28　稳定状态下的 RIP 路由表

RIP 中, 路由器之间是以一种"传话"的方式来传递有关路由的信息。OSPF 协议中, 路由器之间可以以一种"宣告"的方式来传递有关路由的信息。OSPF 网络的路由收敛时间明显小于 RIP 网络的路由收敛时间。

RIP 是一种"嘈杂"的路由协议。路由收敛之后, RIP 网络中仍然会持续性地存在大量的 RIP 报文的流量。OSPF 协议是一种"安静"的路由协议。路由收敛之后, OSPF 网络中 OSPF 协议报文的流量很少。协议报文的流量越小, 对网络带宽资源的占用就越少。

RIP 是以 UDP 作为其传输层协议的, RIP 报文是封装在 UDP 报文中的。OSPF 协议没有传输层协议, OSPF 报文是直接封装在 IP 报文中的。我们知道, UDP 通信或 IP 通信都是一种无连接、不可靠的通信方式。RIP 也好, OSPF 也罢, 其协议报文传输的可靠性机制都是由协议本身提供的。

RIP 报文只有两种, 一种是 RIP 请求报文, 另一种是 RIP 响应报文。OSPF 报文有 5 种, 分别是 Hello 报文（Hello Packet）、数据库描述报文（Database Description Packet, DD Packet）、链路状态请求报文（Link-State Request Packet, LSR Packet）、链路状态更新报文（Link-State Update Packet, LSU Packet）、链路状态确认报文（Link-State Acknowledgement Packet, LSAck Packet）。

RIP 只能以"跳数"来作为路由开销的定义。在 OSPF 协议中, 理论上可以采用任何参量或者若干参量的组合来作为路由开销的定义。例如, OSPF 协议可以采用链路的带宽来定义路由开销, 也可以采用链路的延迟时间来定义路由开销, 还可以采用链路的"成本"来定义路由开销, 如此等等。但在实际中, 最常见的是采用链路的带宽来定义路由开销。

RIP 和 OSPF 协议都是 IETF 制定的开放性标准协议。OSPF 协议也有两个版本,OSPFv1 和 OSPFv2。但是,OSPFv1 在其正式发布之前的试验阶段就"夭折"了,所以目前实际网络中所使用的都是 OSPFv2。与 RIPv2 一样,OSPF 协议也是一种无类路由协议,支持 VLSM、CIDR 等特性。与 RIPv2 一样,OSPF 协议也支持认证功能。

OSPF 网络具有区域化的结构,RIP 网络没有这种结构。OSPF 网络中,路由器有角色之分,不同角色的路由器具有不同功能和作用。RIP 网络中的路由器是没有角色之分的。OSPF 网络中,每台路由器都有一个独一无二的路由器身份(Router Identification,Router-ID)。RIP 网络中,路由器是没有 Router-ID 的。

RIP 和 OSPF 协议在实际中的应用都非常广泛。但是需要注意的是,RIP 只适合用在小型网络中,而 OSPF 协议则适用于任何规模的网络。

（3）OSPF 协议的区域化结构

一个 OSPF 网络可以被划分成多个区域(Area)。如果一个 OSPF 网络只包含一个区域,则这样的 OSPF 网络称为单区域 OSPF 网络;如果一个 OSPF 网络包含了多个区域,则这样的 OSPF 网络称为多区域 OSPF 网络。

在 OSPF 网络中,每一个区域都有一个编号,称为 Area-ID。Area-ID 是一个 32 bit 的二进制数,但通常也可以用十进制数来表示。Area-ID 为 0 的区域称为骨干区域(Backbone Area),否则称为非骨干区域。单区域 OSPF 网络只包含一个区域,这个区域必须是骨干区域;多区域 OSPF 网络中,除了有一个骨干区域外,还有若干个非骨干区域,并且每一个非骨干区域都需要与骨干区域直接相连(采用 Virtual Link 技术时,非骨干区域虽然没有与骨干区域直接相连,但在逻辑上仍然是与骨干区域直接相连的),但非骨干区域之间是不允许直接相连的。也就是说,非骨干区域之间的通信必须要通过骨干区域中转才能进行。

图 3-29 所示的 OSPF 网络总共包含了 4 个区域,其中 Area0 才是骨干区域。需要注意的是,R9 的上面 1 个接口是属于 Area2 的,R9 的下面 2 个接口是属于 Area0 的。类似地,R10 的上面 2 个接口是属于 Area3 的,R10 的下面 2 个接口是属于 Area0 的;R1 的上面 1 个接口是属于 Area0 的,R1 的下面 3 个接口是属于 Area1 的。

OSPF 网络中,如果一台路由器的所有接口都属于同一个区域,则这样的路由器被称为内部路由器(Internal Router)。图 3-29 所示的 OSPF 网络中,Area0 的内部路由器有 R5、R6、R7、R8;Area1 的内部路由器有 R2、R3、R4;Area2 的内部路由器有 R11 和 R12;Area3 的内部路由器有 R13 和 R14。

OSPF 网络中,如果一台路由器包含有属于 Area0 的接口,则这样的路由器被称为骨干路由器(Backbone Router)。图 3-29 所示的 OSPF 网络中,总共有 7 个骨干路由器,分别是 R5、R6、R7、R8、R1、R9、R10。

OSPF 网络中,如果一台路由器的某些接口属于 Area0,其他接口属于别的区域,则这样的路由器被称为 ABR(Area Border Router,区域边界路由器)。图 3-29 所示的 OSPF 网络中,总共有 3 个 ABR,分别是 R1、R9、R10。

OSPF 网络中,如果一台路由器是与本 OSPF 网络(本自治系统)之外的网络相连的,并且可以将外部网络的路由信息引入进本 OSPF 网络(本自治系统),则这样的路由器被称为 AS-BR(Autonomous System Boundary Router,自治系统边界路由器)。图 3-29 所示的 OSPF 网络中,总共有两个 ASBR,一个是 R8,另一个是 R11。

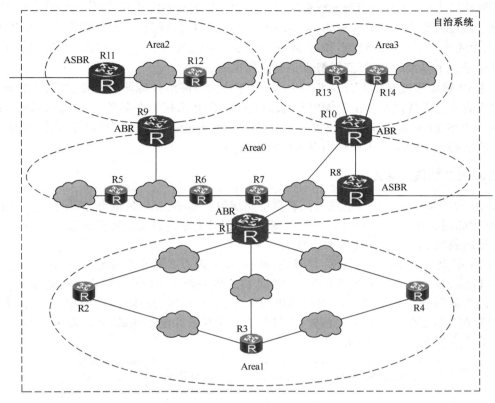

图 3-29　OSPF 区域化结构

（4）OSPF 支持的网络类型

OSPF 支持的网络类型，是指 OSPF 能够支持的二层网络的类型。OSPF 能够支持的网络类型包括：广播（Broadcast）网络、NBMA（Non-Broadcast Multi-Access）网络、点到点（Point-to-Point）网络、点到多点（Point-to-Mutipoint）网络。

OSPF 路由器的某个接口的类型，是与该接口直接相连的二层网络的类型一致的。比如，OSPF 路由器的某个接口如果连接的是一个广播网络，那么该接口就是一个广播网络接口；OSPF 路由器的某个接口如果连接的是一个 P2P 网络，那么该接口就是一个 P2P 网络接口。

第五节　MPLS 技术

一、MPLS 的概念

MPLS（Multi-Protocol Label Switch，多协议标签交换）是一种在开放的通信网上利用标签引导数据高速、高效传输的技术。多协议的含义是指 MPLS 不但可以支持多种网络层层面上的协议，还可以兼容第二层的多种链路层技术。MPLS 是新一代的 IP 高速骨干网络交换标准，由因特网工程任务组（Internet Engineering Task Force，IETF）提出。

MPLS 是一种用于快速转发数据包的技术，它的出现就是为了提高转发效率。因为 IP 转发大多靠软件进行,在转发的每一跳都要进行至少一次最长匹配查找,操作复杂导致转发速度比较慢。通过借鉴 ATM(Asynchronous Transfer Mode,异步传输模式)的转发方式来简化 IP 转发过程,由此产生了一种结合 IP 和 ATM 的优势于一身的新技术——MPLS。在当时的条件下这可以说是一个很大的创举,其优势也是显而易见的。

　　后来 IP 转发领域有很多新技术产生,如硬件转发与网络处理器的出现,导致 MPLS 的速度优势没有充分发挥出来。由于 MPLS 灵活可扩展,因此出现了许多基于 MPLS 的新技术,比如 BGP/MPLS VPN、流量工程等技术。当前,MPLS 越来越受重视,成为当今网络技术的热点,还有一些新的应用需求也正在利用 MPLS 来实现。

二、MPLS 的报文格式

　　MPLS 报头是插入在传统的第二层数据链路层包头和第三层 IP 包头之间的一个 32 bit 的字段,结构如图 3-30 所示。标签是一个长度固定,仅具有本地意义的短标识符,用于唯一标识一个分组所属的 FEC。一个标签只能代表一个 FEC。

　　MPLS 作为一种分类转发技术,将具有相同转发处理方式的分组归为一类,称为 FEC(Forwarding Equivalence Class,转发等价类)。相同 FEC 的分组在 MPLS 网络中将获得完全相同的处理。FEC 的划分方式非常灵活,可以是以源地址、目的地址、源端口、目的端口、协议类型或 VPN 等为划分依据的任意组合。例如,在传统的采用最长匹配算法的 IP 转发中,到同一个目的地址的所有报文就是一个 FEC。

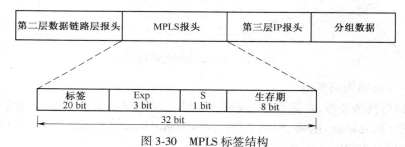

图 3-30　MPLS 标签结构

1. 标签字段(Label)

包括 20 Byte。用来标识一个 FEC。

2. 优先级(Experimental Bits,Exp)

包括 3 Byte。用以表示从 0~7 的报文优先级字段。

3. 栈底(S)

包括 1 Byte。用于标识这个 MPLS 标签是否是最底层的标签。值为 1 时表示为最底层标签。MPLS 支持多重标签,从而提供无限的业务支持能力。

4. 生存期字段(Time To Live,TTL)

包括 8 Byte。用来对生存期值进行编码。与 IP 报文中的 TTL 值功能类似,同样是提供一种防环机制。

　　MPLS 可以承载的报文通常是 IP 包,也可以承载 PPP、以太网、ATM 和帧中继等。

三、MPLS 的网络结构

　　如图 3-31 所示,MPLS 网络的基本构成单元是 LSR(Label Switching Router,标签交换路由器),由 LSR 构成的网络称为 MPLS 域。

位于 MPLS 域边缘、连接其他用户网络的 LSR 称为 LER(Label Edge Router,边缘 LSR),区域内部的 LSR 称为核心 LSR。域内部的 LSR 之间使用 MPLS 通信,MPLS 域的边缘由 LER 与传统 IP 技术进行适配。

分组在入口 LER 被压入标签后,沿着由一系列 LSR 构成的 LSP 传送,其中,入口 LER 被称为 Ingress,出口 LER 被称为 Egress,中间的节点则称为 Transit。

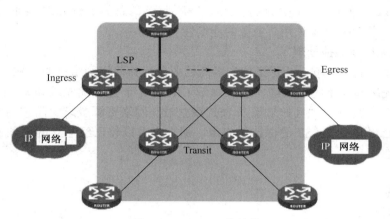

图 3-31　MPLS 网络结构

MPLS 的基本工作过程:

(1)首先,LDP(标签分发协议)和传统路由协议(如 OSPF、ISIS 等)一起,在各个 LSR 中为有业务需求的 FEC 建立路由表和 LIB(Label Information Base,标签信息表)。

(2)入口 LER 接收分组,完成第三层功能,判定分组所属的 FEC,并给分组加上标签,形成 MPLS 标签分组。

(3)接下来,在 LSR 构成的网络中,LSR 根据分组上的标签以及 LFIB(Label Forwarding Information Base,标签转发表)进行转发,不对标签分组进行任何第三层处理。

(4)最后,在 MPLS 出口 LER 去掉分组中的标签,继续进行后面的 IP 转发。

由此可以看出,MPLS 并不是一种业务或者应用,它实际上是一种隧道技术,也是一种将标签交换转发和网络层路由技术集于一身的路由与交换技术平台。这个平台不仅支持多种高层协议与业务,而且,在一定程度上可以保证信息传输的安全性。

四、MPLS 的技术特点

MPLS 的主要特点如下。

1. 流量工程

传统 IP 网络一旦为一个 IP 包选择了一条路径。无论这条链路是否拥塞。IP 包都会沿此路径传送。这样就有可能造成网络中某处资源过度利用。而另外一些地方网络资源闲置不用。MPLS 可以控制 IP 包在网络中所走的路径。从而避免 IP 包在网络中的盲目行为。避免业务流向已经拥塞的节点。实现网络资源的合理利用。

2. 负载均衡

MPLS 可以同时使用多条 LSP(标签交换路径)来承载同一个用户的 IP 业务流。合理地将用户业务流分摊在这些 LSP 之间。

3. 路径备用

可同时配置两条 LSP。一条处于激活状态。另一条处于备用状态。一旦主 LSP 出现故障。业务立刻导向备用的 LSP。直到主 LSP 从故障中恢复。业务再从备用 LSP 切回到主 LSP。

4. 故障恢复

当一条已建立的 LSP 在某一点出现故障时。故障点的 MPLS 会向上游发送 Notification 消息。通知上游 LER 重建一条 LSP 来替代故障 LSP；收到消息的上游 LER 会重新发出 Request 消息建立另外一条 LSP 来保证用户业务的连续性。

5. 路径优先级及碰撞处理

在网络资源匮乏的时候。应保证优先级高的业务优先使用网络资源。MPLS 可通过设置 LSP 的建立优先级和保持优先级来实现。每条 LSP 有 n 个建立优先级和 $n1$ 个保持优先级。优先级高的 LSP 先建立。并且如果某条 LSP 建立时。网络资源匮乏。而它的建立优先级又高于另外一条已经建立的 LSP 的保持优先级。那么它可以将已经建立的那条 LSP 断开。让出网络资源供它使用。

复习思考题

1. 什么是数据通信？有哪些特点？
2. 画出 OSI 模型的结构,并简要说明各层的作用。
3. 画出 TCP/IP 模型的结构,并简要说明各层的作用。
4. 以太网的主要类型有哪些？各自特征是什么？
5. 画出以太网帧的结构,并说明各字段的主要作用。
6. MAC 地址有何作用？如何构成？
7. 交换机的转发操作有哪几种？
8. 交换机是如何学习 MAC 地址的？
9. 什么是 VLAN？其有何特点？
10. VLAN 的接口类型有哪些？它们有何区别？
11. IPv4 和 IPv6 有何区别？
12. IP 地址可分为几类？
13. 什么是子网掩码？它的编码规则是什么？
14. 简述 IP 转发原理。
15. 路由的种类有哪些？
16. 比较 RIP 协议和 OSPF 协议的区别。
17. 什么是 MPLS？它的主要优点有哪些？

第四章　图　像　通　信

【学习目标】

1. 了解图像通信的概念、特点和分类。
2. 掌握图像通信系统的基本组成。
3. 了解图像通信的关键技术。
4. 了解可视电话的功能、系统组成和应用。
5. 掌握数字电视的分类、系统组成和应用。
6. 掌握会议电视系统的功能、系统组成和应用。

第一节　图像通信概述

图像通信是传送和接收图像信号的通信方式。图像信息通过图像通信设备变换为信号进行传送,在接收端再把它们真实地再现出来。图像信息具有直观、形象、易懂和信息量大等特点,因此它是在人们日常的生活、生产中接触最多的信息之一。数字通信的发展、计算机网络的普及、微电子芯片密度的增加,对数字图像通信技术的发展起了关键性的推动作用。

一、图像信号的概念

图像是当光辐射到物体上经过反射或透射,或发光物体本身发出的光能量在人的视觉器官中产生的物体视觉信息。图像源于自然景物,其原始状态是连续变换的模拟量。与语音或文字信息相比较,图像主要具有以下几个特点:

1. 图像的直观性强

在一般情况下,图像是外界场景的直接反映,几乎近于"所见即所得",不需要经过人的思维的特别"转换",可以直接被人所理解。

2. 图像信息的信息量大

俗话说"百闻不如一见",它表明一幅图像带给我们的信息量是巨大的。例如,我们可以凭一张某人的照片在人群中识别出此人。但我们很难依据一篇描述此人的文章(尽管可以用成千上万的字来描述)来识别他。此外,"百闻不如一见"中的"一见"也表明人们接受图像信息的方式是一种"并行"的方式,一眼看去,图中所有的像素尽收眼底。而不是一个像素一个像素地看,一行一行地看。

3. 图像信息(尤其是自然场景图像)的确切性不十分好,存在一定的模糊性

这是相对于语音和文本信息而言的。例如,面对同一幅图像,不同的观察者会有不同的理解和感受,甚至有可能给出不同的解释。

随着计算机技术、通信技术、网络技术以及信息处理技术的发展,人类社会已经进入信息化时代,图像信息的传输、处理、存储在人们的日常生活中起到的作用将会越来越大。

图像本身源于自然景物,是连续的模拟量。当它转化为数字形式进行处理与传输时,它具有成本低、质量好、小型化与易于实现等诸多优点。

二、图像通信的分类

(1)按其功能可分为单向图像通信和双向图像通信。单向方式有电视广播、电视图文广播、传真通信等;双向方式有可视图文、电视会议、双向电缆电视、可视电话等。

(2)按其占用频带范围可分为宽带图像通信和窄带图像通信。宽带业务包括电视图文广播、双向电缆电视等;窄带业务包括可视图文、可视电话、传真通信等。

(3)按其显示方式可分为用硬拷贝显示的记录通信和用荧光屏显示的影像通信。记录通信包括电报、传真、智能用户电报、电子信函等;影像通信包括可视电话、会议电视、可视图文、电视图文广播等。

三、图像通信系统

图像通信系统所传送的主要是人的视觉能够感知的图像信息,它包括自然景物、文字符号、动画图形等。图像通信系统也和其他通信系统一样,经历了一个从模拟到数字的转化过程。目前,数字图像通信方式已处于主流地位,因此,我们这里所介绍的也主要是数字图像通信系统。它的系统构成和其他的数字通信系统类似,只不过处理的信息内容为数字图像而已。

数字图像通信系统的组成框图如图 4-1 所示。

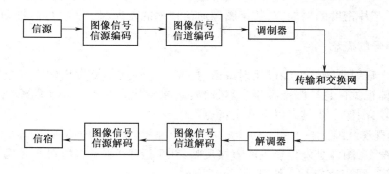

图 4-1 数字图像通信系统的组成

在发送端,图像信源首先进行信源编码,经过 A/D 转换形成数字图像信号,并去除或减少图像信息中的冗余度,压缩图像信号的频带或降低其数码率,以达到经济有效地传输或存储的目的。经过压缩后的图像信号,由于去除了冗余度,相关性减少,抗干扰性能较差。为了增强其抗干扰的能力,通常可对其进行信道编码,即适当增加一些保护码(纠错码)。这时数码率虽然略有所增加,但却显著提高了抗干扰性能。最后,系统中的调制部分把信号变为更适宜于信道中传输的形式,常用的数字调制方式有 mPSK、mQAM、VSB 等。

在接收端,接收信号的解调、信道解码、信源解码等部分均为发送端相应部分的逆过程,这里不再赘述。有时,为了获得更好的图像质量,可在信源编码之前增加预处理,在显示部分之前增加后处理。

四、图像通信的关键技术

1. 压缩编码技术

（1）图像信号的可压缩性

图像信号是高维信息,内容复杂,数据量大,如果直接将数字图像信号用于通信或存储,往往受到信道和存储设备的限制,在很多情况下无法实现,因此,图像的压缩编码成为图像通信的关键技术。从图像信号的特点来说,图像压缩的可能性主要在于:

①在空间域上,图像具有很强的相关性。

②在频率域上,图像低频分量多,高频分量少。

③人眼观察图像时有暂留与掩盖现象,因为可以去除一些信息而不影响视觉效果。

简单来说图像之所以能够压缩是因为图像数据中存在着冗余。图像数据的冗余主要表现为:图像中相邻像素间的相关性引起的空间冗余;图像序列中不同帧之间存在相关性引起的时间冗余;不同彩色平面或频谱带的相关性引起的频谱冗余。数据压缩的目的就是通过去除这些数据冗余来减少表示数据所需的比特数。由于图像数据量的庞大,在存储、传输、处理时非常困难,因此图像数据的压缩就显得非常重要。

（2）图像压缩编码系统

图像压缩系统框图如图 4-2 所示,变换器对输入图像数据进行一对一变换,其输出是比原始图像数据更适合高效压缩的图像表示形式。变换包括线性预测、正交变换、二值图像的游程变换等。量化器要完成的功能是按一定的规则对取样值作近似表示,使量化器输出幅度值的大小为有限多个。量化器可以分为无记忆量化器和有记忆量化器。编码器为量化器输出端的每个符号分配码字,编码器可采用等长码和变长码。不同的图像编码系统可能采用上图中的不同组合。按照压缩编码过程是否失真,可分为有失真压缩方法和无失真压缩方法。

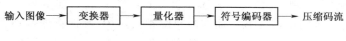

输入图像 → 变换器 → 量化器 → 符号编码器 → 压缩码流

图 4-2 图像压缩系统框图

图像压缩编码的技术有很多,图像预测编码技术、图像变换编码技术、统计编码(包括霍夫曼编码、算术编码与行程编码)及矢量量化编码等都是基本的图像压缩编码技术。

（3）图像压缩标准

视频编码方式就是指通过特定的压缩技术,将某个视频格式的文件转换成另一种视频格式文件的方式。视频流传输中最为重要的编解码标准有国际电联的 H. 261、H. 263、H. 264,运动静止图像专家组的 M-JPEG 和国际标准化组织运动图像专家组的 MPEG 系列标准,此外在互联网上被广泛应用的还有 Real-Networks 的 RealVideo、微软公司的 WMV 以及 Apple 公司的 QuickTime 等。

①MPEG-4

MPEG(Moving Picture Experts Group,运动图像专家组)是专门从事多媒体视频和音频压缩标准制定的国际组织,MPEG 系列标准已成为国际上影响最大的多媒体技术标准,它给数字电视、视听消费电子和多媒体通信等信息产业的发展带来了巨大而深远的影响。

MPEG 组织制定的各个标准都有不同的目标和应用,已提出 MPEG-1、MPEG-2、MPEG-4、MPEG-7 和 MPEG-21 标准。其中,MPEG-4 成为主流视频编码标准。MPEG-4 视频压缩算法相对于 MPEG-1/2 在低比特率压缩上有着显著提高,在 CIF(352×288)或者更高清晰度(768×576)情况下的视频压缩,无论从清晰度还是从存储量上都比 MPEG1 具有更大的优势,也更适合网络传输。另外 MPEG-4 可以方便地动态调整帧率、比特率,以降低存储量。

②H.264

新一代视频编码标准 H.264 具有压缩效率高、算法先进、性能优异等技术优势。H.264 的数据压缩率在 MPEG-2 的 2 倍以上、MPEG-4 的 1.5 倍以上。从理论上来说,在相同画质、相同容量的情况下,可比 DVD 光盘多保存 2 倍以上时间的影像。

H.264 集中了以往标准的优点,在许多领域都得到突破性进展,使得它获得比以往标准好得多整体性能:

a. 和 H.263 和 MPEG-4 相比最多可节省 50% 的码率,使存储容量大大降低。

b. H.264 在不同分辨率、不同码率下都能提供较高的视频质量。

c. 采用"网络友善"的结构和语法,使其更有利于网络传输。

H.264 采用简洁设计,使它比 MPEG4 更容易推广,更容易在视频会议、视频电话中实现,更容易实现互连互通,可以简便地和 G.729 等低比特率语音压缩组成一个完整的系统。

③AVS

中国数字视音频编解码标准工作组制定了面向数字电视和高清晰度激光视盘播放机的 AVS 标准。AVS 基于 H.264 标准,与 MPEG-2 完全兼容,同时又兼容 H.264 基本层,在许多方面具有自主知识产权,从而使专利费用大为降低。AVS 压缩效率可达到 MPEG-2 的 2~3 倍,与 H.264 相比较,AVS 具有更加简洁的设计,显著降低了芯片实现的复杂度。利用 AVS 取代 MPEG-2,摆脱 MPEGLA(MPEG 许可证管理局)组织的专利束缚,对于中国视听产业的发展具有重要意义。

④音频编码

在图像通信与数字电视中,传送声音也是极为重要的。在一般的可视电话和会议电视系统中,声音带宽较窄(300 Hz~7 kHz),而在数字电视系统中,高保真度的声音信号的带宽很宽(10 Hz~20 kHz)。利用声音信息的冗余度及人的听觉生理——心理特性,亦能高效地对数字声音信息进行压缩编码(针对不同的带宽要求,国际组织制订了不同的声音压缩编码标准)。对于窄带语音信号 ITU 发布了各种基于参数及波形编码的低码率混合编码标准,如 G.711、G.721、G.722、G.723、G.728 及 G.729 等各种标准。除了 G.722 的取样频率为 16 kHz 外,其他各种标准取样频率均为 8 kHz。而量化精度除 G.711 为 8 bit 外,其他均为 16 bit。上述各种标准的输出码率最低为 5.3 kbit/s(G.723),最高为 64 kbit/s(G.711 及 G.722)。

对于宽带的高保真度声音信号,其主要标准有两个,一个是 MPEG 音频压缩编码标准,它是以欧洲的 MUSICAM 及 ASPEC 算法为基础而改进的一种标准;另一个是 Dolby AC-3 音频压缩编码标准。AC-3 标准对声音信号的取样频率为 48 kHz,量化精度为 16~24 bit,其基带音频的输入多达 6 个声道,即中心声道、左声道、右声道、左环绕、右环绕及低频增强声道。AC-3 已作为 DVD 数字视盘及 ATSC(美国数字电视标准)的声音压缩编码标准。

2. 数字电视传输技术

(1)复用

数字电视系统中对多媒体数据在传输中进行打包、解包处理,亦称复用、解复用技术,它为系统具备可扩展性、可分级性与互操作性奠定了基础。在发送端复用设备将视频、音频和辅助数据等信源编码器送来的数据比特流经处理复合成单路的串行比特流,送给信道编码系统及调制系统,接收端与发送端正好相反。

(2)调制与解调

在数字电视系统中,采用多进制的数字调制技术可大大提高信道的频谱利用率。主要调制技术如下。

正交幅度调制(QAM):调制效率高,传输信噪比要求高,适于有线电视电缆传输。

四相移相键控(QPSK):调制效率高,传输信噪比要求低,适于卫星传输。

残留边带(VSB)调制:抗多径传播效果好(即消除重影效果好),适于地面开路传输。

编码正交频分复用(COFDM):抗多径传播效果和同频干扰好,适于地面开路广播和同频网广播。

(3)条件接收技术

条件接收系统是数字电视收费运营机制的重要保证。收费电视系统的基本特点是所提供的业务仅限于授权用户使用,即在节目供应单位、节目播出单位和收视用户之间建立起一种有偿服务体系。正是这种有偿服务体系,才使电视节目制作及播出的巨大投资得以补偿,为数字电视产业的持续健康发展奠定了良性循环的经济基础。条件接收系统集成了数据加扰/解扰、加密/解密及智能卡等技术。同时也涉及用户管理、节目管理及收费管理等信息应用管理技术,还能实现各项数字电视广播业务的授权管理及接收控制。

(4)高清显示技术

如何使数字电视信号经信道传输之后的图像与伴音能够高质量、无失真地呈现给观众,这是显示领域的重要研究课题。以 LCD、LED、PDP 等为代表的平板显示技术已日益完善与成熟,平板电视正在逐步取代传统的 CRT(阴极射线管)电视,并成为数字电视接收机的主流,它们不仅具有高清晰度的图像质量,色彩生动艳丽,而且性能优异、环保健康,再配之以高质量的环绕立体声,必将会带给观众高质量的视听享受。

①LCD 显示器

LCD(液晶显示器)的工作原理:在显示器内部有很多液晶粒子,它们有规律地排列成一定的形状,并且它们的每一面的颜色都不同,分为红色、绿色和蓝色。这三原色能还原成任意的其他颜色,当显示器收到电脑的显示数据的时候会控制每个液晶粒子转动到不同颜色的面,来组合成不同的颜色和图像。

LCD 显示器的优点是机身薄、占地小、辐射小。LCD 显示器的缺点是色彩不够艳的,可视角度不高等。

②LED 显示器

LED(发光二极管)显示器是一种通过控制半导体发光二极管的显示方式,用来显示文字、图形、图像、动画、行情、视频、录像信号等各种信息的显示屏幕。

LED 显示器集微电子技术、计算机技术、信息处理于一体,以其色彩鲜艳、动态范围广、亮度高、寿命长、工作稳定可靠等优点,成为最具优势的新一代显示媒体,LED 显示器已广泛应用于大型广场、商业广告、体育场馆、信息传播、新闻发布、证券交易等,可以满足不同环境的需要。

③PDP 显示器

PDP(等离子显示器)是采用了近几年来高速发展的等离子平面屏幕技术的新一代显示

设备。等离子显示技术的成像原理是在显示屏上排列上千个密封的小低压气体室,通过电流激发使其发出肉眼看不见的紫外光,然后紫外光碰击后面玻璃上的红、绿、蓝 3 色荧光体发出肉眼能看到的可见光,以此成像。

等离子显示器的主要优点有:显示亮度高、色彩还原性好、画面响应速度快、外形平而薄等。

第二节　图像通信技术的主要应用

5. 图像通信

图像通信业务主要包括可视电话、高清晰度电视、图像通信点播、会议电视、交互式电视、Web 电视、数字图像通信广播等,在广播电视、通信、娱乐、医疗卫生、气象预报、卫星遥感、工业监控、教育、金融、新闻出版等领域得到了广泛应用。

一、可视电话

可视电话是指在普通电话功能的基础上,采用图像通信相关技术,使双方能够互相看到对方活动图像的一种通信方式。其通信过程包括语音信号和图像信号,使人们的通话过程不再是单调的语音交谈形式,还可以互相看到对方的相应图像信息,丰富了通信的内容,实现了图像与语音的结合。由于图像内容较为简单,通话过程中,对图像的细节要求并不高。

1. 可视电话分类

可视电话系统有多种分类方式,按照图像色彩的不同可以分为黑白和彩色可视电话系统;按照传输信道的不同可分为模拟式和数字式可视电话系统;按照传输图像类型的不同可分为静止图像和活动图像可视电话系统;按照终端设备的不同可分为普通型和多功能型可视电话系统。可视电话系统种类虽有很多,但其系统组成基本一致,如图 4-3 所示。

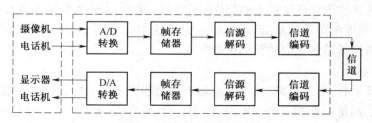

图 4-3　可视电话系统组成

2. 可视电话系统结构

可视电话系统主要包括以下部分:

(1)语音处理部分:包括普通电话机、语音编码器等。

(2)图像信号输入部分:摄像机等。

(3)图像信号输出部分:包括监视器、显示器、打印机等。

(4)图像信号出来处理部分:包括 A/D 和 D/A 转换器、帧存储器、信源编解码器和信道编解码器等。

A/D(D/A)转换器用来实现模拟到数字(数字到模拟)的转换;帧存储器容量和类型的选择取决于所处理的图像信号;信源编码用于减少图像信息中的冗余度,压缩图像通信信号的频带抑或是降低其数码率;信道编码的目的是在压缩后的图像信息中插入一些识别码、纠错码等控制信号,提高信号的抗干扰能力。

二、数字电视

数字电视(DTV)是指一个从节目摄制、编辑、制作、存储、发射、传输,到信号的接收、处理、显示等全过程完全数字化的电视系统。数字电视系统不仅使整个电视节目的制作和传输质量得到明显改善,信道资源利用率大大提高,还可以提供其他增值业务,如电视购物、电子商务、视频点播等,使传统的广播电视媒体从形态、内容到服务形式都发生了革命性的改变。

1. 数字电视的分类

(1)按图像清晰度分类

从图像清晰度的角度,数字电视可分为低清晰度数字电视(LDTV)、标准清晰度数字电视(SDTV)和高清晰度数字电视(HDTV)。

数字电视清晰度已广泛使用 8K 分辨率。

图像清晰度是人们主观感觉到图像细节所呈现的清晰程度,即人眼在某一方向上能够看到的像素点数,用线数或行数表示。显然,扫描行数越多,图像的像素数越多,景物的细节就表现地越清楚,主观感觉到图像清晰度就越高。所以常用扫描行数来表示电视系统的清晰度。

低清晰度电视扫描线数在 200 到 300 之间,图像分辨率对应于以前的 VCD。

高清晰度电视要求电视至少具备 720 线逐行或 1 080 线隔行,分辨率为 1 280×760p/60 和 1 920×1 080i/50,屏幕纵横比为 16∶9,音频输出为 5.1 声道(杜比数字格式),同时能兼容接收其他较低格式的信号并进行数字化处理、重放。

4K 分辨率即 4 096×2 160 的像素分辨率,它是 2K(2 048×1 080 分辨率)投影机和高清分辨率的 4 倍,属于超高清分辨率,能够呈现超精细画面。传统高清电视是 207 万像素的画面,而在传统数字影院里看到的是 221 万像素的画面,在 4K 屏幕上,能看到 885 万像素的高清晰画面。

8K 分辨率即 7 680×4 320 的像素分辨率,它是 4K 分辨率的 4 倍,高清分辨率的 16 倍。由于超高清的分辨率,其画面像素将超过 3 300 万,在观看影像的时候会带来身临其境的感官享受,当然也对图像采集、传输、显示等设备提出了更高的要求。

(2)按传输信道分类

从传输信道来分,数字电视可以分为卫星数字电视、有线数字电视和地面数字电视三大类。由于它们的传输信道不同,信道编码采用不同的调制方式。

2. 数字电视的优点

数字电视的最大特点是以数字形式传播电视信号,其制式与传统的模拟电视制式有着本质的区别。

数字电视相比模拟电视而言,具有如下优点。

(1)图像质量高

在数字方式下,电视信号在传输过程中不容易引入噪声和干扰,大大改善了常有的模糊、重影、闪烁、雪花、失真等现象。接收端的电视信号质量好,像素可高达 1 920×1 080。

(2)节省频率资源

采用数据压缩编码技术,在画面伴音质量相同的情况下,所需频带仅是模拟的 1/4,可以传输多套数字节目或一套高清晰度电视节目,充分利用信道资源。

（3）伴音质量好

模拟电视的伴音是单声道或者是简单的双声道。而数字电视采用 AC-3 或 MUSICAM 等环绕立体声编解码方案，既可避免噪声、失真，又能实现多路纯数字环绕立体声，使声音的空间临场感、音质透明度和保真度等方面更好。而且可以送 4 路以上的环绕立体声，真正实现了家庭影院的伴音效果。

（4）便于信号存储

信号的存储时间与信息特性有关。近年来，数字电视采用超大规模集成电路，可存储多帧电视信号，完成模拟技术不能达到的处理功能。

（5）功能多、用途广

数字化信号便于制式转换，有利于加入许多新功能，如画中画、静止画面、画面放大等，也用于加密、收费、与计算机互联网连接等功能。

3. 数字电视系统组成

在数字电视系统中，技术核心是信源编解码、传输复用、信道编解码、调制解调、软件平台、条件接收以及显示器等。数字电视系统组成如图 4-4 所示。

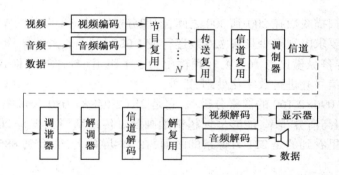

图 4-4　数字电视系统组成

（1）信源编解码

信源编解码包括压缩编辑码技术和音频编解码技术。未经压缩的数字电视信号都有较高的数据率。首先必须对数字电视信号进行压缩处理，才能在有限的频带内传送数字电视节目。在视频压缩编解码方面，主要采用 MPEG-2、MPEG-4、H. 264 等标准；在音频编码方面，主要有 MPEG-2 和 AC-3 等标准。

（2）传送复用

在发送端，复用器把音频、视频以及辅助数据的码流通过打包器打包，然后复合成单行串行的传输比特流，送给信道编码器及调制器。在接收端其过程则相反。采用电视节目数据打包的方式，使电视具备了可扩展性、分级性和交互性。

（3）信道编解码及调制解调

经过信源编码和系统复接后生成的节目传送码流要到达用户接收机，通常需要通过某种传输通道。一般情况下，编码码流是不能或不适合直接通过传输信道传输的，必须将其处理成适合在规定信道中传输的形式。这种处理就称为信道编码与调制。

数字电视信道编解码及调制解调的目的是通过纠错编码、网格编码、均衡等技术提高信号的抗干扰能力,通过调制把传输信号放到载波上,为发射做好准备。各国数字电视标准不同,主要是纠错、均衡等技术不同,带宽不同,尤其是调制方式不同。

数字电视广播信道编码及调制标准规定了经信源编码和复用后信号在向有线电视、卫星、地面等传输信道发送前需要进行的处理,包括从复用器之后到最终用户的接收机之间的整个系统,它是数字电视广播系统的重要标准。

(4)软件平台(中间件)

在数字电视系统中,如缺少软件系统,电视内容的显示、节目信息、操作界面等都无法实现,更不可能在数字电视平台上开展交互电视等其他增强型电视业务。中间件(Middleware)是一种将应用程序与底层的实时操作系统以及硬件实现的技术细节隔离开来的软件环境,支持跨硬件平台和跨操作系统的软件运行,使应用不依赖于特定的硬件平台和实时操作系统。

(5)条件接收

条件接收系统(CAS)是数字电视广播实现收费的技术保障。如何阻止用户接收未经授权的节目和如何从用户处收费,这是条件接收系统必须要解决的两个问题。解决这两个问题的基本途径就是在发送端对节目进行加扰,在接收端对用户进行寻址控制和授权解扰。

4. 显示器

显示器用来将视频信号转换为图像,在屏幕上显示出来。最常见的显示器为电视机,最重要的指标为清晰度。

一台电视机的清晰度,受到整机信号带宽的限制,行扫描频率的限制以及显像管物理尺寸的限制。当扫描电子束能够聚焦到足够小的点,起主要作用的就是两个荧光粉点之间的最小距离,简称粉截距,这个数字越小就说明显像管的像素数越多。所以,电视图像的清晰度与电视机的下面3个指标有着密切的关系:

(1)图像信号的频带宽度,单位是MHz,标准不低于30 MHz。

(2)行扫描频率,单位是kHz,标准不低于45 kHz。

(3)显像管的粉截距,单位是mm,高清晰电视标准不高于0.74 mm。

三、会议电视系统

会议电视系统(也称作视频会议)就是利用电视技术和设备通过通信网络在两地(点到点会议系统)或多点(多点会议电视系统)召开会议的一种通信方式。它是一种集通信技术、计算机技术、微电子技术于一体的远程通信方式,是一种典型的、应用广泛的图像通信系统,也是最为普及的图像通信的应用方式之一。

会议电视利用实时图像、语音和数据等进行通信。参与通信的双方或多方可以不受实际地理距离的限制,实现面对面交流,不仅能够相互听到对方的声音,看到对方的面貌、表情和动作等,还能面对同一图纸、图片和文本等进行讨论,合作设计、创作等。通信的参与者不需要实际集合到一起,大大地节省了时间、出差费用和精力,从而极大地提高了工作效率。国内的宽带、高速通信网的建成和发展,为广泛开展会议电视业务提供了良好的基础。

会议电视系统的应用范围非常广泛,可应用在网络视频会议、协同办公、在线培训、远程医疗、远程教育等各个方面,能广泛应用于政府、军队、企业、IT、电信、电力、教育、医疗、证券、金融、制造等各个领域。

会议电视系统的应用范围非常广泛,可应用在网络视频会议、协同办公、在线培训、远程医疗、远程教育等各个方面,能广泛应用于政府、企业、IT、电信、电力、教育、医疗、证券、金融、制造等各个领域。

1. 会议电视系统的发展

会议电视系统的发展经历了从模拟方式传输(20 世纪 70 年代)到数字方式传输(20 世纪 80 年代)的发展过程。从 20 世纪 60 年代开始,世界发达国家就开始研究模拟会议电视系统,并逐渐商用化。20 世纪 70 年代末期,在压缩编码技术推动下,会议电视系统由模拟系统转向数字系统。20 世纪 80 年代初期,研制出 2 Mbit/s 彩色数字会议电视系统,个别国家形成了非标准的国内会议电视网。20 世纪 80 年代中期,大规模集成电路技术飞速发展,图形编解码技术取得突破,网络通信费用降低,为会议电视走向实用提供了良好的发展条件。20 世纪 80 年代末期 ITU-T 制定了 H. 210 系列标准,统一了编码算法,解决了设备间的互通问题。20 世纪 90 年代以来,H. 320 标准作为视听多媒体业务的一种应用,在社会性的信息交流中起到了巨大的沟通作用。同时,随着 IP 网的发展,基于 IP 的 H. 323 标准的会议电视系统也随之得以实现。

目前,成熟的基于 H. 320 的会议电视系统势必进入转型阶段,即由电路交换的 ISDN 和专线网络向分组交换式的 IP 网过渡。所针对的市场由大型公司转向小型的工作组会议室、个人工作桌面直至发展到家庭。因此,基于分组交换网络的多媒体通信标准 H. 323 的视频通信已成为业内人士和用户关注的焦点。

2. 会议电视系统的分类

会议电视系统的主要分类方法如下。

(1)按会场数量来分类

按会场数量来分,会议电视系统可分为点到点会议电视系统和多点会议电视系统两种。前者仅有两个会场,而后者则不少于三个会场。

(2)按传输通道分类

按传输信道来分,会议电视系统可分为地面会议电视系统、卫星会议电视系统和混合型会议电视系统。地面会议电视系统的传输信道一般采用有线信道和微波通信信道,为全双工传输。会议控制信息和会议电视业务信息在带内一起进行传输。卫星会议电视系统的传输信道通常采用卫星通信网络,因卫星转发器资源有限,卫星会议电视系统不能为全双工传输,会议控制信息必须通过专用信道进行传输,即采用带外传输。混合型会议电视系统为地面会议电视系统和卫星会议电视系统的综合。

(3)按电视终端分类

按会议电视终端来分,可分为会议室型会议电视系统、桌面型会议电视系统和可视电话会议电视系统。会议室型会议电视系统实用标准的 H. 320 终端,通信速率一般在 384 kbit/s 以上。桌面型会议电视系统使用 H. 320 或 H. 323 终端,能够利用现有的计算机网络,特别是可以利用 Internet,具有广泛的应用前景。可视电话型会议电视系统使用 H. 324 终端,通信速率一般在 64 kbit/s 以内,在模拟或数字电话线上传输。

(4)按有无 MCU 分类

MCU(多点控制单元)为会议电视系统的中心设备。按有无独立的 MCU 来分,会议电视系统可分为集中型、分散性和混合型。集中型会议电视系统必须具有 MCU,分散型会议电视系统没有 MCU。

（5）按网络协议分类

按不同的网络协议划分,会议电视系统主要有 H.320 系统、H.310 系统、H.321 系统、H.322 系统、H.323 系统、H.324 系统等六种类型。

H.320 系统是基于 $N\times64$ kbit/s 的数字式传输网络的系统,典型的应用环境为 N-ISDN 网络、DDN 网络以及由数字专线组成的专网等。

H.310/H.321 系统是基于 ATM 网络环境的系统。

H.322 系统是基于保证质量的 LAN 上的系统,除了网络物理接口不一样之外,它与 H.320 系统使用相同的协议。

H.323 是基于 IP 分组网络上的系统。

H.324 系统是基于普通电话线的系统,常用于可视电话系统。

其中,较为实用的系统主要有两类:即用于 N-ISDN 的 H.320 系统和用于分组网的 H.323 系统。H.320 系统占有较大的应用市场,但基于 IP 的 H.323 系统具有良好的发展前途,将会成为未来会议电视发展的主流,但它的发展并不是取代 H.320 系统,而是更加促进 H.320 系统的发展。

3. 会议电视系统的组成

会议电视系统由终端设备、多点控制单元(MCU)、传输网络等几部分组成,在实际应用时通常还有网络管理系统部分,如图 4-5 所示。

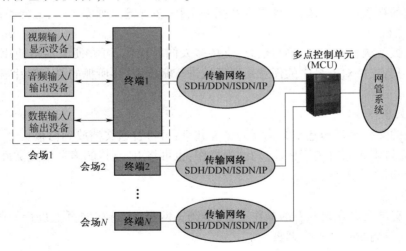

图 4-5　会议电视系统组成

其中终端设备和多点控制单元是会议电视系统特有的,通信网络则是已经存在的各类通信网。因此,会议电视在通信网上运行,必须服从网络的各项要求。

（1）终端设备

终端设备包括视频输入/输入设备、音频输入/输入设备、视频解码器、音频解码器和复用/分解设备等,主要完成语音、图像的编码及各种传输接口处理。会议电视终端设备将视频,音频,数据,信令等各种数字信号分别进行处理后组合成一路复合的数字码流,再将它转变为用户、网络接口兼容的,符合传输网络所规定的信道帧结构的信号格式送上信道进行传输。

（2）多点控制单元（MCU）

MCU 的作用就像电话网中的交换机，但相比于交换机来说，MCU 处理的是图像等宽带业务，而且对业务的处理也不仅仅是交换，而是更具用户的要求，对不同的信息源作不同的处理。多点控制单元（MCU）作为会议控制中心，能够将三个以上的终端连接成为一个完整的、由多人参与的会议。同时，它能够将来自个会议终端的语音、视频和数据合成为一个多组交互式会议场景。MCU 的使用很简单，既支持工作站管理方式，也支持 Web 管理方式，可由终端用户使用 MCU 进行会议的控制和管理。

（3）通信网络

传输网络是会议电视传输视频、音频等信息的通道，主要有 SDH/MSTP 专线、ISDN 网络局域网和 IP 网等。

（4）网络管理系统

网管中心用于控制和管理会议电视系统，通常兼网络管理与会议电视管理于一身。不仅可以管理所有 MCU 和终端设备，实现系统后台控制，还能提供友好的人机界面，完成会议调度、计费管理、会议配置、会议信息管理以及系统安全管理等功能。

4. 会议电视系统的组成

会议电视系统的常用功能如下。

（1）多方音视频交互

采用先进的视频压缩算法，实现多方音视频交互、多屏输出画面显示、云台遥控等功能。

（2）电子白板

可以在白板区域自由绘制、书写信息；支持多人同时操作；可方便灵活得使用荧光笔和激光笔等增强工具；支持对屏幕中的任意矩形区域进行截图，并将所抓的静态图片显示在一个新建的白板页上。

（3）文件共享

支持普通的文档共享和基于浏览器的文件共享；可将普通文档放到白板页上共享，供所有与会者观看，支持多人同时进行标注、勾画等操作；也可将 IE 支持的多种格式文件和音视频文件共享；支持同时共享多个文档。

（4）协同浏览

可以使所有与会者在控制者的操作下，同步浏览网页；支持在网页上进行勾画，便于与会者讨论交流；支持同时打开多个网页。

（5）桌面共享

会议控制人可将桌面操作情况和应用操作步骤共享给全体与会者，便于协同工作和应用培训；通过切换操作权，用户可将自己桌面的操作权交由其他远程用户进行远程控制。

（6）会议录制

管理员用户可以创建会议流程；通过申请为数据控制人后还可以控制会议流程；会议流程中，数据操作区中会显示相应添加的附件。

（7）会议管理

一般情况下会议都是有会议中的管理者来进行会场的管理。若服务器支持监控转接服务，系统管理员可设置监控相关功能；在会议进行时主席用户可将监控点的用户视频接入会议室；监控用户没有普通用户的其他会议权限。系统可对与会者的用户信息进行备份与恢复。

复习思考题

1. 什么是图像通信？图像信号有哪些特点？
2. 画出图像通信系统的结构图，并说明各部分的作用。
3. 图像压缩编码技术有何作用？主要的图像压缩编码技术有哪些？
4. 显示器的种类有哪些？各有何特点？
5. 可视电话有何特征？
6. 数字电视的清晰度分为哪些等级？各等级的分辨率和像素值各是多少？
7. 数字电视系统有何优点？
8. 会议电视业务有何功能？
9. 画出会议电视系统的结构图，并说明各部分的作用。

第五章 光纤通信

【学习目标】

1. 了解光纤通信的发展和工作波长。
2. 掌握光纤通信系统的基本组成。
3. 掌握光纤的结构、分类和传输特性。
4. 理解光纤的导光原理。
5. 掌握光缆的结构和分类。
6. 了解光发送机、光接收机、光中继器、光放大器和无源光器件的作用。
7. 掌握 SDH 帧结构;了解其复用原理。
8. 掌握 MSTP 的基本概念。
9. 掌握 SDH/MSTP 网元的类型及各自功能;了解 SDH/MSTP 传输网的结构类型。
10. 理解 SDH/MSTP 自愈环的工作原理。
11. 掌握波分复用的概念;了解 DWDM 系统的基本结构。
12. 掌握 PTN 的概念;了解 PTN 的技术特点和主要应用。
13. 掌握 OTN 的概念;了解 OTN 的技术特点和主要应用。

第一节　光纤通信概述

一、光纤通信的发展

光纤通信是以光信号作为信息载体,以光纤作为传输媒介的通信方式。光纤通信是 20 世纪 70 年代初期出现的一种新的通信技术。由于其本身的诸多优点,光纤通信得到了迅速发展,目前已成为现代通信的主要支柱之一,在通信网中起着举足轻重的作用。

1960 年,第一台红宝石激光器被发明创造。激光器发出的激光与普通光相比能量集中、方向性强、亮度高、带宽大,是一种理想的光载波。因此,激光器的出现使光通信进入了一个崭新的阶段。但是,当时没有一种合适的传输介质用来传输光波。

1970 年是光纤通信史上闪光的一年。这一年制造出了衰减为 20 dB/km 的光纤,使光纤远距离传输光波成为可能。同一年,又研制成功了在室温下可连续工作的激光器。此后,光纤的衰减不断下降,使光纤通信进入了飞速发展的时代并逐渐向实用化迈进。

1980 年,多模光纤通信系统投入商用。1990 年,565 Mbit/s 单模光纤通信系统进入商用化阶段。1993 年,622 Mbit/s 的 SDH 光纤通信系统进入商用化。1995 年,2.5 Gbit/s 的 SDH 光纤通信系统进入商用化。1998 年,10 Gbit/s 的 SDH 光纤通信系统进入商用化。2000 年,总容量为 320 Gbit/s 的 DWDM 系统进入商用化。

光纤通信已经从初期的市话局间中继到长途干线进一步延伸到用户接入网,从能够完成单一类型信息的传输到完成多种业务的传输。目前光纤已成为宽带信息通信的主要媒质和现代通信网的重要基础设施。

二、光纤通信的工作波长

光波与无线电波相似,也是一种电磁波,只是它的频率比无线电波的频率高得多,电磁波的波谱如图 5-1 所示。由图可知,红外线、可见光和紫外线均属于光波的范畴,其波长范围为 $300 \sim 6 \times 10^{-3}$ μm。可见光是人眼能看见的光,它是由红、橙、黄、绿、蓝、靛、紫七种颜色组成的连续光谱,其波长范围为 $0.39 \sim 0.76$ μm,其中红光的波长最长,而紫光的波长最短。红外线是人眼看不见的光,波长范围为 $0.76 \sim 300$ μm,一般又分为近红外区($\lambda = 0.76 \sim 15$ μm)、中红外区($\lambda = 15 \sim 25$ μm)和远红外区($\lambda = 25 \sim 300$ μm)。紫外线也是人眼看不见的光,波长范围为 $0.39 \sim 6 \times 10^{-3}$ μm。

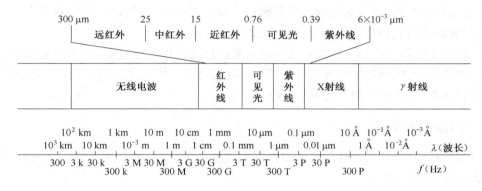

图 5-1　光在电磁波谱中的位置

光纤通信所用光波的波长范围为 $0.8 \sim 1.8$ μm,属于电磁波谱中的近红外区。在光纤通信中,常将 $0.8 \sim 0.9$ μm 称为短波长,而将 $1.0 \sim 1.8$ μm 称为长波长,2.0 μm 以上称为超长波长。光纤通信采用的三个工作窗口(在某个特定的波长处,光纤损耗较小值,相当于透光性强、传得远,像窗户一样)分别是:短波长的 0.85 μm,长波长的 1.31 μm 和 1.55 μm。

三、光纤通信系统的基本组成

光纤通信系统主要由光发射机、光纤(光缆)、光中继器和光接收机组成,如图 5-2 所示。

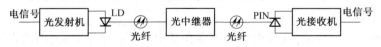

图 5-2　光纤通信系统的基本组成

1. 光发射机

光发射机的主要作用是将电信号转变为光信号,并将光信号送入到光纤中传输。

光发射机的核心器件是光源,光源性能的好坏将对光纤通信系统产生很大的影响。目前,光纤通信系统常用的光源有半导体激光器(LD)和半导体发光二极管(LED),半导体激光器(LD)性能较好,价格较贵;而半导体发光二极管(LED)性能稍差,但价格较低。

2. 光纤

光纤的作用是传输光信号。

光纤通信使用的光纤通常是由石英玻璃（SiO_2）制成的。光纤的类型主要有多模光纤和单模光纤。为了使光纤能适应各种敷设条件和环境，还必须把光纤和其他元件组合起来制成光缆才能在实际工程中使用。

3. 光接收机

光接收机的主要作用是将光纤传送过来的光信号转变为电信号，然后进行进一步的处理。

光接收机的核心器件是光电检测器，常用的光电检测器有 PIN 光电二极管和 APD 雪崩光电二极管，其中 APD 有放大作用，但其温度特性差，电路复杂。

4. 光中继器

光信号在光纤中传输一定距离后，由于受到光纤损耗和色散的影响，光信号的能量会被衰减，波形也会产生失真，从而导致通信质量恶化。为此，在光信号传输一定距离后就要设置光中继器，对衰减了的光信号进行放大，恢复失真了的波形。

常用的光中继器有两类。一类是光—电—光间接放大的光中继器，它先将被衰减的光信号转变为电信号，对电信号进行放大处理后再转换为光信号送入光纤；另一类是对光信号直接放大的光放大器，如掺铒光纤放大器（EDFA）。

四、光纤通信的特点

在目前的通信领域，光纤通信之所以能够飞速发展，是因为和其他通信方式相比，光纤通信具有无可比拟的优越性。

1. 传输频带宽，通信容量大

由信息理论知道，载波频率越高通信容量越大。由于光纤通信使用的光波具有很高的频率，因此光纤通信具有巨大的通信容量，理论上一根光纤可以同时传输上亿个话路。虽然目前远未达到如此高的传输容量，但用一根光纤同时传输 400 万个话路（320 GHz）已经不成问题，它比传统的同轴电缆、微波等方式高出几千乃至几万倍以上。

2. 中继距离长

由于光纤的衰减很小，所以能够实现很长的中继距离。目前石英光纤在 1.31 μm 处的衰减可低于 0.35 dB/km，在 1.55 μm 处的损耗可低于 0.2 dB/km，这比目前其他通信线路的损耗都要低，因此光纤通信系统的中继距离也较其他通信线路构成的系统长得多。

3. 抗电磁干扰

光纤是一种非导电介质，交变电磁波不会在其中产生感生电动势，因此光纤不会受到电磁干扰。光纤通信适合在强电力、电气化铁路区段等场合使用。

4. 信道串扰小、保密性好

光纤的结构保证了光在光纤中传输时很少向外泄漏，因而在光纤中传输的信息之间不会产生串扰，更不容易被窃听，保密性优于传统的电通信方式。

5. 原材料资源丰富，节省有色金属

制造电缆使用铜材料，而地球上的铜资源非常有限。制造光纤最基本的原材料是二氧化硅（SiO_2），而二氧化硅在地球上的储藏量极为丰富，几乎是取之不尽、用之不竭的，因此其潜在价格十分低廉。

6. 体积小、重量轻、便于敷设和运输

由于光纤的直径很小,只有 0.1 mm,因此制成光缆后,直径比电缆细。利用光纤通信的这个特点,在市话中继线路中成功解决了地下管道的拥挤问题,节省了地下管道的建设投资。光缆不仅直径细,而且其重量也比电缆轻得多,这使得运输和敷设都比较方便。

第二节　光纤与光缆

6.光缆接续

一、光纤的结构与分类

1. 光纤的结构

光纤是光导纤维的简称,其结构如图 5-3 所示。

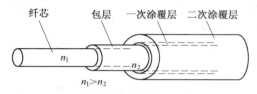

图 5-3　光纤的结构

光纤由纤芯和包层组成,其中心部分是纤芯,其直径一般为 $4\sim50$ μm,纤芯以外的部分称为包层,包层的直径一般为 125 μm。纤芯的作用是传导光波,包层的作用是将光波封闭在纤芯中传播。为了达到传导光波的目的,需要使纤芯材料的折射率 n_1 大于包层材料的折射率 n_2。

由纤芯和包层组成的光纤称为裸光纤。由于裸光纤较脆、易断,为了保护光纤表面,提高光纤的抗拉强度,一般需在裸光纤外面增加两层塑料涂覆层(一次涂覆和二次涂覆)而形成光纤芯线(简称光纤)。

目前,在通信中广泛使用的有两种光纤,即紧套光纤和松套光纤,如图 5-4 所示。

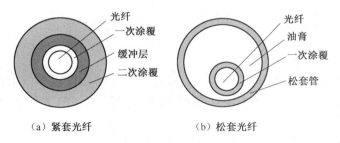

(a) 紧套光纤　　　　(b) 松套光纤

图 5-4　紧套光纤和松套光纤

若将一次涂覆的光纤外再紧密缠绕缓冲层和二次涂覆层,光纤在其中不能自由活动,这种光纤称之为紧套光纤,如图 5-4(a)所示。紧套光纤具有结构相对简单和使用方便等特点。

若将一次涂覆的光纤放入一个较大的塑料套管中,光纤可在套管中自由活动,这种光纤称之为松套光纤,如图 5-4(b)所示。松套光纤具有机械性能好和耐侧压能力强等特点。

2. 光纤的分类

主要的光纤的分类方法如下。

（1）按照纤芯折射率分布分类

按照纤芯折射率分布的不同，可以将光纤分为阶跃型光纤和渐变型光纤。

阶跃型光纤的纤芯折射率 n_1 是均匀不变的常数，在纤芯和包层的界面折射率由 n_1 跃变为包层的折射率 n_2，如图 5-5（a）所示。

渐变型光纤的纤芯折射率在轴心处最大，而在光纤截面内沿半径方向逐渐减小，到纤芯和包层界面降至包层的折射率 n_2，如图 5-5（b）所示。

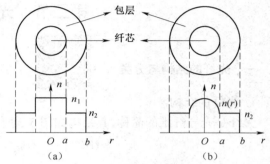

图 5-5　光纤的折射率剖面分布

（2）按照传输模式分类

所谓模式，是指光纤中一种电磁场的分布。按照光纤中传输的模式数量的不同，可以将光纤分为多模光纤和单模光纤。

光纤中同时有多个模式传输的光纤称为多模光纤。多模光纤截面的折射率分布有阶跃型和渐变型两种，前者称为阶跃型多模光纤，后者称为渐变型多模光纤。多模光纤的纤芯直径一般为 50 μm，包层直径为 125 μm。由于纤芯直径较大，传输模式较多，这种光纤的带宽较窄，传输特性较差。

光纤中只能传输一种模式的光纤称为单模光纤。单模光纤的折射率一般呈阶跃型分布，纤芯直径一般为 8~10 μm，包层直径为 125 μm。单模光纤不存在模式色散，具有比多模光纤大得多的带宽，故单模光纤特别适用于大容量长距离传输。

（3）按照光纤的工作波长分类

按照光纤工作波长的不同，可以将光纤分为短波长光纤和长波长光纤。

工作波长在 0.8~0.9 μm 范围内的光纤称为短波长光纤，它主要用于短距离、小容量的光纤通信系统中。

工作波长在 1.1~1.8 μm 范围内的光纤称为长波长光纤，它主要用于中长距离、大容量的光纤通信系统中。

（4）按 ITU-T 建议分类

为了使光纤具有统一的国际标准，ITU-T 制定了统一的光纤标准（G 标准）。按照 ITU-T 关于光纤的建议，可以将光纤分为 G.651 光纤、G.652 光纤、G.653 光纤、G.654 光纤和 G.655 光纤。

G.651 光纤也称为多模光纤。它的色散较大，传输带宽较窄，一般只在近距离、小容量的光纤通信系统中使用。

G.652 光纤也称常规单模光纤。G.652 光纤在 1 310 nm 波长处具有零色散，在 1 550 nm 波长处具有最低损耗。G.652 光纤的工作波长既可选用 1 310 nm，又可选用 1 550 nm。

G.653 光纤也称为色散位移单模光纤，它在 1 550 nm 处实现最低损耗和零色散波长相一致。这种光纤非常适合于长距离、单信道、高速光纤通信系统。

G.654光纤又称性能最佳单模光纤。G.654光纤在1 550 nm波长处具有极小的损耗（0.18 dB/km）且弯曲性能好。这种光纤主要应用在传输距离很长,且不能插入有源器件的无中继海底光纤通信系统中。

G.655光纤也称为非零色散位移单模光纤。这种光纤在1 550 nm处的色散不是零值,按ITU-T关于G.655规定,在波长1 530~1 565 nm范围内对应的色散值为0.1~6.0 ps/(km・nm),用以平衡四波混频等非线性效应,使其能用于高速率(10 Gbit/s以上)、大容量、密集波分复用的长距离光纤通信系统中。

二、光缆的结构和种类

7.光缆线路维护

实际中,为了使光纤能在各种敷设条件和各种环境中使用,必须把光纤与其他元件组合起来构成光缆,使其具有优良的传输性能以及抗拉、抗冲击、抗弯、抗扭曲等机械性能。

1. 光缆的组成

目前光纤通信系统中使用着各种不同类型的光缆,其结构形式多种多样,但不论何种结构形式的光缆,基本上都是由缆芯、加强元件和护层三部分组成。

（1）缆芯

缆芯由单根或多根光纤芯线组成,其作用是传输光波。光纤芯线是在裸光纤外面进行二次涂覆而形成的,它有紧套和松套两种结构。在光缆结构中,缆芯是主体,其结构是否合理,对于光纤的性能有重要影响。

（2）护层

光缆的护层主要是对已形成缆芯的光纤芯线起保护作用,使光纤能适应于各种敷设场合,因此要求护层具有耐压力、抗潮、湿度特性好、重量轻、耐化学侵蚀、阻燃等特点。

光缆的护层可分为内护层和外护层两部分。内护层一般采用聚乙烯或聚氯乙烯塑料等,外护层根据敷设条件而定,一般采用铝/聚乙烯综合护套(LAP)加钢丝铠装等。

（3）加强元件

加强元件主要是承受敷设安装时所加的外力。光缆加强元件的配置方式一般分为“中心加强元件”方式和“外周加强元件”方式。一般层绞式和骨架式光缆的加强元件均处于缆芯中央,属于“中心加强元件”(亦称加强芯);中心束管式光缆的加强元件从缆芯移到护层,属于“外周加强元件”。加强元件一般有金属钢线和非金属玻璃纤维增强塑料(FRP)。使用非金属加强元件的无金属光缆能有效地防止雷击。

2. 光缆的典型结构

目前常用光缆的结构有层绞式、骨架式、中心束管式和带状式四种。

（1）层绞式光缆

层绞式光缆的结构如图5-6所示,它是将经过套塑的光纤绕在加强芯周围绞合而成的一种结构。层绞式结构光缆类似传统的电缆结构,故又称之为古典光缆,这种结构应用非常广泛,在光纤通信发展的前期被普遍使用。

（2）骨架式光缆

骨架式光缆的结构如图5-7所示,它是将紧套光纤或一次涂覆光纤放入螺旋形塑料骨架凹槽内而构成,骨架的中心是加强元件。在骨架式光缆的一个凹槽内,可放置一根或几根一次涂覆光纤,也可放置光纤带,从而构成大容量的光缆。骨架式结构光缆能较好地对光纤进行保护,耐压、抗弯性能较好,但制造工艺复杂。

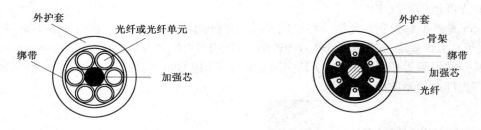

图 5-6 层绞式光缆   图 5-7 骨架式光缆

（3）中心束管式光缆

中心束管式光缆的结构如图 5-8 所示,它是将数根一次涂覆光纤或光纤束放入一个大塑料套管中,管中填充油膏,加强元件配置在塑料套管周围而构成。从对光纤的保护来说,束管式结构光缆最合理。中心束管式光缆近年来得到较快发展,它具有体积小、质量轻、制造容易、成本低的优点。

（4）带状式结构光缆

带状式结构光缆如图 5-9 所示,它是将多根一次涂覆光纤排列成行制成带状光纤单元,然后再把带状光纤单元放入在塑料套管中,形成中心束管式结构;也可把带状光纤单元放入凹槽内或松套管内,形成骨架式或层绞式结构。带状结构光缆的优点是可容纳大量的光纤（一般在 100 芯以上）,满足作为用户光缆的需要;同时每个带状光纤单元的接续可以一次完成,以适应大量光纤接续、安装的需要。随着光纤通信的发展,光纤接入网将大量使用这种结构的光缆。

3. 光缆的种类

下面介绍一些常用的光缆分类方法。

图 5-8 中心束管式光缆   图 5-9 带状式光缆

（1）按传输性能、距离和用途分类

按传输性能、距离和用途不同,光缆可分为市话光缆、长途光缆、用户光缆和海底光缆。

（2）按光纤的种类分类

按使用光纤的种类不同,光缆可分为多模光缆和单模光缆。

（3）按敷设方式分类

按敷设方式不同,光缆可分为管道光缆、直埋光缆、架空光缆和水底光缆。

（4）按光纤芯数多少分类

按光缆内光纤芯数的多少,光缆可分为单芯光缆和多芯光缆。

（5）按缆芯结构分类

按缆芯结构的不同,光缆可分为层绞式光缆、骨架式光缆、中心束管式光缆和带状式光缆。

三、光纤的导光原理

分析光纤的导光原理,一般可采用两种方法:一种是射线理论,另一种是模式理论。射线理论是把光看作射线,引用几何光学中的反射和折射定律来解释光在光纤中的传播现象,这种方法比较直观,易于理解,但缺乏严密性。模式理论是把光当作电磁波,把光纤当作光波导,用电磁场分布的模式来解释光纤中的传播现象。这种方法理论性较强,比较完整严密,但缺乏简明性,不易理解。本节主要利用几何光学中的反射和折射规律来分析阶跃型光纤的导光原理。

1. 光的反射和折射

由物理光学可知,光在均匀介质中是沿直线传播的。但是,当光射到两种不同介质的交界面时,将产生反射和折射,如图 5-10 所示。图中一部分光线沿 B 方向反射回介质 1 中,一部分光线沿 C 方向折射进入介质 2。反射光线和折射光线分别服从反射定律和折射定律。

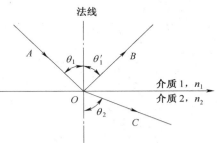

图 5-10 光的反射和折射

(1)反射定律和折射定律

反射定律是指反射光线位于入射光线和法线所决定的平面内,反射光线和入射光线分居法线两侧,反射角等于入射角,即

$$\theta_1 = \theta_1' \tag{5-1}$$

折射定律是指折射光线和入射光线分居法线两侧,不论入射角怎样改变,入射角的正弦值和折射角的正弦值之比等于介质 2 的折射率 n_2 与介质 1 的折射率 n_1 之比,即

$$\frac{\sin\theta_1}{\sin\theta_2} = \frac{n_2}{n_1} \tag{5-2}$$

或

$$n_1 \sin\theta_1 = n_2 \sin\theta_2 \tag{5-3}$$

(2)光密介质和光疏介质

介质的折射率表示介质的传光能力,某一介质的折射率 n 等于光在真空中的传播速度 c 与在该介质中的传播速度 v 之比,即

$$n = \frac{c}{v} \tag{5-4}$$

表 5-1 中给出了一些介质的折射率。由式(5-4)可知,光在折射率为 n 的介质中的传播速度变为 c/n,并且介质的折射率不同,光在介质中的传播速度也不同。折射率越大,光在该介质中的传播速度越小;折射率越小,光在该介质中的传播速度就越大。

表 5-1 不同介质的折射率

介质	空气	水	玻璃	石英	钻石
折射率	1.003	1.33	1.52~1.89	1.43	2.42

相对来说,传光速度大(折射率小)的介质称为光疏介质,传光速度小(折射率大)的介质称为光密介质。

（3）光的全反射

当光线从光密介质射入光疏介质时，由于 $n_1 > n_2$，根据折射定律，折射角 θ_2 将大于入射角 θ_1，且当入射角 θ_1 增大时，折射角 θ_2 也随之增大，如图 5-11（a）所示。

当入射角继续增大至 θ_c 时，折射角 $\theta_2 = 90°$，此时折射光线不再进入介质 2 中，而在介质 1 和介质 2 的界面掠射，如图 5-11（b）所示。使折射角等于 90°（临界状态）的入射角 θ_c 称为临界角，根据折射定律有：

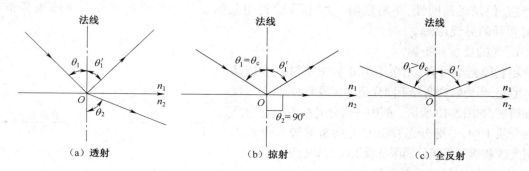

（a）透射　　　　　（b）掠射　　　　　（c）全反射

图 5-11　光的全反射

$$n_1 \sin\theta_c = n_2 \sin 90° \tag{5-5}$$

所以
$$\sin\theta_c = \frac{n_2}{n_1}\sin 90° = \frac{n_2}{n_1} \tag{5-6}$$

如果我们继续增加入射角，使 $\theta_1 > \theta_c$，所有的入射光将全部反射回原介质中，这一现象称为全反射，如图 5-11（c）所示。

综上所述，产生全反射必须满足两个条件，即

①光线从光密介质射向光疏介质。

②入射角大于临界角。

2. 光在阶跃型光纤中的传播

在阶跃型光纤中，纤芯的折射率为常数 n_1，包层的折射率为常数 n_2，并且 $n_1 > n_2$，如图 5-12 所示。

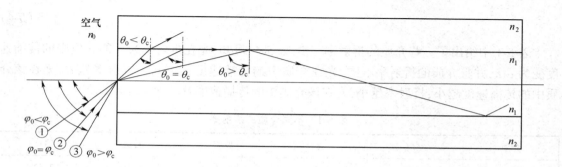

图 5-12　光在阶跃型光纤中的传播

当光线垂直于光纤端面入射，与光纤的轴线平行或重合时，这时光线将沿纤芯轴线方向向

前传播。

若光线以某一角度 φ_0 入射到光纤端面时,将有部分光线折射进入纤芯。当纤芯中的光线到达纤芯和包层的交界面时,会发生反射或者折射现象。根据分析可知,如果光纤端面的入射角度过大(如光线③),则芯—包界面的入射角 θ_0 小于临界角 θ_c(临界角即是折射角为90°时的入射角的角度),则光线不会在芯—包界面上形成全反射,此时会有一部分光线折射入包层,形成折射衰减。这种光线不能在纤芯和包层界面上形成全反射,因此不会长距离地在光纤中传输。

要使光线在光纤中实现长距离传输,必须使光线在芯—包界面上产生全反射。即光纤端面的入射角 φ_0 只有小于孔径角 φ_c(与临界角 θ_c 相对应的光纤端面的入射角,如光线②所示),才能使芯—包界面的入射角 θ_0 大于临界角 θ_c,光线才能在纤芯中产生全反射向前传播(如光线①所示)。

3. 阶跃型光纤的主要参数

(1)相对折射率差 Δ

n_1 和 n_2 差值的大小直接影响着光纤的性能,为此引入相对折射率差这样一个物理量来表示它们相差的程度,用 Δ 表示,即

$$\Delta = \frac{n_1^2 - n_2^2}{2n_1^2} \tag{5-7}$$

当 n_1 与 n_2 的差别极小时,这种光纤称为弱导光纤,经过简单推导,可知弱导光纤的相对折射率差可用近似式表示为

$$\Delta \approx \frac{n_1 - n_2}{n_1} \tag{5-8}$$

(2)数值孔径

由前面的分析可知,并不是所有入射到光纤端面上的光线都能在光纤中产生全反射,而是只有光纤端面入射角 $\varphi < \varphi_c$ 的光线才能在纤芯中传播。φ_c 是光纤的孔径角,它是在光纤中形成全反射光线时光纤端面的最大入射角。而 $2\varphi_c$ 的大小则表示光纤可接受入射光线的最大范围,即光纤的受光范围。

为了表示光纤接受入射光能力的大小,将孔径角 φ_c 的正弦值定义为光纤的数值孔径 NA,即

$$NA = \sin\varphi_c \tag{5-9}$$

经推导:

$$NA = \sin\varphi_c = \sqrt{n_1^2 - n_2^2}$$
$$= n_1\sqrt{2\Delta} \tag{5-10}$$

数值孔径 NA 是光纤的重要参数之一,它是表示光纤集光能力大小的一个参数。NA 值越大,光纤的集光能力就越强。

由式(5-10)可知,光纤的数值孔径与纤芯和包层的直径无关,只与纤芯和包层的折射率 n_1 和 n_2 有关,n_1 与 n_2 的差值越大,数值孔径越大,光纤的受光能力越强。

四、光纤的传输特性

损耗和色散是光纤的两个主要传输特性,它们分别决定着光纤通信系统的传输距离和通信容量。

1. 光纤的损耗特性

光波在光纤中传输时,随着传输距离的增加,光功率逐渐减小的现象称为光纤的损耗,如图 5-13 所示。

每公里光纤的损耗用 α 表示

$$\alpha = \frac{10}{L} \lg \frac{P_i}{P_o} (dB/km) \quad (5-11)$$

式中 P_i、P_o 分别是光纤的输入、输出功率;L 是光纤的长度;α 表示的是每公里光纤的损耗值。

光纤的损耗关系到光纤通信系统传

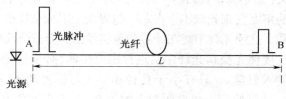

图 5-13　光纤损耗示意图

输距离的长短和中继距离的选择,光纤的损耗越小,其中继距离就越长。

光纤的损耗大致包括吸收损耗、散射损耗和弯曲损耗等。

(1)吸收损耗

吸收损耗是指光波通过光纤材料时,有一部分光能变成热能,造成光功率的损失。吸收损耗包括本征吸收和杂质吸收。本征吸收是由于光纤材料(SiO_2)本身吸收光能而产生的损耗。杂质吸收主要是由于光纤中含有的铁、铜、锰、铬、钒等过渡金属离子和氢氧根离子吸收光能而造成光能的损耗。

(2)散射损耗

散射损耗是由于光波在传输过程中产生散射而造成的损耗。散射损耗主要包括瑞利散射损耗和波导散射损耗。瑞利散射损耗是由光纤材料折射率分布尺寸的不均匀性引起的,与波长的四次方成反比,即波长越短,损耗越大。波导散射损耗是由光纤波导结构缺陷引起的,这种损耗与波长无关。

(3)弯曲损耗

光纤实际使用时,不可避免地会产生弯曲,在弯曲半径达到一定数值时,就会使光纤中的传导模在光纤的弯曲部分转换成辐射模,从而产生弯曲损耗。弯曲半径越大,弯曲损耗越小,一般认为,当弯曲半径大于 10 cm 时,弯曲损耗可忽略不计。

光纤的损耗与波长有着密切的关系,如图 5-14 所示。在损耗波谱曲线上除了有几个大小

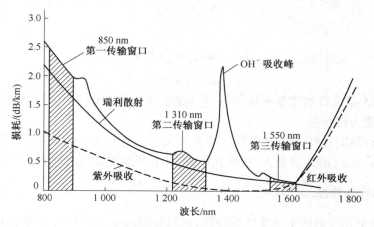

图 5-14　光纤损耗特性

不同的吸收峰外,还有三个损耗较低的工作窗口:0.85 μm、1.31 μm 和 1.55 μm。光纤在 0.85 μm 波长处的损耗值约为 2 dB/km,在 1.31 μm 波长处的损耗值约为 0.5 dB/km,而在 1.55 μm 波长处的损耗最小,仅约为 0.2 dB/km,已接近理论极限。

2. 光纤的色散特性

当光脉冲在光纤中传输时,随着传输距离的增加,光脉冲将产生畸变和展宽的现象称为光纤的色散,如图 5-15 所示。

色散的危害很大,尤其是对码速较高的数字传输有严重影响,它将引起脉冲展宽,从而产生码间干扰,为保证通信质量,必须增大码元间隔,即降低信号的传输速率,这就限制了系统的通信容量和通信距离。降低光纤的色散,对增加通信容量,延长通信距离,发展波分复用都是至关重要的。

按照色散产生的原因不同,光纤的色散主要分为模式色散、材料色散和波导色散。

（1）模式色散

在多模光纤中,由于各个模式在同一波长下的传播距离不同而引起的时延差称为模式色散。当光脉冲入射到光纤时,其能量同时分配给能够传输它的各个模式,由于这些模式的传播距离不同,因此它们到达输出端的时间也不同,从而在输出端形成了脉冲展宽。

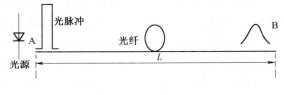

图 5-15　光纤色散示意图

（2）材料色散

由于光纤材料的折射率随波长的变化而变化,使得光信号中不同波长的光波传播速度不同,从而引起脉冲展宽的现象,称为材料色散。

（3）波导色散

由于光纤的几何结构、形状等方面的不完善,使得光波的一部分在纤芯中传输,而另一部分在包层中传输,由于纤芯和包层的折射率不同而造成脉冲展宽的现象,称为波导色散。这种色散主要是由光波导的结构参数决定的。

对于多模光纤,既存在模式色散,又存在材料色散和波导色散。而对于单模光纤,由于只有一个模式传输,没有模式色散,只有材料色散和波导色散,典型的单模光纤的色散与波长的关系曲线如图 5-16 所示。从图中可以看出,在 1.31 μm 附近,单模光纤的总色散为零。由于单模光纤的色散比多模光纤小得多,因此其通信容量比多模光纤大得多,这也是单模光纤获得广泛应用的原因之一。

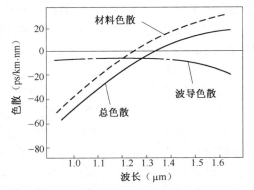

图 5-16　单模光纤色散与波长的关系曲线

第三节　光纤通信系统

一个实用的光纤通信系统,除了光纤光缆外,还必须有光发射机、光接收机、光中继器和光放大器等设备一起组成。

一、光发射机

光发射机也称为发端光端机,主要作用是把从 PCM 电端机送来的电信号转变成光信号,并送入光纤中进行传输。

1. 光发射机的组成

光发射机的基本结构如图 5-17 所示。

（1）光源

图 5-17　光发射机的组成

光源是光发射机的核心器件,主要作用是把电信号转变成光信号。光源性能的好坏是保证光纤通信系统稳定可靠工作的关键。目前光纤通信系统使用的光源几乎都是半导体光源,它分为半导体激光器(LD)和半导体发光二极管(LED)两种。

LD 具有输出功率大、发射方向集中、单色性好等优点,主要适用于长距离、大容量的光纤通信系统。LED 虽然没有半导体激光器那样优越,但其制造工艺简单、成本低、可靠性高,适用于短距离、低码速的数字光纤通信系统和模拟光纤通信系统。

（2）驱动电路

要使光源发出所需功率的光波,必须给光源提供一定的偏置电流和相应的调制信号(数字电信号)。驱动电路就是提供恒定偏置电流和调制信号的电路,它用携带信息的数字信号对光源进行调制,让光源发出的光信号强度随电信号码流的变化而变化,形成相应的光脉冲送入光纤。

（3）辅助电路

采用 LD 作光源时,由于 LD 对环境温度敏感以及自身易老化等原因,其输出功率会随温度的变化而变化(如温度升高,则输出光功率下降)。因而为了保证 LD 长期稳定、可靠地工作,光发射机设置了相应的辅助电路,如自动功率控制电路(APC)、自动温度控制（ATC)电路、光源保护电路及告警电路等。

2. 光发射机的主要指标

光发射机的指标很多,我们仅从应用的角度介绍其主要指标。

（1）平均发送光功率及其稳定度

平均发送光功率又称为平均输出光功率,通常是指光源尾巴光纤的平均输出光功率。为了方便用户使用,光电器件生产厂家通常提供带有一段耦合光纤的光源组件,这段耦合光纤就称为尾巴光纤,简称尾纤。尾纤的平均输出光功率越大,通信的距离就越长,但光功率太大也会使系统工作处在非线性状态,对通信将产生不良影响。因此,要求光源应有合适的光功率输出,一般为 $0.01 \sim 5$ mW。

平均发送光功率稳定度是指在环境温度变化或器件老化过程中平均发送光功率的相对变化量。一般的,要求平均发送光功率的相对变化量小于 5%。

（2）消光比

消光比的定义为全"1"码平均发送光功率与全"0"码平均发送光功率之比。通常用符号EX表示,即

$$EX = \frac{\text{"1"码时的平均光功率}}{\text{"0"码时的平均光功率}} \qquad (5-12)$$

若用电平值表示,则为

$$EX = 10\lg \frac{\text{"1"码时的平均光功率}}{\text{"0"码时的平均光功率}} \qquad (5-13)$$

理想情况下,当进行"0"码调制时应没有光功率输出,但由于LD偏置电流的存在,实际输出的是功率很小的荧光,这会给光纤通信系统引入噪声,从而造成接收机灵敏度降低,故一般要求EX≥10 dB。

二、光接收机

光接收机也称为收端光端机,光接收机的主要作用是将经光纤传输后的光信号变换为电信号,并对电信号进行处理后,再输入到PCM电端机。

1. 光接收机的组成

光接收机的基本组成如图5-18所示。

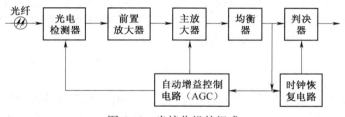

图5-18　光接收机的组成

（1）光电检测器

光电检测器的主要作用是把光信号变换为电信号的器件,目前在光纤通信系统中广泛使用的光电检测器是半导体光电二极管,主要有PIN光电二极管和APD雪崩光电二极管两种。

（2）前置放大器和主放大器

前置放大器的主要作用是低噪声放大,主放大器的作用是将前置放大器输出的信号电平放大到判决电路所需要的信号电平。

（3）均衡器

均衡器的作用是将信号波形变换成有利于判决的波形,例如成为升余弦波形,以补偿失真,减小码间干扰,降低误码率。

（4）脉冲再生电路

判决器和时钟恢复电路合起来构成脉冲再生电路。脉冲再生电路的作用是将均衡器输出的信号恢复为"0"或"1"的数字信号。

（5）自动增益控制电路(AGC)

自动增益控制电路(AGC)的作用是用反馈环路来控制主放大器的增益,从而使送到判决器的信号稳定,以利于判决。

2. 光接收机的主要指标

数字光接收机的主要指标有灵敏度和动态范围。

（1）光接收机的灵敏度

光接收机的灵敏度是指在达到系统给定误码率指标的条件下，光接收机所需的最小平均接收光功率 P_{min}（mW），工程中常用分贝毫瓦（dBm）来表示，即

$$S_R = 10\lg \frac{P_{min}}{1\ mW} \quad (dBm) \tag{5-14}$$

如果一部光接收机在达到给定的误码率指标的条件下，所需接收的平均光功率越低，光接收机的灵敏度就越高，其性能也越好。因此，灵敏度是反映光接收机接收微弱信号能力的一个参数。影响光接收机灵敏度的主要因素是噪声，它包括光电检测器的噪声、放大器的噪声等。

（2）光接收机的动态范围

光接收机的动态范围是指在达到系统给定误码率指标的条件下，光接收机的最大平均接收光功率 P_{max} 和最小平均接收光功率 P_{min} 的电平之差，通常用符号 D 表示，即

$$D = 10\lg \frac{P_{max}}{P_{min}} = 10\lg P_{max} - 10\lg P_{min} \quad (dB) \tag{5-15}$$

之所以要求光接收机有一个动态范围，是因为光接收机的输入光信号不是固定不变的，为了保证系统正常工作，光接收机必须具备适应输入信号在一定范围内变化的能力。低于这个动态范围的下限（即灵敏度），如前所述将产生过大的误码；高于这个动态范围的上限，在判决时亦将造成过大的误码。显然一部好的光接收机应有较宽的动态范围，动态范围表示了光接收机对输入信号的适应能力，其数值越大越好。

三、光中继器

从光发射机输出的光脉冲经光纤远距离传输以后，由于光纤损耗和色散的影响，将使光脉冲的幅度受到衰减，波形产生失真。这样，就限制了光脉冲在光纤中的长距离传输。为此，需在光脉冲传输一定距离以后，再加一个光中继器，以放大被衰减的光信号，恢复失真的波形，使光脉冲得到再生。

光中继器的基本组成如图 5-19 所示。

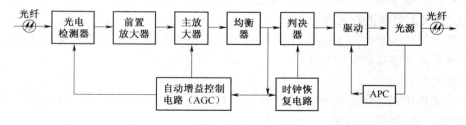

图 5-19　光中继器的组成

显然，一个幅度受到衰减、波形发生畸变的信号经过光中继器的放大、再生之后就可恢复为原来的情况。

四、光放大器

光中继器是对光信号进行间接放大的器件，它在放大过程中首先将光信号转换为电信号，

对电信号进行放大、再生处理后,再将电信号转换为光信号,经光纤传送出去。很明显,这样的光中继器设备复杂,维护运转不便,而且随着光纤通信的速率越来越高,这种光中继器在整个光纤通信系统中的成本越来越高,使得光纤通信的成本增加,性价比下降。

光放大器是对微弱光信号进行直接放大而无需进行光/电/光转换的器件。它的出现使光纤技术产生了质的飞跃;它使波分复用技术迅速成熟并得以商用;它为未来的全光通信网奠定了扎实的基础,成为现代和未来光纤通信系统中必不可少的重要器件。

目前获得广泛商用的光放大器是掺铒光纤放大器(EDFA)。它主要由掺铒光纤(EDF)、泵浦源、光波分复用器、光隔离器、光滤波器等组成,如图 5-20 所示。

图 5-20　EDFA 的结构示意图

其中,掺铒光纤(EDF)是一种将稀土元素铒离子 Er^{3+} 注入石英光纤的纤芯中而形成的一种特殊光纤,其长度大约为 $10 \sim 100$ m。

EDFA 的工作原理是在掺铒光纤(EDF)中将泵浦光的能量转换成信号光,从而使光信号得到放大。EDFA 的工作波长处在 $1.53 \sim 1.56$ μm 范围,与光纤最小损耗窗口一致,因此在光纤通信中获得广泛应用。

掺铒光纤放大器在光纤通信系统中的应用形式主要有三种,即功率放大器、前置放大器和线路放大器,如图 5-21 所示。

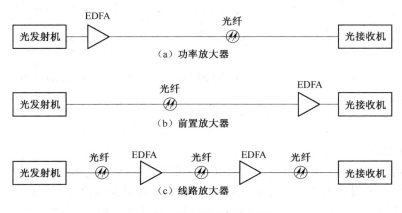

图 5-21　EDFA 的典型应用

五、无源光器件

构成一个完整实用的光纤通信系统,除了要有完成电/光和光/电转换任务的有源光器件外,还必须有一些作用不同的无源光器件。所谓无源光器件,就是不需要电源的光通路部件。常用的无源光器件有光纤连接器、光衰减器、光耦合器、光波分复用器、光隔离器和光开关等。

1. 光纤连接器

光纤连接器又称光纤活动连接器,俗称活动接头。它是一种可拆卸的、用于光纤活动连接的无源器件。

光纤连接器常用于光纤与设备(如光端机)之间、光纤与测试仪表(如 OTDR)的活动连接等。光纤连接器基本上是采用某种机械和光学结构,使两根光纤的纤芯对准,保证 90% 以上的光能够通过。目前光纤连接器的结构主要有以下五种:套管结构、双锥结构、V 形槽结构、球面定心结构和透镜耦合结构。我国广泛采用的是套管结构,套管结构的连接器由两个插针和一个套筒三部分组成,如图 5-22 所示。

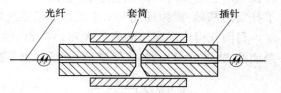

图 5-22　光纤连接器的套管结构

插针为一精密套管,用来固定光纤,即将光纤固定在插针里。套筒也是一个加工精密的套管,其作用是保证两个插针或光纤在套筒中尽可能地完全对准,以保证绝大部分的光信号能够通过。由于这种结构设计合理,加工技术能够达到要求的精度,因而得到了广泛应用。光纤连接器的品种、型号很多,其中在我国用得较多的是 FC 型、SC 型和 ST 型连接器。

2. 光耦合器

光耦合器的功能是把光信号在光路上由一路输入分配给两路或多路输出,或者把多路光信号(如 N 路)输入组合成一路输出或组合成多路(如 M 路)输出。

如图 5-23 所示,光纤耦合器从端口形式上,可分为 X 形(2×2)耦合器、T 形(1×2)耦合器、星状(N×M)耦合器以及树状(1×N,N>2)耦合器等。

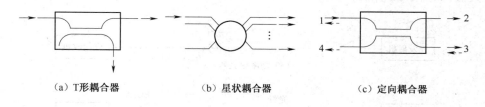

（a）T形耦合器　　　　（b）星状耦合器　　　　（c）定向耦合器

图 5-23　常用光纤耦合器

3. 光衰减器

光衰减器是用来稳定、准确地减小信号光功率的无源器件。它是光功率调节不可缺少的无源器件,主要用于调整光纤线路衰减,测量光纤通信系统的灵敏度及动态范围等。

光衰减器根据衰减量是否变化,分为固定衰减器和可变衰减器。固定衰减器对光功率衰减量固定不变,主要用于调整光纤传输线路的光损耗,如图 5-24 所示。可变衰减器的衰减量可在一定范围内变化,可用于测量光接收机的灵敏度和动态范围。可变光衰减器有步进式可变光衰减器和连续可变光衰减器两种。

4. 光波分复用器

为了充分利用光纤的带宽资源,近年来光波分复用(Wavelength Division Multiplexing,WDM)技术得到了广泛的应用。波分复用(WDM)是在一根光纤中同时传输多个不同波长光信号的一项复用技术。

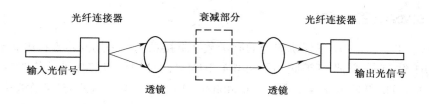

图 5-24　固定衰减器示意图

在波分复用(WDM)系统中,发端需要将多个不同波长的光信号合并起来送入同一根光纤中传输,而在接收端需要将接收光信号按不同波长进行分离。波分复用器就是对光波进行合成与分离的无源器件,它分为波分复用器(合波器)和波分解复用器(分波器)。对波分复用器与解复用器的共同要求是:复用信道数量要足够多、插入损耗小、串音衰减大和通道范围宽。光波分复用器的原理如图 5-25 所示。

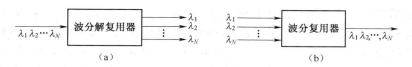

图 5-25　波分复用器原理图

5. 光隔离器

光隔离器是只允许正向光信号通过,阻止反射光返回的器件。在光纤通信系统中,某些光器件,特别是激光器和光放大器,对线路中由于各种原因而产生的反射光非常敏感。因此,通常要在最靠近这些光器件的输出端放置光隔离器,以消除反射光的影响,使系统工作稳定。

6. 光开关

光开关的作用是对光路进行控制,将光信号接通或断开。图 5-26 为光开关切换光路的示意图。光开关可分为机械式光开关和电子式光开关两大类。

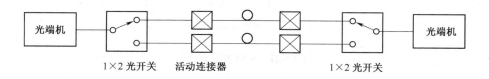

图 5-26　光开关切换光路的示意图

第四节　SDH 光同步传输网

SDH 是一种全新的传输体制,它显著提高了网络资源的利用率,并大大降低了管理和维护费用,实现了灵活、可靠和高效的网络运行、维护与管理,因而在现代传送网中得到了广泛的使用。

一、SDH/MSTP 基本原理

SDH 是由 ITU-T G. 707 建议所规定的同步数字复接系列。采用同步复接方式和按字节复接方式。SDH 共有 4 个速率等级,即 STM-1、STM-4、STM-16 和 STM-64,传输速率分别为 155. 520 Mbit/s、622. 080 Mbit/s、2 488. 320 Mbit/s 和 9 953. 280 Mbit/s,这 4 个等级也可以分别简称为 155M、622M、2. 5G 和 10G。

1. SDH 帧结构

SDH 具有标准化的信息结构,称为同步传送模块(STM-N)。SDH 采用了以字节为单位的块状帧结构,如图 5-27 所示。STM-N 由 9 行 270×N 列字节组成,其帧长为 9×270×N 个字节或 9×270×N×8 bit。帧周期为 125 μs,即每秒传送 8 000 帧。由此计算出速率为 9×270×N×8×8 000=155. 520×N(Mbit/s)。字节的传输顺序是:从左上角的第一个字节开始从左向右,由上而下按行传输直至 9×270×N 个字节传完后再转入下一帧。

整个帧结构分成段开销(SOH)、STM-N 净负荷区和管理单元指针(AU PTR)三个区域,其中段开销是帧结构中为了保证信息净负荷正常、灵活传送所必需的附加字节,主要用于网络的运行、管理和维护。它又分为再生段开销(RSOH)和复用段开销(MSOH)。管理单元指针用来指示净负荷区域内的信息首字节在 STM-N 帧内的准确位置,以便接收时能正确分离净负荷。净负荷区域用于存放真正用于信息业务的比特和少量的用于通道维护管理的通道开销字节。

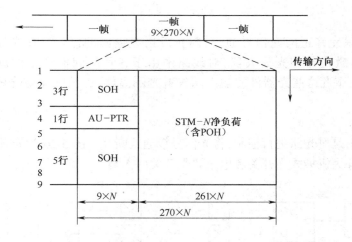

图 5-27　SDH 帧结构图

2. SDH 复接结构

ITU-T 在 G. 709 规定了 SDH 的一般复用结构,如图 5-28 所示。

图中 C-11、C-12、C-21、C-22、C-3 和 C-4 为标准容器,分别用来接收 PDH 系列的各次群信号,完成速率适配等功能。虚容器(VC)是用来支持 SDH 通道层连接的信息结构,由容器 C 加上通道开销(POH)构成。虚容器分为高阶虚容器和低阶虚容器两类。支路单元(TU)是在低阶通道层和高阶通道层之间提供适配的信息结构,由低阶 VC 加上支路单元指针(TU PTR)构成。几个 TU 进行字节间插复用组成一个支路单元组(TUG)。管理单元(AU)是在高阶通道层与复用段层之间进行适配的信息结构,由高阶 VC 加上管理单元指针(AU PTR)构成。由若

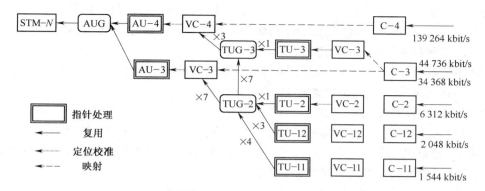

图 5-28　SDH 的一般复用结构

干个 AU-3 或单个 AU-4 按字节间插方式,就可组成管理单元组(AUG)。N 个 AUG 按字节间插方式复用再加上 STM-N 段开销就形成 STM-N 帧结构。

在我国的通信网中,SDH 复用结构的一个主要应用是将 PCM30/32 基群信号(2M 信号)复用为 STM-N 信号。其基本过程为:

(1)加入填充字节,将 2.048 Mbit/s 信号装入 C-12。

(2)加入低阶通道开销 LPOH,组成虚容器 VC-12。

(3)加入支路单元指针 TU PTR,组成支路单元 TU-12。

(4)由 3 个 TU-12 按字节间插组成支路单元组 TUG-2。

(5)由 7 个 TUG-2 按字节间插组成更高一级的支路单元组 TUG-3。

(6)由 3 个 TUG-3 进行复用,并加入高阶通道开销 HPOH,组成高阶虚容器 VC-4。

(7)由 VC-4 加上管理单元指针 AU PTR 形成管理单元 AU-4。一个管理单元构成管理单元组 AUG。

(8)由 AUG 加上段开销 SOH,形成基本的同步传送模块 STM-1,这样 63 个 2.048 Mbit/s 信号被复用成一个 STM-1。

(9)N 个 STM-1 经字节间插复用形成 STM-N。

3. MSTP 原理

MSTP(Multi-Service Transfer Platform,基于 SDH 的多业务传送平台)是指基于 SDH 平台同时实现 TDM、ATM、以太网等业务的接入、处理和传送,提供统一网管的多业务节点。

(1)MSTP 特点

①继承了 SDH 技术的诸多优点:如良好的网络保护倒换性能、对同步时分复用(TDM)业务较好的支持能力等;

②支持多种物理接口:由于 MSTP 设备负责业务的接入、汇聚和传输,所以 MSTP 必须支持多种物理接口,从而支持多种业务的接入和处理。常见的接口类型有:TDM 接口(T1/E1、T3/E3)、SDH 接口(OC-N/STM-M)、以太网接口(10/100BaseT、GE)、POS 接口。

③支持多种协议:MSTP 对多业务的支持要求其必须具有对多种协议的支持能力,通过对多种协议的支持来增强网络边缘的智能性;通过对不同业务的聚合、交换或路由来提供对不同类型传输流的分离。

④支持动态带宽分配:由于 MSTP 支持 G.7070 中定义的级联和虚级联功能,可以对带宽

进行灵活地分配,带宽可分配粒度为 2 MB,一些厂家通过自己的协议可以把带宽分配粒度调整为 576 kbit/s,即可以实现对 SDH 帧中列级别上的带宽分配;通过对 G.7042 中定义的 LCAS 的支持可以实现对链路带宽的动态配置和调整。

⑤链路的高效建立能力:面对城域网用户不断提高的即时带宽要求和 IP 业务流量的增加,要求 MSTP 能够提供高效的链路配置、维护和管理能力。

(2) MSTP 技术基础

在 ITU-T G.7070 中定义了级联和虚级联概念,这两个概念在 MSTP 技术中占有重要的地位。利用 VC 级联技术可实现 Ethernet 带宽与 SDH 虚通道的速率适配,从而实现对带宽的灵活配置,尤其是虚级联技术能够支持带宽的充分利用。

虚级联技术可以被看成是把多个小的容器级联起来并组装成为一个比较大的容器来传输数据业务。这种技术可以级联从 VC-12 到 VC-4 等不同速率的容器,用小的容器级联可以做到非常小颗粒的带宽调节,相应的级联后的最大带宽也只能在很小的范围内。例如如果做 VC-12 的级联,它所能提供的最大带宽只能到 139 Mbit/s。例如 IP 数据包由三个虚级联的 VC-3 所承载,然后这三个 VC-3 被网络分别独立的透传到目的地,由于是被独立的传输到目的地,所以它们到达目的地的延迟也是不一样的,这就需要在目的地进行重新排序,恢复成原始的数据包。

虚级联最大的优势在于它可以使 SDH 提供合适大小的通道给数据业务,避免了带宽的浪费。虚级联技术可以使带宽以很小的颗粒度来调整以适应用户的需求,G.7070 中定义的最小可分配粒度为 2M。由于每个虚级联的 VC 在网络上的传输路径是各自独立的,这样当物理链路有一个方向出现中断的话,不会影响从另一个方向传输的 VC,当虚级联和 LCAS 协议相结合时,可以保证数据的传送,从而提高了整个网络的可靠性与稳定性。

一、SDH/MSTP 传输网的结构

SDH/MSTP 光同步传输网是由一些 SDH/MSTP 网络单元(NE)组成,并在光纤上进行同步信息传输、复用、分插和交叉连接的网络。它具有全世界统一的网络节点接口,从而简化了信号互通及信号传输、复用、交叉连接和交换的过程;它具有一套标准化的信息结构等级,允许安排丰富的开销比特用于网络的运行维护和管理;具有一套特殊的复用结构,允许现有准同步数字体系、同步数字体系和 B-ISDN 信号纳入其帧结构,因而具有广泛的适应性,可以满足话音、图像和数据信息的传输要求。

1. SDH/MSTP 的网络单元(NE)

SDH/MSTP 传输网的基本网络单元(NE)有终端复用器(TM)、分插复用器(ADM)、再生中继器(REG)和数字交叉连接设备(DXC)等。

(1)终端复用器(TM)

TM 用在网络的终端站点上,例如一条链的两个端点上,它是一个双端口器件,如图 5-29 所示。

TM 的主要作用是将低速 PDH 信号(如 2 Mbit/s)、数据网信号(如 Ethernet-10M/100M)、STM-M 信号复用到高速 STM-N 信号中,或从 STM-N 信号中分出低速支路信号。

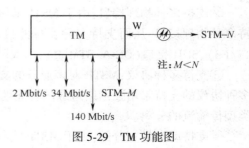

图 5-29 TM 功能图

（2）分插复用器（ADM）

ADM 用于 SDH/MSTP 传输网的转接站点处，例如链的中间节点或环上节点，它是一个三端口的器件，如图 5-30 所示。

ADM 的作用是将低速支路信号交叉复用进线路信号上去，或从接收的线路信号中拆分出低速支路信号。例如 ADM 可以一次从 STM-N 中分插出 2 Mbit/s 支路信号，十分简便。

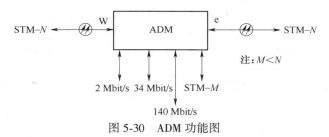

图 5-30　ADM 功能图

（3）再生中继器（REG）

SDH 传输网的 REG 有两种，一种是对光信号直接放大的光再生中继器（即光放大器）；另一种是对光信号间接放大的电再生中继器。此处指的是后一种再生中继器。

REG 是双端口器件，只有两个线路端口，而没有支路端口，如图 5-31 所示，其作用是将光纤长距离传输后受到较大衰减及色散畸变的光脉冲信号转换成电信号，并进行放大、整形、再生，以成为规划的电脉冲信号，最后将电脉冲信号变换为光脉冲信号并送入光纤继续传输，延长通信距离。

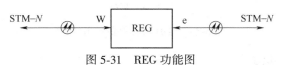

图 5-31　REG 功能图

（4）数字交叉连接设备（DXC）

DXC 主要完成 STM-N 信号的交叉连接功能。它是一个多端口器件，它实际上相当于一个交叉矩阵，完成各个信号间的交叉连接，如图 5-32 所示。

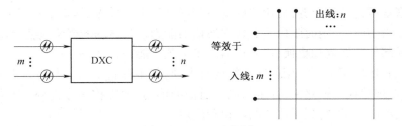

图 5-32　DXC 功能图

DXC 可将输入的 m 路 STM-N 信号交叉连接到输出的 n 路 STM-N 信号上，图 5-32 表示有 m 条入光纤和 n 条出光纤。DXC 的核心是交叉连接，功能强的 DXC 能完成高速信号（例 STM-16）在交叉矩阵内的低级别交叉连接（例如 VC-12 级别的交叉连接）。

2. SDH/MSTP 传输网的拓扑结构

SDH 传输网具有非常灵活的组网方式，其拓扑结构主要有星状、环状、线状和网孔形等形式，如图 5-33 所示。

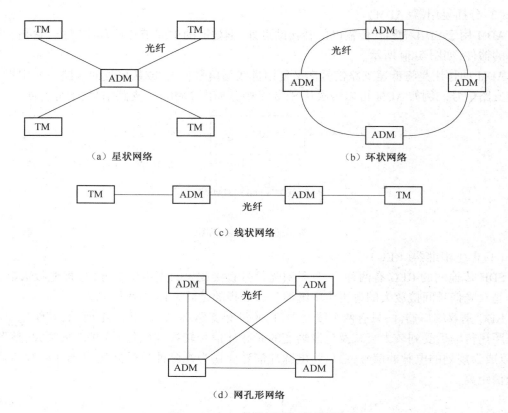

图 5-33　SDH 传输网的拓扑结构

二、SDH/MSTP 自愈网

1. 自愈网的概念

为了提高网络的安全性,要求 SDH/MSTP 传输网具有较高的生存能力,从而产生了自愈网的概念。自愈网是指通信网络发生故障时,无需人为干预,网络就能在极短的时间内从失效故障中自动恢复所携带的业务,使用户感觉不到网络已出了故障,其基本原理是使网络具备发现替代传输路由,并在一定时限内重新建立通信的能力。自愈网的概念只涉及重新建立通信,而不管具体元部件的修复和更换,后者仍需人工干预才能完成。

SDH/MSTP 传输网中所采用的网络结构有多种,其中环状结构才具有真正意义上的自愈功能,它具备发现替代传输路由,并重新确立通信的能力,故也称为自愈环。它特别适应大容量光纤通信发展的要求,得到了广泛的重视和应用。

2. 自愈网的分类

按照环中节点之间信息的传送方向来划分,自愈环可分为单向环和双向环。所谓单向环是指收发业务信息在环中按同一方向传输(如都为顺时针或逆时针);而双向环是指收发业务信息在环中沿两个相反方向传输(如发信息沿顺时针方向,而收信息沿逆时针方向)。

按照节点之间所用光纤的最小数量来划分,自愈环可分为二纤环和四纤环。前者是指节点间是两根光纤连接;而后者是指节点间是由四根光纤连接。

按照自愈环结构来划分,自愈环可分为通道保护环和复用段保护环。

3. 典型的自愈环结构

二纤单向通道保护环由两根光纤来实现,其中一根光纤用于传业务信号,称 S1 光纤;另一根光纤用于保护,称 P1 光纤,如图 5-34 所示。单向通道保护环采用"首端桥接,末端倒换"的"1+1"保护方式,即利用 S1 光纤和 P1 光纤同时携带业务信号并分别沿两个相反的方向传输,但接收端只择优选取其中的一路进行接收。

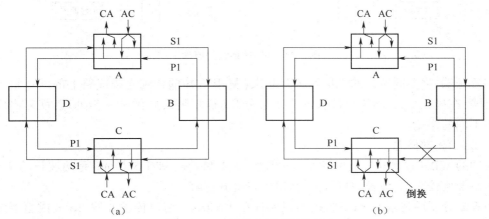

图 5-34　二纤单向通道保护环

正常工作下,待传送的业务信息在节点 A 同时馈入 S1 光纤和 P1 光纤,其中 S1 光纤将该业务信号沿顺时针方向送到节点 C,而 P1 光纤将同样的信号沿逆时针方向作为保护信号也送到节点 C,节点 C 同时接收两个方向的信号,按其优劣决定选取其中一路作为接收信号。正常情况下,在节点 C 先接收来自 S1 光纤的信号。

当 BC 节点间的光缆出现断线故障时,在节点 C 来自 S1 光纤的 AC 信号丢失,按通道择优选取的准则,在节点 C,倒换开关将由 S1 光纤转向 P1 光纤,接收来自 P1 光纤的信号,从而使 AC 业务信号得以维持,不会丢失。故障排除后,开关返回原来位置。

第五节　光波分复用技术

不断增长的业务需求(特别是高速数据和视频业务)对通信网的带宽(或容量)提出了更高的要求。为了适应通信网传输容量的不断增长且满足网络交互性、灵活性的要求,产生了各种复用技术。

传输系统以往的扩容方法是采用时分复用方式,但这种方式已日益接近电子器件和光器件的极限速率(10 Gbit/s)。光纤的传输容量是极其巨大的,而传统的 PDH 或 SDH 传输系统都是在一根光纤中传输单一波长的光信号,只使用了光纤丰富带宽的很少一部分。于是,波分复用(WDM)技术应运而生,它充分利用了光纤的带宽资源,可以大幅度地增加网络的容量。

一、光波分复用原理

1. WDM 的概念

光波分复用 WDM 技术是在一根光纤中同时传输多个波长光信号的一项技术,WDM 的基本原理如图 5-35 所示。

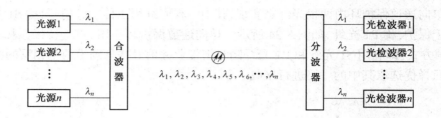

图 5-35　WDM 系统的原理图

在发送端,将不同波长的光信号组合起来(复用),并耦合到光缆线路上的同一根光纤中进行传输;在接收端,再将组合波长的光信号分开(解复用),并做进一步处理,恢复出原信号后送入不同的终端。

2. DWDM 的概念

早期的 WDM 仅利用光纤的两个低损耗窗口:1 310 nm 和 1 550 nm,是两波长的 WDM 系统。该系统比较简单,波长间隔较大,传输容量提升有限。

随着波分复用技术的不断进步,可以实现在 1 550 nm 窗口传送 8 波、16 波或更多波长的光信号。这些 WDM 系统相邻波长间隔比较窄,一般为 1.6 nm(200 GHz)、0.8 nm(100 GHz)、0.4 nm(50 GHz)或更低,并且工作在一个窗口内共享一个 EDFA。为了区别于传统的 WDM 系统,就把波长间隔更紧密(一般在 1.6 nm 以下)的 WDM 称为密集波分复用(DWDM)。

DWDM 系统位于 1 550 nm 低耗窗口,分为 C 波段(1 530~1 560 nm)、L 波段(1 565~1 625 nm)和 S 波段(1 460~1 525 nm)。

在 DWDM 中,光接口必须满足 ITU−T G.692 建议。该建议规定了每个光通路的参考频率、通路间隔、标称中心频率(即中心波长)、中心频率频率偏差等参数。表 5-2 给出了 DWDM 系统中心频率和相应的中心波长。

表 5-2　DWDM 系统中心频率和中心波长

波长序号	中心频率(THz)	波长(nm)	波长序号	中心频率(THz)	波长(nm)
1	192.1	1 560.61	9	192.9	1 554.13
2	192.2	1 559.79	10	193.0	1 553.33
3	192.3	1 558.98	11	193.1	1 552.52
4	192.4	1 558.17	12	193.2	1 551.72
5	192.5	1 557.36	13	193.3	1 550.92
6	192.6	1 556.55	14	193.4	1 550.12
7	192.7	1 555.75	15	193.5	1 549.32
8	192.8	1 554.94	16	193.6	1 548.51
通路间隔:100 GHz					

DWDM 技术对网络升级、发展宽带业务、充分挖掘光纤带宽潜力、实现超高速光纤通信等具有十分重要的意义,尤其是 DWDM 加上 EDFA 更是对现代信息网络具有强大的吸引力。

二、DWDM 系统的类型

光波分复用器和解复用器是 DWDM 技术中的关键部件,将不同波长的信号结合在一起经一根光纤输出的器件称为复用器(也叫合波器)。反之,经同一传输光纤送来的多波长信号分解为各个波长分别输出的器件称为解复用器(也叫分波器)。从原理上讲,这种器件是互逆的(双向可逆),即只要将解复用器的输出端和输入端反过来使用,就是复用器。因此复用器和解复用器是相同的(除非有特殊的要求)。

DWDM 系统的基本构成主要有以下两种形式:

1. 双纤单向传输

单向 DWDM 传输是指所有光通路同时在一根光纤上沿同一方向传送,如图 5-36 所示。在发送端将载有各种信息的、具有不同波长的已调光信号 $\lambda_1,\lambda_2,\cdots,\lambda_n$ 通过光复用器组合在一起,并在一根光纤中单向传输。由于各信号是通过不同光波长携带的,因而彼此之间不会混淆。在接收端通过光解复用器将不同波长的信号分开,完成多路光信号传输的任务。反方向通过另一根光纤传输的原理与此相同。

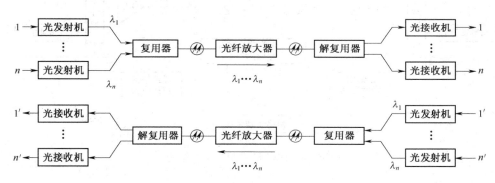

图 5-36　双纤单向 DWDM 传输

2. 单纤双向传输

双向 DWDM 传输是指光通路在一根光纤上同时向两个不同的方向传输,如图 5-37 所示。所用波长相互分开,以实现双向全双工的通信。

双向 DWDM 系统在设计和应用时必须要考虑几个关键的系统因素,如为了抑制多通道干扰(MPI),必须注意到光反射的影响、双向通路之间的隔离、串扰的类型和数值、两个方向传输的功率电平值和相互间的依赖性、光监控信道(OSC)传输和自动功率关断等问题,同时要使用双向光纤放大器。双向 DWDM 系统的开发和应用相对说来要求较高,但与单向 DWDM 系统相比,双向 DWDM 系统可以减少使用光纤和线路放大器的数量。

另外,通过在中间设置光分插复用器(OADM)或光交叉连接器(OXC),可使各波长光信号进行合流与分流,实现波长的上/下路(Add/Drop)和路由分配,这样就可以根据光纤通信线路和光网的业务量分布情况,合理地安排插入或分出信号。

三、DWDM 系统的基本结构

DWDM 系统主要由五部分组成:光发射机、光中继器、光接收机、光监控信道和网络管理系统,如图 5-38 所示。

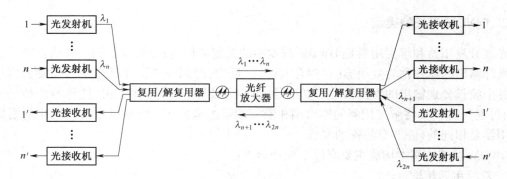

图 5-37 单纤双向 DWDM 传输

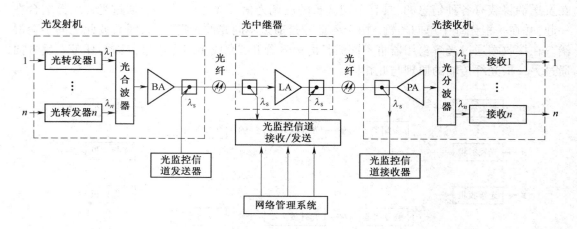

图 5-38 DWDM 系统的基本结构

1. 光发射机

光发射机是 DWDM 系统的核心,它由光波长转换器、合波器和光功率放大器等组成。在发送端,光波长转换器(OTU)首先将 SDH 终端设备送来的非特定波长的光信号转换成符合 G.692 标准的特定波长的光信号,合波器把多个不同波长的光信号合成一路,然后通过光功率放大器(BA)放大输出,注入光纤线路。

2. 光中继器

光中继器用来放大光信号,以弥补光信号在传输中所产生的光损耗。光中继距离一般为 80~120 km。目前光中继器用的光放大器大多为掺铒光纤放大器(EDFA)。在 DWDM 系统中,必须采用增益平坦技术,使 EDFA 对不同波长的光信号具有相同的放大增益。在应用时,根据 EDFA 放置位置的不同,可将 EDFA 用作"中继放大或线路放大(LA)""后置功率放大(BA)"和"前置放大(PA)"。

3. 光接收机

光接收机由光前置放大器、分波器和光接收器等组成。在接收端,光前置放大器(PA)对传输衰减的光信号放大后,利用分波器从主信道光信号中分出特定波长的光信号,送往各终端设备。接收机不但要满足接收灵敏度、过载功率等参数的要求,还要能承受有一定光噪声的信号,并要有足够的电带宽性能。

4. 光监控信道

光监控信道的主要功能是监控 DWDM 系统内各信道的传输情况,其监控原理是在发送端将波长为 λ_s(1 510 nm)的光监控信号通过合波器插入到主信道中,在接收端,通过分波器将光监控信号 λ_s(1 510 nm)从主信道中分离出来。

由于传统系统自身用的监控通路无法对线路放大器进行监控,因而对于使用线路放大器的波分复用系统需要一个额外的光监控通路,这个通路能在每个光中继器/光放大器处以足够低的误码率进行分插。对于采用掺铒光纤放大器(EDFA)技术的光线路放大器,EDFA 的增益区为 1 530 ~ 1 565 nm,光监控通路选择位于 EDFA 有用增益带宽的外面,我国规定选用 1 510 nm。因此这种技术也称为带外波长监控技术。此时的监控信号(1 510 nm)不能通过 EDFA,必须在 EDFA 前取出(下光路),在 EDFA 之后插入(上光路)。

5. 网络管理系统

网络管理系统通过光监控信道物理层传送开销字节到其他节点或接收来自其他节点的开销字节对 DWDM 系统进行管理,实现配置管理、故障管理、性能管理、安全管理等功能,并与上层管理系统(如 TMN)相连。

四、DWDM 技术的主要特点

为了充分利用光纤的巨大带宽资源,增加光纤的传输容量,以密集波分复用 DWDM 技术为核心的新一代光纤通信技术已经产生。

WDM 技术具有如下特点:

1. 超大容量

目前使用的普通光纤可传输的带宽是很宽的,但其利用率还很低。使用 DWDM 技术可以使一根光纤的传输容量比单波长传输容量增加几倍、几十倍乃至几百倍。现在商用最高容量光纤传输系统的传输速率可达几十 Tbit/s。

2. 对数据的"透明"传输

DWDM 系统按光波长的不同进行复用和解复用,与信号的速率和电调制方式无关,即对数据是"透明"的。一个 WDM 系统的业务可以承载多种格式的"业务"信号,如 ATM、IP 或者将来有可能出现的信号。WDM 系统完成的是透明传输,对于"业务"层信号来说,WDM 系统中的各个光波长通道就像"虚拟"的光纤一样。

3. 系统升级时能最大限度地保护已有投资

在网络扩充和发展中,无需对光缆线路进行改造,只需更换光发射机和光接收机即可实现,是理想的扩容手段,也是引入宽带业务的方便手段,而且利用增加一个波长即可引入任意想要的新业务或新容量。

4. 高度的组网灵活性、经济性和可靠性

利用 DWDM 技术构成的新型通信网络比用传统的电时分复用技术组成的网络结构要大大简化,而且网络层次分明,各种业务的调度只需调整相应光信号的波长即可实现。由于网络结构简化、层次分明及业务调度方便,由此而带来的网络的灵活性、经济性和可靠性是显而易见的。

5. 可兼容全光网络

可以预见,在未来可望实现的全光网络中,各种电信业务的上/下、交叉连接等都是在光上

对光信号波长的改变和调整来实现的。因此,DWDM 技术将是实现全光网络的关键技术之一,而且 DWDM 系统能与未来的全光网兼容,将来可能会在已经建成的 DWDM 系统的基础上实现透明的、具有高度生存性的全光网络。

第六节　PTN 技术

一、PTN 概述

PTN(Packet Transport Network,分组传送网)是一种以分组作为传送单位,承载电信级以太网业务为主,兼容 TDM、ATM 和 FC(光纤通道)等业务的综合传送技术。PTN 技术基于分组的架构,继承了 MSTP 的理念,融合了 Ethernet 和 MPLS 的优点,其原理如图 5-39 所示。

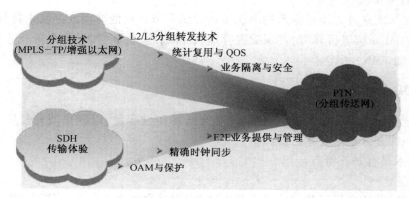

图 5-39　PTN 原理示意图

PTN 技术的设计思想是为了解决分组业务传送的问题,用以构建一种满足新形势下网络发展趋势要求的业务传送网络,主要朝着一种有连接的、支持类似 SDH 端到端性能管理的网络方向发展。当前的 PTN 技术,正朝着总体使用成本较低、端到端的 QoS 保证、支持多种业务、拓扑结构更强大等方向发展。

二、PTN 技术的特点

1. 提供 QoS 保证

PTN 支持多种基于分组交换业务的双向点对点连接通道,具有适合各种粗细颗粒业务、端到端的组网能力,提供了更加适合于 IP 业务特性的"柔性"传输管道。网管系统可以控制连接信道的建立和设置,实现了业务 QoS 的区分和保证,可以灵活提供 SLA(服务等级协议)。

2. 高可靠性

PTN 具有完善的 OAM 机制,精确的故障定位和严格的业务隔离功能。PTN 提供的点对点连接通道的保护切换可以在 50 ms 内完成,能够实现传输级别的业务保护和恢复。

3. 电信级的维护管理

PTN 继承了 SDH 技术的操作、管理和维护机制,具有点对点连接的完整 OAM(操作管理维护),保证网络具备保护切换、错误检测和通道监控能力;最大限度地管理和利用光纤资源,可实现资源的自动配置及网状网的生存性。

4. 可扩展性

PTN 完成了与 IP/MPLS 多种方式的互连互通,无缝承载核心 IP 业务;另外,它可利用各种底层传输通道(如 SDH/Ethernet/OTN)进行业务传送。

5. 标准化

PTN 技术由统一的机构组织制定标准,便于不同厂商设备的互联互通。

三、PTN 的主要关键技术

1. PWE3(端到端的伪线仿真)

PWE3 是一种业务仿真机制,是按照给定业务的要求仿真线路,使用户设备感觉不到核心网络的存在,认为处理的业务都是本地业务。

2. 多业务统一承载

TDM to PWE3:支持透传模式和净荷提取模式。在透传模式下,不感知 TDM 业务结构,将 TDM 业务视作速率恒定的比特流,以字节为单位进行 TDM 业务的透传;对于净荷提取模式感知 TDM 业务的帧结构/定帧方式/时隙信息等,将 TDM 净荷取出后再顺序装入分组报文净荷传送。

ATM to PWE3:支持单/多信元封装,多信元封装会增加网络时延,需要结合网络环境和业务要求综合考虑。

Ethernet to PWE3:支持无控制字的方式和有控制字的传送方式。

3. 端到端层次化 OAM

基于硬件处理的 OAM 功能,实现分层的网络故障自动检测、保护倒换、性能监控、故障定位、信号的完整性等功能,实现业务的端到端管理和级联监控。

4. 智能感知业务

业务感知有助于根据不同的业务优先级采用合适的调度方式。

对于 ATM 业务,业务感知基于信元 VPI/VCI 标识映射到不同伪线处理,优先级(含丢弃优先级)可以映射到伪线的 EXP 字段;对于以太网业务,业务感知可基于外层 VLANID 或 IPD-SCP;对时延敏感性较高的 TDME1 实时业务按固定速率的快速转发处理。

5. 端到端 QoS 设计

网络入口:在用户侧通过 H-QOS 提供精细的差异化服务质量,识别用户业务,进行接入控制;在网络侧将业务的优先级映射到隧道的优先级。

转发节点:根据隧道优先级进行调度,采用 PQ、PQ+WFQ 等方式进行。

网络出口:弹出隧道层标签,还原业务自身携带的 QOS 信息。

四、PTN 组网举例

PTN 承载网典型组网如图 5-40 所示。eNode B(一种移动通信系统的基站设备)业务通过 FE 光/电口接入 PTN 接入环,通常 PTN 接入环以 GE 速率组网。在有条件的网络中,GE 接入环通常以双节点与汇聚环跨接,汇聚环以 GE/10GE 接口通过核心/骨干层的 OTN 透传到核心层 PTN 设备。核心层设备以 GE 光接口与 EPC(一种移动通信系统的核心网)设备对接,实现基站到 RNC 的回传承载。

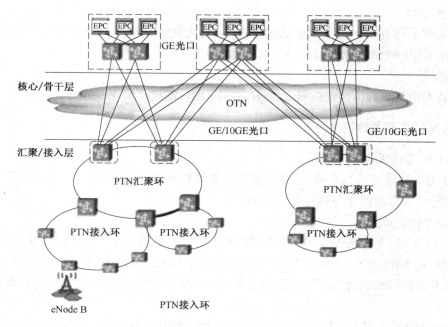

图 5-40　PTN 承载网组网示意图

这种组网方式可使用全程 LSP1+1/1∶1 端到端保护,类似 MSTP 的全程通道保护方式,实现承载网全网的网络保护。核心/骨干层 PTN 设备和 EPC 间也可通过双归保护实现 PTN 与 EPC 对接的保护。移动和专线业务通过 PTN 接入设备上的 FE 光/电接口直接接入 PTN 网络;2M 或 STM-1 等业务则通过 PTN 接入设备上的仿真盘接入 PTN 网络。

第七节　OTN 技术

一、概述

OTN(Optical Transport Network,光传送网),是以波分复用技术为基础、在光层组织网络的传送网,是下一代的骨干传送网。OTN 是通过 G.872、G.709、G.798 等一系列 ITU-T 的建议所规范的新一代"数字传送体系"和"光传送体系",将解决传统 WDM 网络无波长/子波长业务调度能力差、组网能力弱、保护能力弱等问题。

OTN 以 WDM 技术为基础,在超大传输容量的基础上引入了 SDH 强大的操作、维护、管理与指配(OAM)能力,同时弥补 SDH 在面向传送层时的功能缺乏和维护管理开销的不足。OTN 使用内嵌标准 FEC(前向纠错),丰富的维护管理开销,适用于大颗粒业务接入 FEC 纠错编码,提高了误码性能,增加了光传输的跨距。

OTN、SDH 和 WDM 三者之间的关系如图 5-41 所示。

二、OTN 的技术本质

OTN 跨越了传统的电域(数字传送)和光域(模拟传送),成为管理电域和光域的统一标准。从电域看,OTN 保留了许多 SDH 行之有效的方面。同时,OTN 扩展了新的能力和领域,

图 5-41 OTN、SDH 和 WDM 三者之间的关系

如提供对更大颗粒的 2.5G、10G、40G 业务的透明传送的支持,通过异步映射同时支持业务和定时的透明传送,对带外 FEc 的支持,对多层、多域网络连接监视的支持等。

从光域看,OTN 第一次为波分复用系统提供了标准的物理接口,同时将光域划分成 OCH(光通道层)、OMS(光复用段层)、OTS(光传送段层)三个子层,另外,为了解决客户信号的数字监视问题,光通道层又分为光通道传送单元(OTUk)和光通道数据单元(ODUk)两个子层,类似于 SDH 技术的段层和通道层。OTN 网络分层如图 5-42 所示。

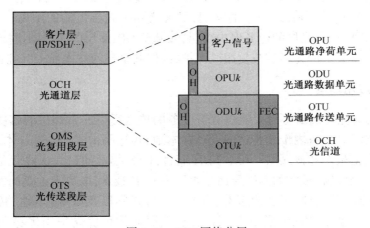

图 5-42 OTN 网络分层

因此,从技术本质上而言,OTN 技术是对已有的 SDH 和 WDM 的传统优势进行了更为有效的继承和组合,同时扩展了与业务传送需求相适应的组网功能,而从设备类型上来看,OTN 设备相当于 SDH 和 WDM 设备融合为一种设备,同时拓展了原有设备类型的优势功能。

OTN 技术是在目前全光组网的一些关键技术(如光缓存、光定时再生、光数字性能监视、波长变换等)不成熟的背景下基于现有光电技术折中提出的传送网组网技术。OTN 在子网内部进行全光处理而在子网边界进行光电混合处理,但目标依然是全光组网,也可认为现在的 OTN 阶段是全光网络的过渡阶段。

三、OTN 的技术优势

OTN 的技术优势体现在以下几点。

1. 多种客户信号封装和透明传输

基于 ITU-TG.709 的 OTN 帧结构可以支持多种客户信号的映射和透明传输,如 SDH、ATM、以太网等。对于 SDH 和 ATM 可实现标准封装和透明传送,但对于不同速率以太网的支持有所差异。

2. 大颗粒的带宽复用、交叉和配置

OTN 定义的电层带宽颗粒为光通路数据单元($O-DUk, k = 0, 1, 2, 3$),即 ODU0(GE,1 000 Mit/S)ODU1(2.5 Gbit/s)、ODU2(10 Gbit/s)和 ODU3(40 Gbit/s),光层的带宽颗粒为波长,相对于 SDH 的 VC-12/VC-4 的调度颗粒,OTN 复用、交叉和配置的颗粒明显要大很多,能够显著提升高带宽数据客户业务的适配能力和传送效率。

3. 强大的开销和维护管理能力

OTN 提供了和 SDH 类似的开销管理能力,OTN 光通路(OCh)层的 OTN 帧结构大大增强了该层的数字监视能力。另外 OTN 还提供 6 层嵌套串联连接监视(TCM)功能,这样使得 OTN 组网时,采取端到端和多个分段同时进行性能监视的方式成为可能,为跨运营商传输提供了合适的管理手段。

4. 增强了组网和保护能力

通过 OTN 帧结构、ODUk 交叉和多维度可重构光分插复用器(ROADM)的引入,大大增强了光传送网的组网能力,改变了基于 SDHVC-12/VC-4 调度带宽和 WDM 点到点提供大容量传送带宽的现状。前向纠错(FEC)技术的采用,显著增加了光层传输的距离。另外,OTN 将提供更为灵活的基于电层和光层的业务保护功能,如基于 ODUk 层的光子网连接保护(SNCP)和共享环网保护、基于光层的光通道或复用段保护等,但共享环网技术尚未标准化。

四、OTN 的应用场景

基于 OTN 的智能光网络将为大颗粒宽带业务的传送提供非常理想的解决方案。传送网主要由省际干线传送网、省内干线传送网、城域(本地)传送网构成,而城域(本地)传送网可进一步分为核心层、汇聚层和接入层。相对 SDH 而言,OTN 技术的最大优势就是提供大颗粒带宽的调度与传送,因此,在不同的网络层面是否采用 OTN 技术,取决于主要调度业务带宽颗粒的大小。按照网络现状,省际干线传送网、省内干线传送网以及城域(本地)传送网的核心层调度的主要颗粒一般在 Gbit/s 及以上,因此,这些层面均可优先采用优势和扩展性更好的 OTN 技术来构建。对于城域(本地)传送网的汇聚与接入层面,当主要调度颗粒达到 Gbit/s 量级,亦可优先采用 OTN 技术构建。

1. 国家干线光传送网

随着网络及业务的 IP 化、新业务的开展及宽带用户的迅猛增加,国家干线上的 IP 流量剧增,带宽需求逐年成倍增长。波分国家干线承载着 PSTN/2G 长途业务、NGN/3G 长途业务、Internet 国家干线业务等。由于承载业务量巨大,波分国家干线对承载业务的保护需求十分迫切。

　　采用 OTN 技术后,国家干线 IP over OTN 的承载模式可实现 SNCP 保护、类似 SDH 的环网保护、MESH 网保护等多种网络保护方式,其保护能力与 SDH 相当,而且,设备复杂度及成本也大大降低。

　　2. 省内/区域干线光传送网

　　省内/区域内的骨干路由器承载着各长途局间的业务(NGN/3G/IPTV/大客户专线等)。通过建设省内/区域干线 OTN 光传送网,可实现 GE/10GE、2.5G/10GPOS 大颗粒业务的安全、可靠传送;可组环网、复杂环网、MESH 网;网络可按需扩展;可实现波长/子波长业务交叉调度与疏导,提供波长/子波长大客户专线业务;还可实现对其他业务如 STM-1/4/16/64SDH、ATM、FE、DVB、HDTV、ANY 等的传送。

　　3. 城域/本地光传送网

　　在城域网核心层,OTN 光传送网可实现城域汇聚路由器、本地网 C4(区/县中心)汇聚路由器与城域核心路由器之间大颗粒宽带业务的传送。路由器上行接口主要为 GE/10GE,也可能为 2.5G/10GPOS。城域核心层的 OTN 光传送网除可实现 GE/10GE、2.5G/10G/40GPOS 等大颗粒电信业务传送外,还可接入其他宽带业务,如 STM-0/1/4/16/64SDH、ATM、FE、ESCON、FICON、FC、DVB、HDTV、ANY 等;对于以太业务可实现二层汇聚,提高以太通道的带宽利用率;可实现波长/各种子波长业务的疏导,实现波长/子波长专线业务接入;可实现 带宽点播、光虚拟专网等,从而可实现带宽运营。从组网上看,还可重整复杂的城域传输网的网络结构,使传输网络的层次更加清晰。

　　4. 专有网络的建设

　　随着企业网应用需求的增加,大型企业、政府部门等,也有了大颗粒的电路调度需求,而专网相对于运营商网络光纤资源十分贫乏,OTN 的引入除了增加了大颗粒电路的调度灵活性,也节约了大量的光纤资源。

　　在城域网接入层,随着宽带接入设备的下移,ADSL2+/VDSL2 等 DSLAM 接入设备将广泛应用,并采用 GE 上行;随着集团 GE 专线用户不断增多,GE 接口数量也将大量增加。ADSL2+设备离用户的距离为 500~1 000 m,VDSL2 设备离用户的距离以 500 m 以内为宜。大量 GE 业务需传送到端局的 BAS 及 SR 上,采用 OTN 或 OTN+OCDMA-PON 相结合的传输方式是一种较好的选择,将大大节省因光纤直连而带来的光纤资源的快速消耗,同时可利用 OTN 实现对业务的保护,并增强城域网接入层带宽资源的可管理性及可运营能力。

复习思考题

　　1. 什么是光纤通信? 光纤通信的三个工作窗口是什么?

　　2. 光纤通信的优点有哪些?

　　3. 简述光纤的导光原理。

　　4. 什么是光纤的损耗? 什么是光纤的色散? 它们对数字光纤通信各有何影响?

　　5. 当光波在一长度为 10 km 的光纤中传输时,若输出端的光功率为输入端光功率的一半,试求光纤的损耗系数 α。

　　6. 简述光纤通信系统的组成。

　　7. 光发射机主要由哪几部分组成? 各部分的作用是什么?

8. 光接收机主要由哪几部分组成？各部分的作用是什么？

9. 在光纤通信系统中，中继器的作用是什么？

10. 什么是掺铒光纤放大器？EDFA 在光纤通信系统中主要的应用形式有哪些？

11. 画出 SDH 帧结构，并说明每部分的作用。

12. 什么是 MSTP？它的主要特征是什么？

13. 主要的 SDH/MSTP 网元有哪些？它们的各自功能是什么？

14. 简述自愈环的概念和分类。

15. 画图并说明二纤单向通道保护环的工作原理。

16. 什么是 WDM 技术？什么是 DWDM？

17. DWDM 系统由哪几部分组成？各部分的主要作用是什么？

18. 什么是 PTN？它的主要特征是什么？

19. 什么是 OTN？它的主要特征是什么？

第六章 无线通信

【学习目标】

1. 掌握无线通信的基本组成、使用频率和波段。
2. 理解无线电波的主要传播特性。
3. 掌握移动通信的主要工作方式。
4. 了解移动通信的特点和分类;掌握移动通信系统的基本组成。
5. 掌握 FDMA、TDMA 和 CDMA 的基本原理和特点。
6. 掌握大区制、小区制、蜂窝制的概念和特点。
7. 了解 GSM 系统结构。
8. 了解 3G 的标准、频谱分配和系统结构。
9. 掌握 4G 的特点、组网结构和关键技术。
10. 了解 5G 应用场景、主要特点和关键技术。
11. 了解卫星通信的概念、特点、分类和工作频段。
12. 掌握卫星通信系统的组成。
13. 理解卫星通信的几种多址连接方式。

第一节 无线通信概述

利用电磁波的辐射和传播,经过空间传送信息的通信方式称之为无线通信。利用无线通信可以传送电报、电话、传真、数据、图像以及广播和电视节目等通信业务。

一、无线通信系统的组成

无线通信系统一般由发信机、收信机及与其相连接的天线(含馈线)构成,如图 6-1 所示。

图 6-1 无线通信系统的组成

1. 发信机

发信机的主要作用是将所要传送的信号首先用载波信号进行调制,形成已调载波;已调载波信号经过变频(有的发射机不经过这一步骤)成为射频载波信号,送至功率放大器,经功率放大器放大后送至天(馈)线。

2. 天线

天线是无线通信系统的重要组成部分。其主要作用是把射频载波信号变成电磁波或者把电磁波变成射频载波信号。馈线的主要作用是把发射机输出的射频载波信号高效地送至天线。

3. 收信机

收信机的主要作用是把天线接收下来的射频载波信号首先进行低噪声放大,然后经过变频(一次、两次甚至三次变频)、中频放大和解调后还原出原始信号,最后经低频放大器放大输出。

这里需要说明的是目前实用的无线通信系统,大多数采用双工通信方式,即通信双方各自都有发信机、收信机以及与其相连的天(馈)线,而且收发信机做在一起。

二、无线通信的频率和波段

目前无线通信使用的频率从超长波波段到亚毫米波段(包括亚毫米波以下),以至光波。无线通信使用的频率范围和波段见表 6-1。

表 6-1 无线通信使用的电磁波的频率范围和波段

频段名称	频率范围	波段名称		波长范围
极低频(ELF)	3~30 Hz	极长波		100~10 Mm(10^8~10^7 m)
超低频(SLF)	30~300 Hz	超长波		10~1 Mm(10^7~10^6 m)
特低频(ULF)	300~3 000 Hz	特长波		1 000~100 km(10^6~10^5 m)
甚低频(VLF)	3~30 kHz	甚长波		100~10 km(10^5~10^4 m)
低频(LF)	30~300 kHz	长波		10~1 km(10^4~10^3 m)
中频(MF)	300~3 000 kHz	中波		1 000~100 m(10^3~10^2 m)
高频(HF)	3~30 MHz	短波		100~10 m(10^2~10 m)
甚高频(VHF)	30~300 MHz	超短波(米波)		10~1 m
特高频(UHF)	300~3 000 MHz	微波	分米波	1~0.1 m(1~10^{-1} m)
超高频(SHF)	3~30 GHz		厘米波	10~1 cm(10^{-1}~10^{-2} m)
极高频(EHF)	30~300 GHz		毫米波	10~1 mm(10^{-2}~10^{-3} m)
至高频(THF)	300~3 000 GHz		亚毫米波	1~0.1 mm(10^{-3}~10^{-4} m)

三、无线电波传播特性

无线通信是以无线电波作为传输媒介的,因此无线电波的传播特性是影响通信质量的重要因素。

(一)无线通信信道特征

无线通信信道是指发送天线、接收天线及两副天线之间的传播路径。无线信道的主要特点如下。

1. 开放性信道

无线通信利用无线电波携带信息进行传输,无线电波在开放的空间进行传播,信道参数易变并且会受到各种干扰。

2. 接收点地理环境的复杂性与多样性

由于无线电波传播空间上地形地貌以及地物分布的不同,会造成电波传播情况的复杂多样。地形分为中等起伏地形和不规则地形(如丘陵、孤立山岳、斜坡和水陆混合地形等)。按照地物的密集程度不同,可分为开阔地、郊区和市区三类地区。

3. 通信用户的随机性移动

在移动通信场景下,随着用户移动速度及所处空间的不同,电波传播的环境及参数也会发生变化。

(二)移动通信信道的电波传播特性

电磁波的传播方式包括直射、反射、绕射、散射等。当电磁波在传播过程中未受到障碍物阻挡时,将一直沿直线传播。当电磁波遇到比波长大得多的物体时会发生反射,反射通常发生于地面、建筑物表面、水面等。当接收机和发射机之间的无线路径被尖利的边缘阻挡时,电磁波会发生绕射。当电磁波穿行的介质中存在小于波长的物体并且单位体积内阻挡体的个数非常巨大时,如树叶、尘土等,将会发生散射。

电磁波在移动信道这种传播环境下所表现出来的主要特性包括传播损耗、多径效应、阴影效应、多普勒频移、衰落、时延扩展等。

1. 传播损耗

电磁波在空间中传播时,信号的强度会受到各种因素的影响而产生衰减,通常用传播损耗来衡量衰减的大小。传播损耗的类型根据电磁波的传播机制不同也有很多种,如自由空间传播损耗、反射损耗、绕射损耗、穿透损耗等。

(1)自由空间传播损耗

假设电磁波是在完全无阻挡的视距内传播,没有反射、绕射和散射,这种理想的情形叫作自由空间传播。但是,当电磁波在自由空间经过一段路径传播之后,能量仍会受到衰减,这是由于电磁波能量的扩散而引起的。随着传播距离的增加,电磁波的能量扩散到越来越大的球面上,而接收天线所捕获的信号功率仅仅是发射天线辐射功率的很小一部分,而大部分能量都散失掉了,因此造成了传播损耗。

假设收发天线之间的距离为 d,发射频率为 f,则自由空间传播损耗 P_L 可由式(6-1)计算:

$$P_L = 32.4 + 20\lg d + 20\lg f \tag{6-1}$$

式中,d 的单位为 km;f 的单位为 MHz;P_L 的单位为 dB。

可以看出,自由空间传播损耗的大小与电波的传播距离和频率成正比。

(2)附加传播损耗

无线通信中不仅存在着自由空间传播损耗,还存在着附加的传播损耗。这主要是由于在无线电波的传播路径上存在障碍物,从而引起信号的反射、散射、绕射、屏蔽、阻挡、吸收等,其结果会造成信号强度的变化。

在蜂窝系统中,传播损耗与覆盖范围、通信质量是密切相关的。传播损耗越小,无线电波的覆盖范围越大,通信质量越好。

2. 多径效应

由于传播环境的复杂性,无线电波在传播过程中会被反射、绕射、散射,这就导致无线电波会经过多条不同的路径到达接收点,这种现象叫作多径效应,如图6-2所示。

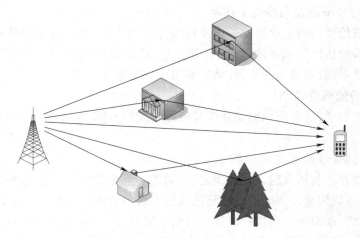

图 6-2　多径效应示意图

多径效应给无线信道中的电波传播带来了很大影响,它会造成信号强度的快衰落和接收信号的时延扩展。

(1)多径衰落

由于电波所经过的各个路径的距离不同,因而各条路径传来的反射波到达接收端的时间就不同,导致它们的相位也不同。由于外界条件往往是不稳定的,路径差以及相位差会随机变化,因此各路电波有时同相相加,有时反相抵消,这就造成了合成信号的随机起伏,即产生了衰落。由于这种衰落是由于多径效应引起的,所以称为多径衰落。多径衰落导致信号幅度快速变化,也称为快衰落。由于衰落,会造成接收信号场强突然降低,使通信质量下降,甚至会造成通信中断。

(2)时延扩展

一般来说,模拟系统中主要考虑多径效应所引起的接收信号的幅度变化;而数字系统中则要考虑多径效应所引起的脉冲信号的时延扩展。

假设基站发射一个极短的脉冲信号,经过多径信道后,由于各个路径的长度不同,因而各个路径信号的到达时间也不同,这样接收信号就会呈现为一串脉冲,结果使脉冲宽度被展宽了。这种因多径传播造成信号时间扩散的现象,称为时延扩展(也称多径时延),如图 6-3 所示。

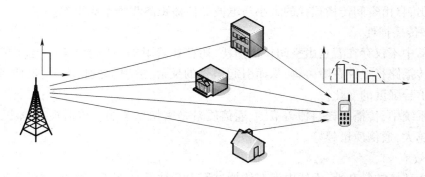

图 6-3　时延扩展示例

数字信号时延扩展的程度通常用时延扩展宽度 Δ 来衡量。Δ 定义为最大传输时延和最小传输时延的差值,即最后一个可分辨的时延信号与第一个时延信号到达时间的差值,实际上就是脉冲展宽的时间。Δ 值越小,时延扩展就越轻微;反之,时延扩展就越严重。

在数字传输中,由于时延扩展,接收信号中一个码元的波形会扩展到其他码元周期中,从而引起码间串扰。为了避免码间干扰,应使码元周期大于多径传播引起的时延扩展,即必须对传输速率予以限制。

通常,在多径传播环境下,数字信号传输速率 R_c 应满足下式:

$$R_c < \frac{1}{2\pi\Delta} \tag{6-2}$$

例如市区 Δ 典型值为 3 μs,则 $R_c<53$ kbit/s;市区中最大时延扩展达 10 μs,此时要求 $R_c<16$ kbit/s。要想在数字化移动通信系统中实现更高的传输速率,就必须采取分集接收、自适应均衡或扩频技术等一些特殊措施来降低时延扩展。

3. 阴影效应

无线电波的传播环境普遍会有障碍物,如在基站和移动台之间有山丘、建筑物等障碍物。当电波在传播路径上遇到障碍物阻挡时,在障碍物的后面就会形成信号场强较弱的阴影区,这称为阴影效应,如图 6-4 所示。

当移动台在运动中穿过阴影区时,就会造成接收信号场强中值的缓慢变化,从而引起衰落。通常把这种由阴影效应引起的衰落称为阴影衰落。阴影衰落属于慢衰落。

4. 多普勒频移

当发射端与接收端之间存在相对运动时,无线电波到达接收端时的频率与从发射端发出时的频率产生了变化,这种现象称为多普勒频移,如图 6-5 所示。

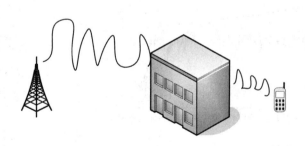

图 6-4　阴影效应示例

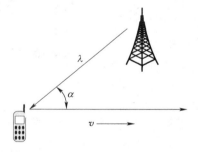

图 6-5　多普勒频移示意图

多普勒频移可以表示为

$$f_d = \frac{v}{\lambda}\cos\alpha \tag{6-3}$$

式中,v 表示移动台的移动速度,单位为 m/s;λ 表示波长,单位为 m;α 表示入射波与移动台移动方向之间的夹角。

可以看出,多普勒频移与移动台运动的方向、速度以及无线电波入射方向之间的夹角有关。若移动台朝向入射波方向运动,则多普勒频移为正,即接收信号频率上升;反之若移动台背向入射波方向运动,则多普勒频移为负,即接收信号频率下降。

多普勒频移会导致基站和移动台的相关解调性能降低,直接影响到小区选择、小区重选、切换等性能。移动台的移动速度越高,多普勒频移的影响就越明显。

在实际应用中,可以通过使用高性能均衡器和相应的频率校正算法来消除多普勒频移对系统性能的影响。

5. 慢衰落与快衰落

(1)慢衰落

无线电波传播过程中,信号场强中值发生较慢变动的现象称为慢衰落。它反映了电波在较大范围内传播时的接收信号电平平均值起伏变化的趋势,如图 6-6 所示。

造成慢衰落的主要原因有路径损耗和阴影效应。路径损耗反映出信号在宏观大范围(km量级)内信号均值的变化情况。阴影效应反映出信号在中等范围(数百波长量级)内信号均值的变化情况。

(2)快衰落

无线电波传播过程中,信号场强瞬时值的快速起伏变化称为快衰落。它是叠加在慢衰落信号上的,衰落速度可达每秒几十次,反映了移动台在极小范围内(数十波长以下量级)移动时接收电平平均值的起伏变化趋势,如图 6-6 所示。

造成快衰落的主要原因有多径效应和多普勒频移。

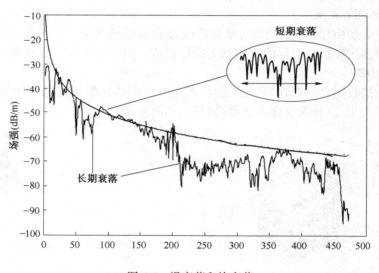

图 6-6　慢衰落和快衰落

四、无线通信的工作方式

无线通信的工作方式可分为单向通信方式和双向通信方式两大类别,而后者又分为单工通信方式、双工通信方式和半双工通信方式三种。

1. 单向通信方式

所谓单向通信方式就是通信双方中的一方只能接收信号,而另一方只能发送信号,不能互逆。收信方不能对发信方直接进行信息反馈。如无线广播系统就属于单向通信方式。

2. 双向通信方式

(1)单工通信方式

所谓单工通信方式,是指通信双方只能交替地进行发信和收信,而不能同时进行。根据通信双方是否使用相同的频率,单工制又分为同频单工和双频单工,如图 6-7 所示。平时天线与收信机相连接,发信机也不工作。若 A 方需要发话时先按下"按～讲"开关(PTT),天线与发信机相连(发信机开始工作),B 方接收;反之,若 B 方发话时也将按下"按～讲"开关,天线接至发信机,由 A 方接收,从而实现双向通信。这种工作方式收发信机可使用同一副天线,而不需天线共用器,设备简单,功耗小,但操作不方便。在使用过程中,往往会出现通话断续现象。同频和双频单工的操作与控制方式一样,差异仅仅在于收发频率的异同。单工方式一般适用于简单的、小范围的场合,如对讲机通信等。

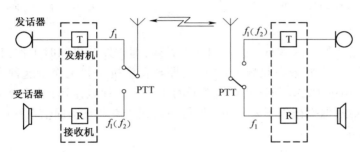

图 6-7　单工方式

(2)双工方式

双工方式,有时也叫全双工通信,是指移动通信双方可同时进行发信和收信。这种工作方式虽然耗电量大,但使用方便,因而在移动通信系统中获得了广泛的应用,如图 6-8 所示。双工方式主要用于公用移动通信网。

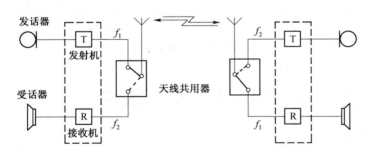

图 6-8　双工方式

双工方式主要分为频分双工(FDD)和时分双工(TDD)两种。

①频分双工(FDD)

FDD 采用两个对称的频率信道来分别发射和接收信号,发射和接收信道之间存在着一定的频段保护间隔。FDD 原理示意如图 6-9 所示。

②时分双工(TDD)

TDD 的发射和接收信号是在同一频率信道的不同时隙中进行的,彼此之间采用一定的保证时间予以分离。TDD 原理示意如图 6-10 所示。

TDD 不需要分配对称频段的频率,并可在每信道内灵活控制、改变发送和接收时段的长短比例,在进行不对称的数据传输时,可充分利用有限的无线电频谱资源。

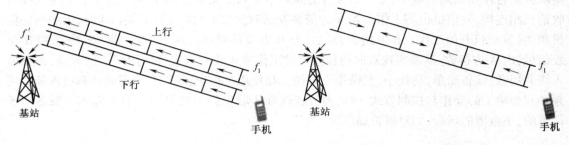

图 6-9　FDD 原理示意图　　　　　　　　　图 6-10　TDD 原理示意图

（3）半双工方式

半双工方式，是指通信双方有一方使用双工方式，即收发信机同时工作，且使用两个不同的频率 f_1 和 f_2；而另一方则采用双频单工方式，即收发信机交替工作。这种方式在移动通信中一般是移动台采用单工方式而基站则收发同时工作。其优点是：设备简单、功耗小，克服了通话断断续续的现象；但操作仍不太方便。所以主要用于专业移动通信系统中，如汽车调度系统等，如图 6-11 所示。

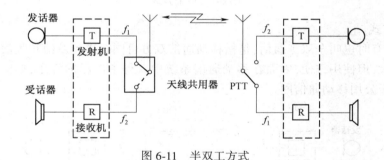

图 6-11　半双工方式

第二节　移动通信

一、移动通信概述

1. 移动通信的概念

移动通信是指通信的双方或至少有一方是在移动中进行信息交换的通信方式。它包括移动用户之间的通信及固定用户与移动用户之间的通信。其主要目的是实现任何时间、任何地点和任何通信对象之间的通信。

随着移动通信应用范围的不断扩大，移动通信系统的类型也越来越多，如蜂窝移动通信、集群调度移动通信、无线寻呼、无绳电话和小灵通等。移动通信以其显著的特点和优越性能得以迅猛发展，并应用在社会的各个领域。

2. 移动通信系统的组成

移动通信系统一般由移动交换中心（MSC）、基站（BS）和移动台（MS）组成，如图 6-12所示。

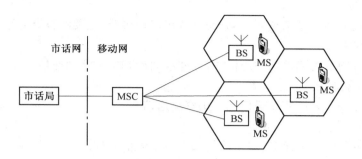

图 6-12　移动通信系统的基本组成

MSC 是整个系统的核心,对本区域内的移动用户进行通信控制与管理。其主要完成呼叫处理、信道管理、越区切换、位置登记、鉴权等功能。MSC 还负责移动网络与其他网络的互联。

移动通信系统一般将整个服务区域划分为若干个无线小区,每个无线小区设置一个 BS。BS 一方面以无线方式与 MS 相连,负责无线信号的发送、接收和无线资源管理;一方面以有线或无线方式与 MSC 相连,完成用户之间的通信连接和信息传递。

MS 是整个系统的终端设备,是用户唯一能够接触到的设备。MS 的类型有车载台、便携台和手持台。MS 通过无线方式接入通信网络,使用户获得网络所提供的通信服务。

3. 移动通信的特点

(1)电磁波传播情况复杂

为了实现用户终端设备能够移动的目的,移动通信中基站至用户间必须靠无线电波来传送信息。无线电波的传播受地形地物影响很大,使移动台接收到的电波是直射波和绕射波、反射波、散射波的叠加,这样就造成所接收信号的强度起伏不定,这种现象称为衰落。另外,由于移动用户可能处于移动状态,这将导致移动台的工作频率随着载体的运动速度而改变,产生不同的频移,进而影响通信质量,这种现象称为多普勒效应。

(2)移动台受噪声的影响并在强干扰情况下工作

移动台所受到的噪声影响主要来自城市噪声、各种车辆发动机点火噪声、各种工业噪声等。此外,移动通信网是多频道、多电台同时工作的通信系统。当移动台工作时,往往受到来自其他电台的干扰,主要的干扰有互调干扰、邻道干扰及同频干扰等。

(3)可用的频率资源有限

频率作为一种资源必须合理安排和分配。移动通信可以利用的频率资源非常有限,但是移动通信的用户数量却不断扩大,这就必须提高频谱的利用率。

(4)系统管理和控制复杂

由于移动台在通信区域内随时运动,需要随机选用无线信道进行频率和功率控制,以及选用位置登记、越区切换及漫游存取等跟踪技术,这就使其信令种类比固定网要复杂得多。此外,移动通信在入网和计费方式上也有特殊的要求。

(5)对移动台的要求高

移动台长期处于不固定位置状态,这就要求移动台具有很强的适应能力;此外,还要求移动台性能可靠、低功耗、携带方便、操作便利,并且能够适应新业务、新技术的发展,以满足不同人群的使用需求。

4. 移动通信的分类

移动通信系统的种类越来越多,其分类方法也多种多样,主要的分类方法如下:

(1)按使用环境划分

按使用环境可划分为陆地移动通信、海上移动通信和空中移动通信。

(2)按服务对象划分

按服务对象可分为公用移动通信和专用移动通信。

(3)按工作方式划分

按工作方式可分为单工通信、双工通信和半双工通信三种。

(4)按传输信号的形式划分

按传输信号的形式可分为模拟移动通信和数字移动通信。

(5)按使用的多址方式划分

按使用的多址方式可分为频分多址(FDMA)移动通信、时分多址(TDMA)移动通信和码分多址(CDMA)移动通信。

5. 移动通信的多址方式

在移动通信系统中,有许多用户都要同时通过同一个基站和其他用户进行通信,因此,必须对不同移动台和基站发出的信号赋予不同特征,使基站能从众多用户台的信号中区分出是哪一个移动台发出来的信号,而各移动台又能识别出基站发出的信号中哪个是发给自己的信号,解决这个问题的办法称为多址技术。在移动通信中采用的多址方式主要有三种,即频分多址(FDMA)、时分多址(TDMA)和码分多址(CDMA)。

(1)频分多址(FDMA)

FDMA 是把通信系统的总频段划分成若干个等间隔的互不重叠的频道(或称信道)分配给不同的用户使用,即每一个通信中的用户占用一个频道进行通话。

图 6-13 为 FDMA 通信系统的工作示意图。由图可见,为了实现双工通信,收信、发信使用不同的频率(称为双频双工)。

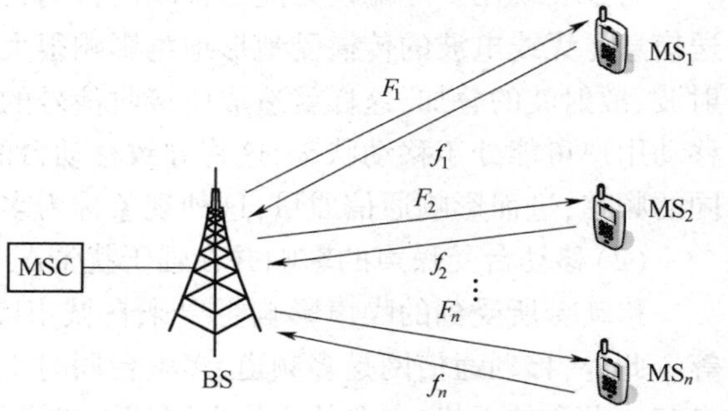

FDMA 通信系统具有通信容量低、通信质量差、设备复杂庞大、系统控制困难等特点,主要用于模拟移动通信网中。

图 6-13　FDMA 通信系统的工作示意图

(2)时分多址(TDMA)

TDMA 是指在一个频道上把时间分割成周期性的帧,每一帧再分割成若干个时隙,每一用户占用不同的时隙进行通信,即同一个信道可供若干个用户同时通信使用。TDMA 通信系统是根据一定的时隙分配原则,使各个移动台在每帧内只能按指定的时隙向基站发射信号,基站可以在各时隙中接收到各移动台的信号而互不干扰。同时,基站发向各个移动台的信号都按顺序安排在预定的时隙中传输,各移动台只要在指定的时隙内接收,就能在合路的信号中把发给它的信号区分出来。图 6-14 是 TDMA 通信系统的工作示意图。

TDMA 通信系统具有突发传输的速率高、抗干扰能力强、系统容量大、基站复杂性减小、越区切换简单等特点,主要用于数字蜂窝移动通信网络(如 GSM 系统)。

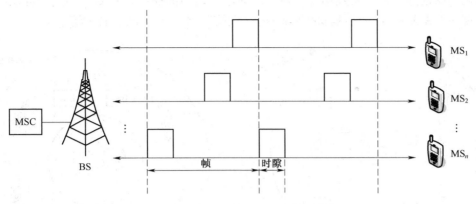

图 6-14　TDMA 通信系统的工作示意图

（3）码分多址（CDMA）

CDMA 是指不同用户传输信息所用的信号不是靠频率不同或时隙不同来区分，而是用各自不同的编码序列来区分。在 CDMA 通信系统中，接收机用相关器可以在多个 CDMA 信号中选出其中使用预定码型的信号，其他使用不同码型的信号因为和接收机本地产生的码型不同而不能被解调。图 6-15 是 CDMA 通信系统的工作示意图。

CDMA 通信系统与 FDMA 通信系统或 TD-MA 通信系统相比，具有更大的系统容量、更高的语音质量以及抗干扰、保密性强等优点，在第二代和第三代移动通信系统中得到广泛应用。

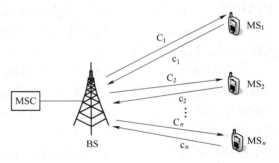

6. 移动通信的服务区体制

一般来说，移动通信网络的区域覆盖方式分为两类：一类是大区制；另一类是小区制。

（1）大区制

大区制是指用一个基站覆盖整个服务区，由此基站负责与区域内所有移动台的无线连接，如图 6-16 所示。

图 6-15　CDMA 通信系统的工作示意图

在大区制中，服务区范围的半径通常为 20~50 km。为了覆盖这样大的一个服务区，基站发射机的发射功率较大（100~200 W），基站天线要架设得很高（通常是几十米以上）。然而由于移动台的发射功率较小，基站往往难以直接接收位于服务区边缘的移动台发射的信号。为了解决这个问题，通常在一个大区内设若干分集接收站与基站相连。分集接收站接收附近移动台发射的信号，再通过有线或微波方式将信号传输到基站，从而改善上行链路的通信条件。

在大区制中，同一时间每一无线信道只能被一个移动台使用。因此大区制的频谱利用率低，能容纳的用户数量少。大区制的优点是组网简单、投资少、见效快，适用于用户较少的地区。

（2）小区制

小区制是指将整个服务区划分成若干个无线小区，每个小区设置一个基站，负责与小区内所有移动台的无线通信。同时整个服务区设置若干个 MSC，统一控制基站协调工作，以便实现小区之间移动通信的转接及移动用户和市话用户之间的通信。只要移动用户在服务区内，不论在哪一个基站的覆盖区内都能正常地进行通信。小区制如图 6-17 所示。

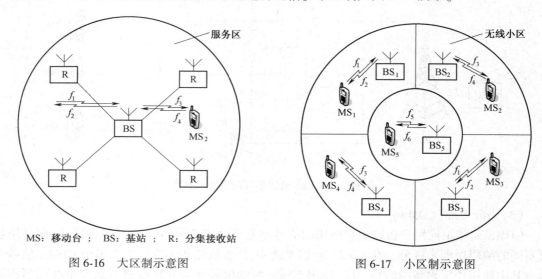

MS：移动台 ；　BS：基站 ；　R：分集接收站

图 6-16　大区制示意图　　　　　　　图 6-17　小区制示意图

小区制的主要特点是运用频率复用技术，即在相邻小区中分配频率不同的信道，而在非相邻的相隔一定距离的小区中分配相同频率的信道。这就解决了信道少而用户多的矛盾，可以大大提高系统的容量。由于相距较远，同时使用相同频率的信道也不会产生明显的同频干扰。无线小区的范围还可以根据实际客户数的多少灵活确定。

小区制组网灵活，如可以对不同用户数的小区分配不同数目的信道。当原来的小区容量不够时，可以进行小区分裂，以满足更大用户量需求。但小区制的组网比大区制复杂得多。移动交换中心要随时知道每个移动台正处在哪个小区中才能进行通信联络，因此必须对每一移动台进行位置登记。正在通信中的移动台从一个区进入另一个小区要进行越区切换，并且移动交换中心要与服务区的所有基站相连接，以传送控制信息和用户信息，所以采用小区制的网络管理和控制复杂、投资大。

当多个小区彼此邻接覆盖整个服务区时，用圆的内接正多边形来近似地代替圆，是实际和方便的。可以证明，由正多边形彼此邻接构成平面时，只能是正三角形、正方形和正六边形，分别称为正三角形小区、正方形小区和正六边形小区，如图 6-18 所示。

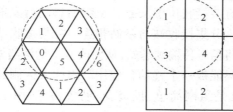

图 6-18　小区构成几何形状

比较三种圆内接正多边形可以看出：对于同样大小的服务区域，采用正六边形覆盖所需的小区数最少，即所需基站数少，最经济；正六边形小区的中心间隔最大，各基站间的干扰最小；

交叠区面积最小,同频干扰最小;交叠距离最小,便于实现跟踪交换。因此,小区的形状一般采用正六边形。若干个正六边形小区构成的网络形同蜂窝,因此把小区形状为六边形的小区制移动通信网称为蜂窝网,蜂窝网如图 6-19 所示。

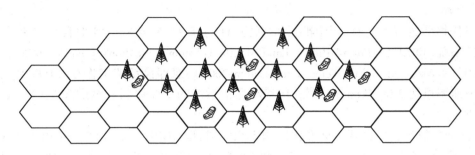

图 6-19　蜂窝网示意图

7. 移动通信的发展

蜂窝移动通信技术发展至今,可以划分为三个阶段。

8. 移动通信的发展

(1)第一代移动通信系统(1G)

1G 时代大概为 20 世纪 70 年代中期至 20 世纪 80 年代中期。1978 年,美国贝尔实验室研制成功了高级移动电话系统(AMPS),建成了蜂窝状移动通信系统。而其他工业化国家也相继开发出蜂窝式移动通信网。这一阶段相对于以前的移动通信系统,最重要的突破是贝尔实验室在 20 世纪 70 年代提出的蜂窝网的概念。蜂窝网,即小区制,由于实现了频率复用,大大提高了系统容量。

第一代移动通信系统的典型代表是 AMPS 系统和后来的改进型系统 TACS 以及移动电话服务网络(NMT)和 NTT 等。第一代移动通信系统的主要特点是采用频分复用,语音信号为模拟调制,频道间隔为 30 kHz/25 kHz。第一代系统在商业上取得了巨大的成功,但是其弊端也日渐显露出来:频谱利用率低;业务种类有限;无高速数据业务;保密性差,易被窃听和盗号;设备成本高;体积大,重量大等。这些弱点妨碍了其进一步发展,因此模拟蜂窝移动通信已经逐步被数字蜂窝移动通信所替代。

(2)第二代数字移动通信系统(2G)

为了解决模拟系统中存在的这些根本性技术缺陷,数字移动通信技术应运而生,并且快速发展起来,这就是以 GSM 和 IS-95 为代表的第二代移动通信系统,时间是从 20 世纪 80 年代中期开始。第二代移动通信系统以数字传输、时分多址和窄带码分多址为主要特征,相对于模拟移动通信,提高了频谱利用率,支持多种业务服务,并与 ISDN 等兼容。第二代移动通信系统以传输话音和低速数据业务为目的,因此又称为窄带数字通信系统。

代表产品分为两类:一类是 TDMA 系列,该系列中比较成熟和最有代表性的制式有:GSM、D-AMPS 和 PDC。另一类是 N-CDMA(窄带码分多址)系列,主要是基于 IS-95 的 N-CDMA。

由于第二代移动通信以传输话音和低速数据业务为目的,从 1996 年开始,为了解决中速数据传输问题,又出现了 2.5 代的移动通信系统,如 GPRS(通用分组无线业务)和 IS-95B。

(3)第三代数字移动通信系统(3G)

由于网络的发展,数据和多媒体通信的发展势头很快,需要的将是一个综合现有移动电话系统功能和提供多种服务的综合业务系统,所以国际电联要求在 2000 年实现商用化的第三代移动通信系统(3G),即 IMT-2000,它的关键特性有:高速传输以支持多媒体业务;世界范围设计的高度一致性;IMT-2000 内业务与固定网络的兼容;高质量;世界范围内使用小型便携式终端。

第三代移动通信系统最早由国际电信联盟(ITU)于 1985 年提出,当时称为未来公众陆地移动通信系统(FPLMTS,Future Public Land Mobile Telecommunication System),1996 年更名为 IMT-2000(International Mobile Telecommunication-2000),意即该系统工作在 2 000 MHz 频段,最高业务速率可达 2 000 kbit/s。第三代移动通信系统的主要体制有 WCDMA、CDMA2000 和 TD-SCDMA。

3G 标准的发布主要由两个标准化协调组织完成,即 3GPP 和 3GPP2。3GPP(3G Partnership Project)由 ETSI、ARIB、TTA 以及 T1 和 CWTS 六个标准化组织组成,以 GSM 为核心网,WCDMA 和 CDMA TDD(TD-SCDMA)为无线接口。

3GPP2 由 TIA、ARIB、TTC、TTA 和 CWTS 五个标准化组织组成,以 IS-95 为核心网,CDMA 2000 为无线接口。

ITU 在 2000 年 5 月确定了 WCDMA、CDMA 2000 和 TD-SCDMA 三大主流无线接口标准。WCDMA 由欧洲一些国家提出,其标准化工作由 3GPP 来完成;CDMA 2000 是在基于 IS-95 标准基础上提出的 3G 标准,其标准化工作由 3GPP2 来完成;TD-SCDMA 标准由中国无线通信标准组织(CWTS)提出,已经融合到 3GPP 关于 WCDMA-TDD 的相关规范中。

WCDMA 能够基于现有的 GSM 网络,可以较轻易地过渡到 3G,因此 WCDMA 具有先天的市场优势。

CDMA 2000 是从窄带 CDMA One 标准衍生出来的,可以从原有的 CDMA One 结构直接升级到 3G,建设成本低廉。但目前使用 CDMA 的地区只有日本、韩国和北美,所以 CDMA 2000 的支持者不如 WCDMA 多。

TD-SCDMA 是由中国独自制订的 3G 标准,该标准在频谱利用率、对业务支持、频率灵活性及成本等方面具有独特优势。另外,由于国内庞大的市场,该标准受到各大主要电信设备厂商的重视。TD-SCDMA 是我国在通信领域第一个拥有自主知识产权的国际标准,开创了我国参与国际电信标准化的先河。TD-SCDMA 标准的提出,是我国对第三代移动通信发展所做出的重要贡献。

(4)第四代数字移动通信系统(4G)

4G 技术有多个名称,ITU 称其为 IMT-Advanced,其他的还有 B3G、Beyond IMT-2000 等。

2009 年初,ITU 在全世界范围内征集 IMT-Advanced 候选技术。2009 年 10 月,ITU 共计征集到了六个候选技术。这六个技术基本上可以分为两大类,一是基于 3GPP 的 LTE(长期演进计划)的技术;另外一类是基于 IEEE802.16m 的技术。

2012 年 1 月,正式审议通过将 LTE-Advanced 和 WirelessMAN-Advanced(802.16m)技术规范确立为 IMT-Advanced(称为"4G")国际标准,我国主导制定的 TD-LTE-Advanced 同时成为 IMT-Advanced 国际标准。

LTE-Advanced:LTE 技术的升级版,正式名称为 Further Advancements for E-UTRA。LTE 作为 3.9G 移动互联网技术,那么 LTE-Advanced 作为 4G 标准更加确切一些。LTE-Advanced 包

含 TDD 和 FDD 两种制式,其中 TD-SCDMA 将能够进化到 TDD 制式,而 WCDMA 网络能够进化到 FDD 制式。

WiMax:全球微波互联接入,另一个名字是 IEEE802.16。WiMax 的技术起点较高,能提供的最高接入速率是 70M,这个速率是 3G 所能提供的宽带速度的 30 倍。

Wireless MAN-Advanced:WiMax 的升级版,即 IEEE802.16m 标准,802.16m 最高可以提供 1 Gbit/s 无线传输速率,还将兼容未来的 4G 无线网络。

(5)第五代数字移动通信系统(5G)

5G 技术是 4G 之后的延伸,为目前新一代移动通信系统。5G 系统商用化进程如下:

第一阶段是 5G 关键技术可行性验证。基于 4G 网络基础设施,联合产业开展 5G 候选技术的可行性验证,包括大规模天线、用户为中心的网络、新型编码、新型调制等技术。

第二阶段是 5G 系统概念验证。结合 3GPP 标准进展,联合产业链上下游,突破硬件平台和架构的产业瓶颈,推动实现 5G 基础设施的硬件能力具备。通过系统样机的实验室和外场测试,全面推动 5G 端到端产品的设计和优化,以及测试仪器仪表的成熟。

第三阶段,2018~2019 年将面向预商用产品和成熟的 3GPP 标准开展"规模试验及预商用试验",确保在 2020 年实现 5G 有效商用。通过硬件平台的优化迭代,以及面向 3GPP 标准的软件迭代,推出商用的 5G 产品,通过多厂商、多网络的互联互通,以及 4G 与 5G 的互通等试验测试,推进 5G 端到端的成熟。

第四阶段,正式商用阶段。2019 年之后,一些国家相继开启了 5G 商用。2019 年 10 月 31 日,中国三大运营商公布了 5G 商用套餐,中国 5G 商用正式启用。5G 技术以其大带宽、低时延、广连接、高移动性等突出性能,在高清视频、虚拟 VR、无人驾驶、工业互联网、宽带物联网等方面得到了越来越广泛和深入的应用。

二、GSM 移动通信网

1. GSM 概述

1982 年在欧洲邮电行政大会(CEPT)上成立"移动特别小组(Group Special Mobile)",简称"GSM",开始制定适用于欧洲各国的一种数字移动通信系统的技术规范。1990 年完成了 GSM900 的规范,并于 1991 年率先投入商用,随后得到了广泛应用,随着设备的开发和数字蜂窝移动通信网的建立,GSM 逐渐演变为"全球移动通信系统(Global System for Mobile Communication)"的简称,成为目前覆盖面最大、用户数最多的数字蜂窝移动通信系统。GSM 系列主要有 GSM900、DCS1800 和 PCS1900 三部分,三者之间的主要区别是工作频段的差异。

GSM 系统的工作频段见表 6-2。

表 6-2 GSM 系统主要技术参数

系列 技术参数	GSM900	DCS1800	PCS1900
上行频带(MHz)	890~915	1 710~1 785	1 850~1 910
下行频带(MHz)	935~960	1 805~1 880	1 930~1 990
双工间隔(MHz)	45	95	80
占用带宽(MHz)	25×2	75×2	60×2

2. GSM 系统结构

GSM 移动通信系统由网络交换子系统(NSS)、无线子系统(BSS)、运营与支撑子系统(OSS)和移动台(MS)四大部分组成,如图 6-20 所示。

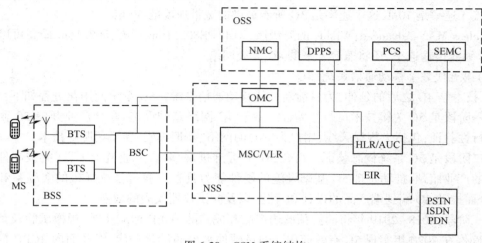

图 6-20　GSM 系统结构

OSS:运营与支撑子系统;　　　BSS:无线子系统;　　　NSS:网络交换子系统;
NMC:网络管理中心;　　　DPPS:数据后处理系统;　　SEMC:安全性管理中心;
PCS:用户识别卡个人化中心;　OMC:操作维护中心;　　MSC:移动业务交换中心;
VLR:来访用户位置寄存器;　　HLR:归属用户位置寄存器;　AUC:鉴权中心;
EIR:移动设备识别寄存器;　　BSC:基站控制器;　　　BTS:基站收发信台;
PDN:公用数据网;　　　　　PSTN:公用电话网;　　　ISDN:综合业务数字网;
MS:移动台

(1)网络交换子系统(NSS)

NSS 具有系统交换功能和管理控制功能。NSS 由移动业务交换中心(MSC)、归属位置寄存器(HLR)、访问位置寄存器(VLR)、鉴权中心(AUC)、设备识别寄存器(EIR)和操作维护中心(OMC)组成。

①移动业务交换中心(MSC)

MSC 是整个 GSM 网络的核心,对它所覆盖区域中的移动台进行通信控制和管理。它除了完成呼叫接续、路由控制等功能外,还要完成无线资源的管理、移动性管理、安全性管理等功能,如信道分配、鉴权、越区切换、漫游等。MSC 还起到 GSM 网络和公众电信网络(如 PSTN,ISDN,PLMN,PSPDN 等)的接口作用。

当其他网络的用户呼叫 GSM 网络用户时,首先将呼叫接入到关口 MSC(GMSC),由 GMSC 负责获取位置信息,并把呼叫转接到该移动用户所在的 MSC。GMSC 具有与固定网或其他 NSS 实体互通的接口,其功能一般在 MSC 中实现。根据网络的需要,GMSC 功能也可以在固定网交换机中综合实现。

②归属位置寄存器(HLR)

HLR 是管理本地移动用户的主要数据库,每个移动用户都应在某 HLR 注册登记。HLR 主要存储两类信息数据:一是登记在该 HLR 中有关用户的参数,如 MSLSDN、IMSI、MS 类别,接入优先等级等;二是登记在该 HLR 中用户所注册的有关电信业务、承载业务和附加业务等方面的数据,用户位置信息等。

③访问位置寄存器(VLR)

VLR 也是一个用户数据库,用于存储当前位于该 MSC 服务区域内所有移动用户的动态信息,如用户的号码、所处位置区的识别、向用户提供的服务等参数。每个 MSC 都有一个它自己的 VLR。

当移动用户漫游到新的 MSC 服务区时,它必须向该区的 VLR 申请登记。VLR 要向该用户归属的 HLR 查询其有关的参数,要给该用户分配一个新的漫游号码(MSRN),并通知其 HLR 修改该用户的位置信息。HLR 在修改该用户的位置信息后,还要通知原来的 VLR,删除此用户的有关参数。所以,VLR 可看作是一个动态的数据库。

④鉴权中心(AUC)

AUC 负责确认移动用户的身份,产生相应的认证参数。AUC 对任何试图入网的移动用户进行身份认证,只有合法用户才能接入网中并得到服务。

⑤设备识别寄存器(EIR)

EIR 是存储有关移动台设备参数的数据库,主要完成对移动设备的识别、监视、闭锁等功能。每个移动台有一个唯一的国际移动设备识别号(IMEI),以防止被偷窃的、有故障的或未经许可的移动设备非法使用本 GSM 系统,移动台的 IMEI 要在 EIR 中登记。

⑥操作维护中心(OMC)

OMC 的任务是对全网进行监控和操作,例如系统的自检、报警与备用设备的激活、系统故障诊断与处理、话务量统计、计费数据的统计以及各种资料的收集、分析与显示等。

(2)无线子系统(BSS)

BSS 包含了 GSM 系统中无线通信部分的所有地面基础设施。它通过无线接口与 MS 相连,负责无线发送、接收和无线资源管理;另一方面,BSS 通过接口与 MSC 相连,并接受 MSC 控制,传送用户信息和控制信息。BSS 分为两部分,即基站控制器(BSC)和基站收发信台(BTS)。

①基站控制器(BSC)

BSC 是 BSS 的控制部分,具有对一个或多个 BTS 进行控制的功能,主要负责完成信息交换、无线资源管理、无线参数管理、移动性管理、功率控制等。

②基站收发信台(BTS)

BTS 是 BSS 的无线部分,由 BSC 控制,是为一个小区提供服务的无线收发信设备,其主要功能是提供无线电发送和接收。BTS 包括发射机、接收机、天线、接口电路等设备。

(3)移动台(MS)

MS 是用户使用的设备,它由两部分组成:移动设备和用户识别模块(SIM)。

移动设备主要完成信息发送和接收;SIM 卡存有与用户相关的信息,如鉴权和加密信息、位置信息、业务级别信息等。只有插入 SIM 卡后移动设备才能进入网络。

(4)运营与支撑子系统(OSS)

OSS 的主要功能是移动用户管理、移动设备管理以及网络操作和维护。移动用户管理包括用户数据管理和呼叫计费管理。用户数据管理一般由 HLR 完成;呼叫计费管理可以由各个 MSC 分别处理,也可以由 HLR 或独立的计费设备来管理;移动设备管理由 EIR 来完成;网络操作与维护由 OMC 来完成。

OSS 是一个相对的管理和服务中心,不包括与 GSM 系统的 NSS 和 BSS 部分密切相关的功能实体。它主要由网络管理中心(NMC)、安全性管理中心(SEMC)、用于用户设备卡管理的个人化中心(PCS)、用于集中计费管理的数据库处理系统(DPPS)等功能实体组成。

3. GSM 系统话音信号的处理过程

GSM 系统中,如何把模拟话音信号转换成适合在无线信道中传输的数字信号形式,直接关系到话音的质量、系统的性能,这是一个很关键的过程。GSM 系统话音信号的处理过程如图 6-21 所示。

在发送端,模拟话音信号首先经过话音编码转换成 13 kbit/s 的数字话音信号,然后经过信道编码、交织、加密和突发脉冲形成等功能模块生成基带数字信号,其速率为 33.8 kbit/s,基带信号再经过调制、变频、功率放大后形成射频信号,并由天线将其发送出去。接收端的处理过程与发送端的处理过程相反。

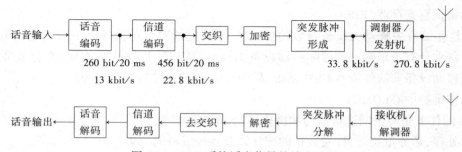

图 6-21　GSM 系统话音信号的处理过程

4. GPRS 网络

(1)GPRS 概述

GPRS(General Packet Radio Service)是通用分组无线业务的简称,它是第 2.5 代移动通信系统,是 GSM 向 3G 过渡的一个桥梁。

GPRS 是在 GSM 系统基础上引入新的部件而构成的无线数据传输系统,目的是为 GSM 用户提供分组形式的数据业务。现有的 BSS 从一开始就可提供全面的 GPRS 覆盖。GPRS 允许用户在端到端分组转移模式下发送和接收数据,而不需要利用电路交换模式的网络资源,从而提供了一种高效、低成本的无线分组数据业务。GPRS 特别适用于间断的、突发性的和频繁的、少量的数据传输,也适用于偶尔的大数据量传输。

(2)GPRS 的网络结构

GPRS 网络其实是叠加在现有的 GSM 网络上的另一网络,它在原有 GSM 网络的基础上增加了 SGSN、GGSN 等功能实体,如图 6-22 所示。GPRS 共用现有 GSM 网络的 BSS 系统,但要对软硬件进行相应的更新;同时 GPRS 和 GSM 网络各实体的接口必须作相应的界定;另外,要求移动台提供对 GPRS 业务的支持。GPRS 支持通过 GGSN 实现和其他数据网的互联,接口协议可以是 X.75 或者是 X.25,同时 GPRS 还支持和 IP 网络的直接互联。

GPRS 网络的主要功能实体介绍如下。

①GPRS MS

GPRS MS 有如下三种类型。

A 类 GPRS MS:能同时连接到 GSM 和 GPRS 网络,同时提供 GPRS 业务和 GSM 电路交换业务。

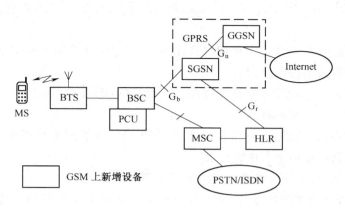

图 6-22 GPRS 的网络结构

B 类 GPRS MS:能同时连接到 GSM 网络和 GPRS 网络,可用于 GPRS 分组业务和 GSM 电路交换业务,但两者不能同时工作。

C 类 GPRS MS:在某一时刻只能连接到 GSM 网络或 GPRS 网络。如果它能够支持分组交换和电路交换两种业务,只能人工进行业务切换,不能同时进行两种操作。

②分组控制单元(PCU)

PCU 是在 BSS 侧增加的一个处理单元,主要完成 BSS 侧的分组业务处理和分组无线信道资源的管理,目前 PCU 一般在 BSC 和 SGSN 之间实现。

③服务 GPRS 支持节点(SGSN)

SGSN 的主要作用是记录移动台的当前位置信息,并且在 MS 和 GGSN 之间完成移动分组数据的发送和接收。

④网关 GPRS 支持节点(GGSN)

GGSN 是连接 GSM 网络和外部分组交换网(如因特网和局域网)的网关。GGSN 可以把网络中的 GPRS 分组数据包进行协议转换,从而可以把这些分组数据包传送到远端的 TCP/IP 或 X.25 网络。

三、第三代移动通信系统(3G)

1. 3G 概述

第三代移动通信系统(3G)最早由 ITU 于 1985 年提出,考虑到该系统预计于 2000 年左右进入商用市场,并且其工作的频段在 2 000 MHz,故于 1996 年正式更名为 IMT-2000(International Mobile Telecommunication-2000)。

2. 3G 的目标

ITU 明确提出了第三代移动通信系统的目标,即实现移动通信网络全球化、业务综合化和通信个人化。具体包括:

(1)以低成本的多种模式的手机来实现全球漫游。用户不再限制于一个地区和一个网络,而能在整个系统和全球漫游。

(2)适应多种环境。采用多层小区结构,即微微蜂窝、微蜂窝、宏蜂窝,将地面移动通信系统和卫星移动通信系统结合在一起;不管身处何方,依然近在咫尺。

（3）能提供高质量的多媒体业务，包括高质量的话音、可变速率的数据、高分辨率的图像等多种业务。

（4）足够的系统容量、强大的多种用户管理能力、高保密性能和服务质量。质量和保密功能对这一代移动通信技术提出更高的要求。

（5）在全球范围内，系统设计必须保持高度一致。在 IMT-2000 家族内部以及 IMT-2000 与固定通信网之间的业务要互相兼容。

（6）具有较好的经济性能，即网络投资费用，和用户终端费用要尽可能低，并且终端设备应体积小、耗电省，满足通信个人化的要求。

为实现上述目标，对无线传输技术提出了以下要求：

（1）高速传输以支持多媒体业务，室内环境至少 2 Mbit/s；室外步行环境至少 384 kbit/s；室外车辆环境至少 144 kbit/s。

（2）传输速率按需分配。

（3）上下行链路能适应不对称业务的需求。

（4）简单的小区结构和易于管理的信道结构。

（5）灵活的频率和无线资源管理、系统配置和服务设施。

3. 3G 的频谱分配

3G 系统的主要工作频段如下：

（1）主要工作频段

频分双工（FDD）方式：1 920～1 980 MHz/2 110～2 170 MHz；

时分双工（TDD）方式：1 880～1 920 MHz/2 010～2 025 MHz。

（2）补充工作频率

频分双工（FDD）方式：1 755～1 785 MHz/1 850～1 880 MHz；

时分双工（TDD）方式：2 300～2 400 MHz。

（3）卫星移动通信系统工作频段

1 980～2 010 MHz/2 170～2 200 MHz。

4. 3G 的网络结构

3G 系统的构成如图 6-23 所示，它主要由四个功能子系统构成，即核心网（CN）、无线接入网（RAN）、移动台（MT）和用户识别模块（UIM），分别对应于 GSM 系统的交换子系统（SSS）、无线子系统（BSS）、移动台（MS）和 SIM 卡。

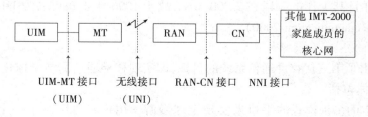

图 6-23 3G 系统的构成

另外 ITU 定义了如下 4 个标准接口：

（1）NNI 接口：网络与网络接口，由于 ITU 在网络部分采用了"家族概念"，因而此接口是指不同家族成员之间的标准接口,是保证互通和漫游的关键接口。

(2) RAN-CN 接口:无线接入网与核心网之间的接口,对应于 GSM 系统的 A 接口。

(3) UNI 接口:无线接口,移动台和无线接入网之间的接口,对应于 GSM 系统的 U_m 接口。

(4) UIM-MT 接口:用户识别模块和移动台之间的接口。

四、第四代移动通信系统(4G)

1. 4G 概述

4G 技术包括 TD-LTE 和 FDD-LTE 两种制式(严格来讲,LTE 相当于 3.9G,还未达到 IMT 对 4G 的要求,升级版的 LTE-Advanced 可称为真正的 4G)。4G 具有比 3G 更高的传输速率,能够实现高速数据、高清视频的传输。

2. 4G 的特点

(1) 带宽灵活配置:支持 1.4 MHz, 3 MHz, 5 MHz, 10 MHz, 15 MHz, 20 MHz。

(2) 峰值速率(20 MHz 带宽):下行 100 Mbit/s;上行 50 Mbit/s。

(3) 控制面延时小于 100 ms,用户面延时小于 5 ms。

(4) 能为速度大于 350 km/h 的用户提供 100 kbit/s 的接入服务。

(5) 取消 CS(电路)域,CS 域业务在 PS(分组)域实现,如 VOIP。

(6) 系统结构简单化,低成本建网。

3. 4G 网络结构

4G 网络结构如图 6-24 所示。4G 网络主要包括以下三个主要组件:用户设备 (UE)、演进 UMTS 地面无线接入网 (E-UTRAN) 和分组核心演进(EPC)部分。EPC 与分组数据网络,诸如因特网、专用企业网络或 IP 多媒体子系统等,在外界连通。系统不同部分之间的接口,包括 Uu,S1 和 SGi。

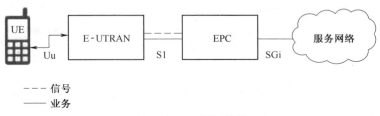

图 6-24　4G 网络结构

(1) 用户设备 (UE)

UE 作为用户使用的终端设备,与 UMTS 和 GSM 中的移动台的作用类似,它也包括两部分:移动设备(ME)和用户识别模块(USIM)。ME 处理所有的通信功能;USIM 存储用户特定的数据,如用户的电话号码、安全密钥等信息。

(2) E-UTRAN(接入网)

E-UTRAN 的体系结构如图 6-25 所示。

E-UTRAN 包括若干演进式基站,称为 eNodeB 或 eNB。eNB 发送和接收无线电波,与移动台进行通信。每个 eNB 通过 S1 接口与 EPC 连接,它也可以通过 X2 接口连接到附近的基站,X2 接口主要用于在越区切换过程中的信令和数据包转发。

(3) 演进分组核心(EPC)

EPC 的体系结构如图 6-26 所示。除了图中显示的部分外,EPC 还包括其他一些组件,如

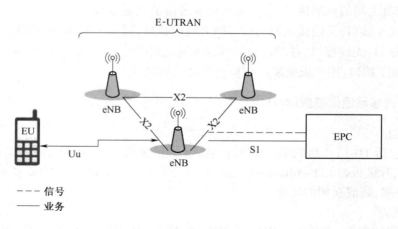

图 6-25　E-UTRAN 的体系结构

地震和海啸预警系统(ETWS)、设备标识寄存器(EIR)、策略控制和计费规则功能(PCRF)等。

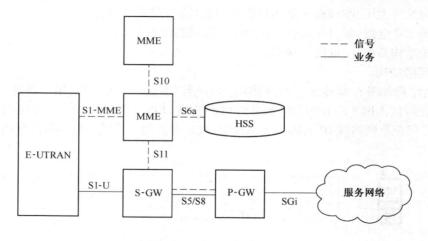

图 6-26　EPC 的体系结构

下面简要说明各组件的主要功能:

①MME。主要负责信令处理及移动性管理,功能包括:NAS 信令及其安全;跟踪区域(Tracking Area)列表的管理;P-GW 和 S-GW 的选择;跨 MME 切换时对于 MME 的选择;在向 2G/3G 接入系统切换过程中 SGSN 的选择;鉴权、漫游控制及承载管理;3GPP 不同接入网络的核心网络节点之间的移动性管理(终结于 S3 节点);信令面的合法监听等。

②SAE-GW。包括 S-GW 和 P-GW,S-GW 作为面向 eNodeB 终结 S1-U 接口的网关,负责数据处理;P-GW 与分组数据网(PDN)连接;S-GW 和 P-GW 接收 MME 的控制,承载用户面数据。

S-GW 的主要功能有:当 eNodeB 间切换时,作为本地锚定点并协助完成 eNodeB 的重排序功能;在 3GPP 不同接入系统间切换时的移动性锚点(终结在 S4 接口,在 2G/3G 系统和 P-GW 间实现业务路由);合法侦听及数据包的路由和前转;PDN 和 QCI 的上行链路和下行链路的相关计费等。

P-GW 的主要功能有：分组数据包路由和转发；3GPP 和非 3GPP 网络间的 Anchor 功能；UE IP 地址分配，接入外部 PDN 的网关功能；基于用户的包过滤；合法侦听；计费和 QoS 策略执行功能；DIP 功能；基于业务的计费功能；在上行链路中进行数据包传送级标记；上／下行服务等级计费及服务水平门限的控制；基于业务的上／下行速率的控制等。

③HSS。用于存储用户签约信息的数据库，主要功能包括：存储用户相关的信息；签约数据管理和鉴权，如用户接入网络类型限制、用户 APN 信息、计费信息管理；支持多种卡类和多种方式的鉴权；与不同域和子系统中的呼叫控制和会话管理实体互通等。

④PCRF。策略和计费控制单元，主要功能包括：用户的签约数据管理功能；用户、计费策略控制功能；事件触发条件定制功能；业务优先级化与冲突处理功能；QoS 功能，网络安全性功能；IP-CAN 承载与 IP-CAN 会话相关联策略信息的管理功能等。PCRF 还可用于：对无限量包月的滥用者限制带宽；保证高端用户的流量带宽；保证高质量业务的服务质量；动态配置计费策略，完成内容计费。

⑤CG。3GPP R8 版本 EPC 架构中计费节点为 S-GW 和 P-GW，S-GW 产生的计费信息类似于 SGSN；P-GW 产生的计费信息类似于 GGSN。计费点将计费话单送至计费网关 CG，由 CG 完成计费话单的检错、纠错和话单的合并，并完成话单格式的转换，然后将计费话单以标准格式送至运营公司的计费系统。

⑥DNS。为 EPC 核心网网元和终端提供域名解析功能。

EPC 核心网基于 2G/3G 分组域架构演进而来，采用了控制与承载相分离的架构，新增了一些接口，并且这些接口均基于 IP 协议，具体如下：

a. S1-MME 接口。eNodeB 和 MME 之间的接口，用于传送用户数据和相应的用户平面控制帧。该接口底层采用 SCTP 协议，应用层采用 S1-AP 协议。

b. S1-U 接口。eNodeB 和 S-GW 之间的接口，用于承载用户面隧道和切换时 eNodeB 之间的路径交换。采用 GTP-U 协议，下层为 UDP，其中 GTP-U 协议用来在 eNodeB 和 S-GW 之间进行用户数据的隧道传输，UDP 协议封装用户数据。

c. S3 接口。SGSN 和 MME 之间的接口，类似于 3G 系统中 SGSN 间的 Gn 接口，实现 3GPP 网间进行交互，采用 GTP-C 协议，下层为 UDP。

d. S4 接口。SGSN 与 S-GW 之间的接口，类似于 3G 系统中 SGSN 与 GGSN 间的 Gn 接口。提供 GPRS 网和 S-GW 之间的相关控制和移动性管理。S4 接口既可以只有信令面接口（GTP-C），也可以包括用户面的接口（GTP-U）。S4 接口如果只作为信令面的接口，其采用 GTPv2-C 协议，GTPv2-C 协议用来在 GSN 和 S-GW 之间传输信令消息。

e. S5/S8 接口。S-GW 和 P-GW 之间的接口，可以分为控制平面和用户平面。S5 接口是网络内部 S-GW 和 P-GW 间的接口。该接口应能在 S-GW 和 P-GW 分设情况下，提供用户移动过程中的 S-GW 重定位的功能。S8 是跨 PLMN 的 S-GW 和 P-GW 之间的接口，应具备漫游情况下的 S5 接口功能。该接口采用 GTP 协议，下层为 UDP。

f. S6a 接口。HSS 与 MME 的接口，完成用户接入认证、插入用户签约数据、对用户接入 PDN 进行授权，与非 3GPP 系统互联时对用户的移动性管理消息的认证等功能。该接口下层采用 SCTP，应用层为 Diameter 协议。

g. S10 接口。MME 之间的控制面接口，为 MME 再分布和 MME 之间信息的传输。采用 GTPv2 协议，下层为 UDP。

h. S11 接口。MME 和 S-GW 之间的接口,用于传输承载控制与会话控制等信息。采用 GTPv2 的控制面协议 GTPv2-C,下层为 UDP,其中 GTP-C 用于对 MME 和 S-GW 间的信令消息进行隧道化封装。UDP 用于传送 MME 和 S-GW 间的信令消息。

i. Gn/Gp 接口。MME 和 3GPP Pre R8 版本的 SGSN 之间的接口,用于传输会话控制等信息,也是 2G/3G SGSN 与 P-GW 之间的接口,分为控制平面和用户平面,基于 GTPv1。在非漫游情况下,Gn 提供同一 PLMN 内 2G/3G SGSN 与 P-GW 之间的用户面和控制面接口功能,P-GW 提供 2G/3G GGSN 功能。在漫游情况下,Gp 提供跨 PLMN 的 2G/3G SGSN 与 P-GW 之间的用户面和控制面接口功能,P-GW 提供 2G/3G GGSN 功能。

j. S12 接口。UTRAN 与 S-GW 之间的用户面的接口(GTP-U)。当直接传输隧道建立后,S12 成为 UTRAN 和 S-GW 间用户平面隧道的接口点。S12 接口的用户面采用 GTPv1 协议。

k. Gx 接口。PCRF 与 PCEF 间的接口,其中 PCEF 位于 P-GW 中,提供 QoS 准则和计费标准的传输。

l. SGi 接口。P-GW 和分组数据网络之间的接口,包括 IMS 核心网、外部公共或私人数据网,类似于 Gi 接口。

m. Rx 接口。PCRF 与 AF 间的接口,AF 功能位于业务平台。

4. 4G 的工作频段

4G 网络分为 LTE-TDD 和 LTE-FDD 两种模式,这两种模式支持的频段是不一样的,分别见表 6-3 和表 6-4。

表 6-3 LTE-FDD 频段划分

频段	上行频率	下行频率	制式
1	1 920~1 980 MHz	2 110~2 170 MHz	FDD
2	1 850~1 910 MHz	1 930~1 990 MHz	FDD
3	1 710~1 785 MHz	1 805~1 880 MHz	FDD
4	1 710~1 755 MHz	2 110~2 155 MHz	FDD
5	824~849 MHz	869~894 MHz	FDD
6	830~840 MHz	875~885 MHz	FDD
7	2 500~2 570 MHz	2 620~2 690 MHz	FDD
8	880~915 MHz	892.5~960 MHz	FDD
9	1 749.9~1 784.9 MHz	844.9~1 879.9 MHz	FDD
10	1 710~1 770 MHz	2 110~2 170 MHz	FDD
11	1 427.9~1 447.9 MHz	1 475.9~1 495.9 MHz	FDD
12	698~716 MHz	728~746 MHz	FDD
13	777~787 MHz	746~756 MHz	FDD
14	788~798 MHz	758~768 MHz	FDD
17	704~716 MHz	734~746 MHz	FDD
18	815~830 MHz	860~875 MHz	FDD
19	830~845 MHz	875~890 MHz	FDD
20	832~862 MHz	791~821 MHz	FDD
21	1 447.9~1 462.9 MHz	1 495.9~1 510.9 MHz	FDD
24	1 626.5~1660.5 MHz	1 525~1 559 MHz	FDD

表 6-4　LTE-TDD 频段划分

频段	上行频率（UL）	下行频率（DL）	制式
33	1 900~1 920 MHz	1 900~1 920 MHz	TDD
34	2 010~2 025 MHz	2 010~2 025 MHz	TDD
35	1 850~1 910 MHz	1 850~1 910 MHz	TDD
36	1 930~1 990 MHz	1 930~1 990 MHz	TDD
37	1 910~1 930 MHz	1 910~1 930 MHz	TDD
38	2 570~2 620 MHz	2 570~2 620 MHz	TDD
39	1 880~1 920 MHz	1 880~1 920 MHz	TDD
40	2 300~2 400 MHz	2 300~2 400 MHz	TDD
41	2 496~2 690 MHz	2 496~2 690 MHz	TDD
42	3 400~3 600 MHz	3 400~3 600 MHz	TDD
43	3 600~3 800 MHz	3 600~3 800 MHz	TDD

5. 4G 移动通信系统中的关键技术

（1）正交频分复用（OFDM）技术

第四代移动通信系统主要是以 OFDM 为核心技术。OFDM 技术实际上是多载波调制的一种。其主要思想是：将信道分成若干正交子信道，将高速数据信号转换成并行的低速子数据流，调制在每个子信道上进行传输。正交信号可以通过在接收端采用相关技术来分开，这样可以减少子信道之间的相互干扰。每个子信道上的信号带宽小于信道的相关带宽，因此每个子信道可以看成平坦性衰落，从而可以消除符号间干扰。而且由于每个子信道的带宽仅仅是原信道带宽的一小部分，信道均衡变得相对容易。

OFDM 有很多独特的优点：①频谱利用率高；②抗多径干扰与窄带干扰能力较单载波系统强；③能充分利用信噪比比较高的子信道，抗频率选择性衰落能力强。

（2）智能天线技术

智能天线采用了空时多址（SDMA）的技术，利用信号在传输方向上的差别，将同频率或同时隙、同码道的信号进行区分，动态改变信号的覆盖区域，将主波束对准用户方向，并能够自动跟踪用户和监测环境变化，为每个用户提供优质的上行链路和下行链路信号从而达到抑制干扰、准确提取有效信号的目的。这种技术具有抑制信号干扰、自动跟踪及数字波束等功能，被认为是未来移动通信的关键技术。

（3）多输入多输出（MIMO）技术

MIMO 技术是指在基站和移动终端都有多个天线。MIMO 技术为系统提供空间复用增益和空间分集增益。空间复用是在接收端和发射端使用多副天线，充分利用空间传播中的多径分量，在同一频带上使用多个子信道发射信号，使容量随天线数量的增加而线性增加。空间分集有发射分集和接收分集两类。基于分集技术与信道编码技术的空时码可获得高的编码增益和分集增益，已成为该领域的研究热点。MIMO 技术可提供很高的频谱利用率，且其空间分集可显著改善无线信道的性能，提高无线系统的容量及覆盖范围。

（4）软件无线电（SDR）技术

在 4G 移动通信系统中，软件将会变得非常繁杂。为此，专家们提议引入软件无线电技术,将其作为从第二代移动通信通向第三代和第四代移动通信的桥梁。其中心思想是:构造一个具有开放性、标准化、模块化的通用硬件平台,将工作频段、调制解调类型、数据格式、加密模式、通信协议等各种功能用软件来完成,并使宽带 A/D 和 D/A 转换器尽可能靠近天线,以研制出具有高度灵活性、开放性的新一代无线通信系统。

由于各种技术的交叠有利于减少开发风险,所以未来 4G 技术需要适应不同种类的产品要求,而软件无线电技术则是适应产品多样性的基础,它不仅能减少开发风险,还更易于开发系列型产品。此外,它还减少了硅芯片的容量,从而降低了运算器件的价格,其开放的结构也会允许多方运营的介入。

(5)多用户检测技术

4G 系统的终端和基站将用到多用户检测技术以提高系统的容量。多用户检测技术的基本思想是:把同时占用某个信道的所有用户或部分用户的信号都当作有用信号,而不是作为噪声处理,利用多个用户的码元、时间、信号幅度以及相位等信息联合检测单个用户的信号,即综合利用各种信息及信号处理手段,对接收信号进行处理,从而达到对多用户信号的最佳联合检测。它在传统的检测技术的基础上,充分利用造成多址干扰的所有用户的信号进行检测,从而具有良好的抗干扰和抗远近效应性能,降低了系统对功率控制精度的要求,因此可以更加有效地利用链路频谱资源,显著提高系统容量。

五、第五代移动通信系统(5G)

1.5G 概述

5G 是 4G 之后的延伸,它面向未来的移动互联网和物联网业务需求。

(1)5G 应用场景

ITU 为 5G 定义了 eMBB(增强移动宽带)、mMTC(大规模物联网)、uRLLC(高可靠低时延)三大应用场景。

①eMBB(增强移动宽带)典型应用包括超高清视频、虚拟现实、增强现实等。关键的性能指标包括 100 Mbit/s 用户体验速率(热点场景可达 1 Gbit/s)、数十 Gbit/s 峰值速率、每平方公里数十 Tbit/s 的流量密度、每小时 500 km 以上的移动性等。

②uRLLC(高可靠低时延)典型应用包括工业控制、无人机控制、智能驾驶控制等,这类场景聚焦对时延极其敏感的业务,高可靠性也是其基本要求。

③mMTC(大规模物联网)典型应用包括智慧城市、智能家居等。这类应用对连接密度要求较高,同时呈现行业多样性和差异化。

(2)5G 特点

要在不同的场景下使用户获得良好的应用体验,需要满足以下指标:

①高速率。5G 的传输速率在 4G 的基础上提高了 10~100 倍,体验速率能够达到 0.1~1 Gbit/s,峰值速率能够达到 10 Gbit/s。

②低时延。时延降低到 4G 的 1/10 或 1/5,达到毫秒级水平。

③高设备密度。设备密集度能够达到 600 万个/平方公里。

④高流量密度。流量密度能够在 20 Tbit/s/平方公里以上。

⑤支持高速移动。移动性达到 500 km/h,实现高速铁路环境下的良好用户体验。

为了满足上述性能指标的要求,使用户获得良好的业务体验,除了以上的这些指标外,能耗效率、频谱效率及峰值速率等指标也是重要的 5G 技术指标,需要在 5G 系统设计时综合考虑。

（3）5G 组网规划

按照 3GPP 规划,5G 标准分为 NSA(Non Standalone,非独立组网)和 SA(Standalone,独立组网)两种。

①NSA:其中 NSA 组网是过渡方案,主要以提升热点区域带宽为主要目标,没有独立信令面,依托 4G 基站和核心网工作,相对标准制定进展快些,已于 2017 年 12 月完成相关标准化工作。

②SA:2018 年 6 月,3GPP 5G 标准 SA 方案在 3GPP 全会正式完成并发布,这标志着首个真正完整意义的国际 5G 标准正式出炉,即 Release15 版本。

2.5G 关键技术

5G 系统的主要关键技术如下:

（1）高频段传输

移动通信传统工作频段主要集中在 3 GHz 以下,这使得频谱资源十分拥挤,而在高频段（如毫米波、厘米波频段）可用频谱资源丰富,能够有效缓解频谱资源紧张的现状,可以实现极高速短距离通信,支持 5G 容量和传输速率等方面的需求。5G 的频段分成了两个范围:FR1 和 FR2。FR1:450～6 000 MHz;FR2:24 250～52 600 MHz。

高频段在移动通信中的应用是未来的发展趋势,业界对此高度关注。足够量的可用带宽、小型化的天线和设备、较高的天线增益是高频段毫米波移动通信的主要优点,但也存在传输距离短、穿透和绕射能力差、容易受气候环境影响等缺点。射频器件、系统设计等方面的问题也有待进一步研究和解决。

（2）新型多天线传输

多天线技术经历了从无源到有源,从二维(2D)到三维(3D),从高阶 MIMO 到大规模阵列的发展,将有望实现频谱效率提升数十倍甚至更高,是目前 5G 技术重要的研究方向之一。

由于引入了有源天线阵列,基站侧可支持的协作天线数量将达到 128 根。此外,原来的2D 天线阵列拓展成为 3D 天线阵列,形成新颖的 3D-MIMO 技术,支持多用户波束智能赋型,减少用户间干扰,结合高频段毫米波技术,将进一步改善无线信号覆盖性能。

（3）同时同频全双工技术

同时同频全双工技术是指在相同的频谱上,通信的收发双方同时发射和接收信号,与传统的 TDD 和 FDD 双工方式相比,从理论上可使空口频谱效率提高 1 倍。

全双工技术能够突破 FDD 和 TDD 方式的频谱资源使用限制,使得频谱资源的使用更加灵活。然而,全双工技术需要具备极高的干扰消除能力,这对干扰消除技术提出了极大的挑战,同时还存在相邻小区同频干扰问题。

（4）D2D(Device to Device,终端直通)技术

传统的蜂窝通信系统的组网方式是以基站为中心实现小区覆盖,而基站及中继站无法移动,其网络结构在灵活度上有一定的限制。随着无线多媒体业务不断增多,传统的以基站为中心的业务提供方式已无法满足海量用户在不同环境下的业务需求。

D2D 技术无需借助基站的帮助就能够实现通信终端之间的直接通信,拓展网络连接和接入方式。由于短距离直接通信,信道质量高,D2D 能够实现较高的数据速率、较低的时延和较

低的功耗;通过广泛分布的终端,能够改善覆盖,实现频谱资源的高效利用;支持更灵活的网络架构和连接方法,提升链路灵活性和网络可靠性。目前,D2D 采用广播、组播和单播技术方案,未来将发展其增强技术,包括基于 D2D 的中继技术、多天线技术和联合编码技术等。

(5)密集网络

在未来的 5G 通信中,无线通信网络正朝着网络多元化、宽带化、综合化、智能化的方向演进。随着各种智能终端的普及,数据流量将出现井喷式的增长。未来数据业务将主要分布在室内和热点地区,这使得超密集网络成为实现未来 5G 的 1 000 倍流量需求的主要手段之一。超密集网络能够改善网络覆盖,大幅度提升系统容量,并且对业务进行分流,具有更灵活的网络部署和更高效的频率复用。未来,面向高频段大带宽,将采用更加密集的网络方案,部署小区/扇区将高达 100 个以上。

与此同时,愈发密集的网络部署也使得网络拓扑更加复杂,小区间干扰已经成为制约系统容量增长的主要因素,极大地降低了网络能效。干扰消除、小区快速发现、密集小区间协作、基于终端能力提升的移动性增强方案等,都是目前密集网络方面的研究热点。

(6)新型网络架构

LTE 接入网采用网络扁平化架构,减小了系统时延,降低了建网成本和维护成本。未来 5G 可能采用 C-RAN 接入网架构。C-RAN 是基于集中化处理、协作式无线电和实时云计算构架的绿色无线接入网构架。C-RAN 的基本思想是通过充分利用低成本高速光传输网络,直接在远端天线和集中化的中心节点间传送无线信号,以构建覆盖上百个基站服务区域,甚至上百平方公里的无线接入系统。C-RAN 架构适于采用协同技术,能够减小干扰,降低功耗,提升频谱效率,同时便于实现动态使用的智能化组网,集中处理有利于降低成本,便于维护,减少运营支出。目前的研究内容包括 C-RAN 的架构和功能,如集中控制、基带池 RRU 接口定义、基于 C-RAN 的更紧密协作,如基站簇、虚拟小区等。

(7)先进的信道编码设计

4G 网络的编码还不足以应对未来的数据传输需求,因此迫切需要一种更高效的信道编码设计,以提高数据传输速率,并利用更大的编码信息块契合移动宽带流量配置,同时,还要继续提高现有信道编码技术(如 LTE Turbo)的性能极限。LDPC 的传输效率远超 LTE Turbo,并且易平行化的解码设计,能以低复杂度和低时延,扩展达到更高的传输速率。

第三节　卫　星　通　信

一、卫星通信的特点

卫星通信是指利用人造地球卫星作为中继站转发无线电波,在两个或多个地球站之间进行通信的方式。

与地面通信相比,卫星通信具有以下特点:

(1)通信距离远,覆盖面积大。因为卫星距离地面很远,一颗同步卫星可覆盖地球表面积的 42% 左右,因而三颗同步卫星能够覆盖除两极以外的全部地球表面。

(2)具有多址连接功能。卫星所覆盖区域内的所有地球站都能利用同一卫星进行相互间的通信,即多址连接。

（3）通信的成本与通信距离无关。建站费用和运行费用不随通信站之间的距离不同而改变。

（4）通信频带宽、传输容量大，适于多种业务传输。卫星通信使用微波频段，带宽可达500～1 000 MHz，一颗卫星的容量可达数千路以至上万路。

（5）通信线路稳定可靠，通信质量高。卫星通信的电波主要在大气层以外的宇宙空间中传输，传播相对比较稳定；同时它不受地形、地物等自然条件影响，且不易受自然或人为的干扰，所以通信稳定可靠，传输质量高。

（6）通信灵活。卫星通信不受地形、地貌等自然条件的影响，能够在短时间内将通信网延伸至新的区域，或者使设施遭到破坏的地域迅速恢复通信。

（7）信号有较大的传播时延。在静止卫星通信系统中，从地球站发射的信号经过卫星转发到另一个地球站时，电磁波传播距离为72 000 km，单程传播时间约为0.27 s。所以通过卫星打电话时，讲完话后要等半秒钟才能听到对方的回话，使人感到很不习惯。

（8）卫星使用寿命短，可靠性要求高。由于受太阳能电池寿命以及控制用燃料数量等因素的限制，通信卫星的使用寿命一般仅为几年。而卫星发射后难以进行现场检修，所以要求在卫星的短短几年的使用寿命期间通信卫星必须是高可靠性的。

由于卫星通信网的以上特点，卫星通信的业务范围非常广泛，可用于传输话音、电报、数据以及广播电视节目等。

二、卫星通信系统的组成

目前的卫星通信系统因其传输的业务不同，它们的组成也不完全相同。卫星通信系统通常由通信卫星、地球站、跟踪遥测及指令系统和监控管理系统四大部分组成，如图6-27所示。

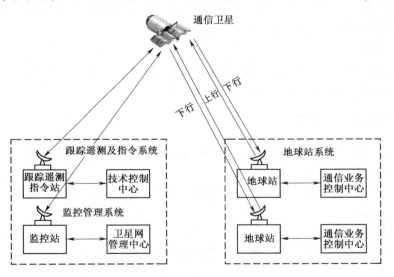

图6-27 卫星通信系统的基本组成

1. 通信卫星

通信卫星是一个设在空中的微波中继站，卫星中的通信系统称为卫星转发器，其主要功能是接收地面发来的信号后（称为上行信号）进行低噪声放大，然后混频，混频后的信号再进行功率放大，之后发射回地面（这时的信号称为下行信号）。卫星通信中，上行信号和下行信号的频率是不同的，这样可以避免在卫星通信天线中产生同频率信号干扰。

2. 地球站

地球站由天线馈线设备、发射设备、接收设备和信道终端设备组成,主要作用是发射和接收用户信号。

(1)天线馈线设备

天线是一种定向辐射和接收电磁波的装置。它把发射机输出的信号辐射给卫星,同时把卫星发来的电磁波收集起来送到接收设备。

(2)发射设备

发射设备将信道终端设备输出的中频信号(一般的中频频率是 70 MHz±18 MHz)变换成射频信号(如 C 波段中是 6 GHz 左右),并把这一信号的功率放大到一定值。

(3)接收设备

接收设备的任务是把接收到的极其微弱的卫星转发信号首先进行低噪声放大(对 4 GHz 左右的信号放大,放大器本身引入的噪声很小),然后变频到中频信号,供信道终端设备解调及其他处理。

(4)信道终端设备

信道终端设备的任务是进行信号的处理。发送时,信道终端的基本任务是将用户设备(电话、电话交换机、计算机、传真机等)通过传输线接口输入的信号加以处理,使之变成适合卫星信道传输的信号形式;接收时,设备进行与发送时相反的处理,将接收设备送来的信号恢复成用户的信号。

3. 跟踪遥测及指令系统

跟踪遥测及指令系统负责对卫星进行跟踪测量,控制其准确进入轨道上的指定位置,并对在轨卫星的轨道、位置及姿态进行监视和校正。

4. 监控管理系统

监控管理系统对在轨卫星的通信性能及参数进行业务开通前的监测和业务开通后的例行监测和控制,以保证通信卫星的正常运行和工作。

三、卫星通信系统的分类

目前世界上建成了数以百计的卫星通信系统,归结起来可进行如下分类:

1. 按通信覆盖区域的范围划分

按通信覆盖区域的范围划分,卫星通信系统可分为国际卫星通信系统、国内卫星通信系统和区域卫星通信系统。

2. 按照通信用途划分

按照通信用途划分,卫星通信系统可分为综合业务卫星通信系统、海事卫星通信系统和军用卫星通信系统。

3. 按业务范围划分

按业务范围划分,卫星通信系统可分为固定业务卫星通信系统、移动业务卫星通信系统、广播业务卫星通信系统和科学实验卫星通信系统。

4. 按多址方式划分

按多址方式划分,卫星通信系统可分为频分多址(FDMA)、时分多址(TDMA)、空分多址(SDMA)和码分多址(CDMA)卫星通信系统。

5. 按运行方式划分

按运行方式划分,卫星通信系统可分为同步卫星通信系统和非同步卫星通信系统,两类系统均可实现固定通信业务及移动通信业务。

(1)同步卫星通信系统

同步卫星通信系统(Geosynchronous Earth Orbit,GEO 或 Geostationary Orbit,GSO)中的通信卫星相对于地球上的某一点是静止的(由于卫星绕地球的运行周期与地球自转同步,而对地球相对静止),所以又称为静止轨道卫星系统。GEO 的卫星距地约 36 000 km,通常约三颗卫星可以覆盖全球,卫星运行周期约为 24 h。典型的同步卫星通信系统有 Inmarsat 卫星系统、VSAT 系统等。

(2)非同步卫星通信系统

非同步卫星通信系统主要有高椭圆轨道卫星通信系统、中轨道卫星通信系统和低轨道卫星通信系统。此类系统中的通信卫星相对于地球上的某一点是移动的,也就是系统的卫星群在绕地球转动。

①低轨道卫星通信系统

低轨道(Low Earth Orbit,LEO)卫星通信系统,卫星距地面约为 500~2 000 km,由于轨道低,每颗卫星所能覆盖的范围比较小,要构成全球系统需要几十颗卫星,卫星运行周期约为几十分钟。典型的低轨道卫星通信系统有"铱"系统、全球星系统等。

②中轨道卫星通信系统

中轨道(Intermediate Circular Orbit,ICO 或 Medium Earth Orbit,MEO)卫星通信系统,卫星距地面约为 2 000~20 000 km,而且由于其轨道比低轨道卫星系统高许多,每颗卫星所能覆盖的范围比低轨道系统大得多,当轨道高度为 10 000 km 时,每颗卫星可以覆盖地球表面的 23.5%,因而只要几颗卫星就可以覆盖全球,卫星运行周期约为几个小时。例如,美国的 Odyssey 系统就属于中轨道卫星通信系统。

③高椭圆轨道卫星通信系统

高椭圆轨道(High Ellipse Orbit,HEO)卫星通信系统,卫星离地最远点为 39 500~50 600 km,最近点为 1 000~21 000 km,理论上,用三颗高轨道卫星即可以实现全球覆盖,卫星运行周期约为 12~24 h。

四、卫星通信系统的工作频段

工作频段的选择将直接影响到整个卫星通信系统的传输容量、质量和可靠性,也会影响到地球站及转发器的发射功率、天线尺寸及设备的复杂程度和成本等。

卫星通信系统所使用的工作频段是微波频段(300 MHz~300 GHz),以充分利用微波频段带宽大、天线增益高、可穿透电离层等特点。卫星通信系统使用的频段见表 6-5。

目前的卫星通信系统所用的频段大多是 C 频段和 Ku 频段,但由于卫星通信业务量的急剧增加,这两个频段显得过于拥挤,所以必须开发更高的频段,如 Ka 频段。

表 6-5　卫星通信使用的频段

频段代号	上行频率(GHz)	下行频率(GHz)
L	1.6	1.5
C	6	4
X	8	7
Ku	14	12 或 11
Ka	30	20

五、卫星通信的多址连接方式

多址连接是指多个地球站通过共同的卫星,同时建立各自的信道,从而实现各地球站相互之间通信的一种方式。多址方式的出现,大大提高了卫星通信线路的利用率和通信连接的灵活性。

卫星通信的多址连接方式要解决的基本问题是如何识别、区分地址不同的各个地球站发出的信号,使多个信号源共享卫星信道。多址连接方式从根本上直接影响卫星通信网络的效率和转发器的容量。卫星通信中常用的多址连接方式主要有频分多址(FDMA)、时分多址(TDMA)、码分多址(CDMA)和空分多址(SDMA)。

1. 频分多址(FDMA)

FDMA 是指将卫星转发器的可用带宽分割成若干互不重叠的部分,即分配给各个地球站使用的载频不同。接收端的地球站根据频率的不同来识别发信站,并从接收到的信号中提取发给本站的信号。

图 6-28 为 FDMA 方式的示意图。图中 f_1、f_2、f_3 为分配给各个地球站的发射载波频率,为了避免相邻载波间的互相重叠,各载波频带间要设置一段很窄的保护频带。各个地球站按所分配的频带发射信号,这些信号经卫星转发器变频后(分别变为 f_4、f_5、f_6),再发回地面。接收端的地球站利用相应的带通滤波器即可有选择地接收某些载波,这些载波携带着地球站所需的信息。

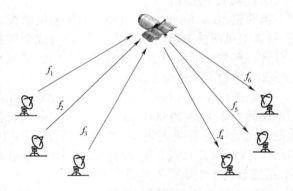

图 6-28　FDMA 方式示意图

FDMA 方式技术成熟,设备简单,系统工作时不需要网同步,且性能可靠,在大容量线路工作时效率较高。但是转发器要同时放大多个载波,容易形成多个交调干扰,为了减少交调干扰,转发器要降低输出功率,从而降低了卫星通信的有效容量。各站的发射功率要求基本一致,否则会引起强信号抑制弱信号现象,因此,大站、小站不易兼容。FDMA 方式灵活性小,要重新分配频率比较困难,而且需要保护带宽以确保信号被完全分离开,频带利用不充分。

2. 时分多址(TDMA)

TDMA 是指将卫星转发器的工作时间周期性地分割成互不重叠的时间间隔,即时隙,分配给各地球站使用。在 TDMA 方式中,各地球站可以使用相同的载波在指定的时隙内断续地向卫星发射本站信号,这些信号通过卫星转发器时,在时间上是严格依次排列、互不重叠的。接收端地球站根据接收信号的时隙位置提取发给本站的信号。

图 6-29 为 TDMA 方式示意图。图中 TS_1、TS_2、TS_3 为分配给各个地球站的时隙,各地球站在指定的时隙内发射信号,接收端的各地球站在指定的时隙内接收所需的信号。

TDMA 方式由于在任何时刻都只有 1 个站发出的信号通过卫星转发器,这样转发器始终处于单载波工作状态,因而从根本上消除了转发器中的互调干扰问题。与 FDMA 方式相比,TDMA 方式能更充分地利用转发器的输出功率,不需要较多的输出补偿。由于频带可以重叠,频率利用率比较高,易于实现信道的"按需分配"。但是各地球站之间在时间上的同步技术较复杂,实现比较困难。

3. 码分多址(CDMA)

CDMA 是指分别给各地球站分配一个特殊的地址码进行信号的扩频调制,各地球站可以同时占用转发器的全部频带发送信号,而没有发射时间和频率的限制(即在时间上和频率上可以相互重叠)。接收站只有使用某发射站的地址码才能提取出该发射站的信号,其他接收站解调时由于采用的地址码不同,因而不能解调出该发射站的信号。

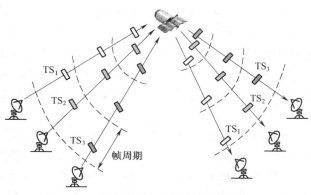

图 6-29　TDMA 方式示意图

CDMA 的实现方式有多种,如直接序列扩频(DS)、跳频(FH)和跳时(TH)等。图 6-30 为 CDMA/DS 方式的示意图。图中各地球站的信息分别经地址码 C_1、C_2 和 C_3 进行扩频调制生成扩频信号,然后各路信号可使用相同频率同时发射到卫星并进行转发,在接收端以本地产生的已知地址码为参考对接收到的所有信号进行鉴别,从中将地址码与本地地址码完全一致的宽带扩频信号还原为窄带而选出,其他与本地地址码无关的信号则仍保持或扩展为宽带信号而滤除。

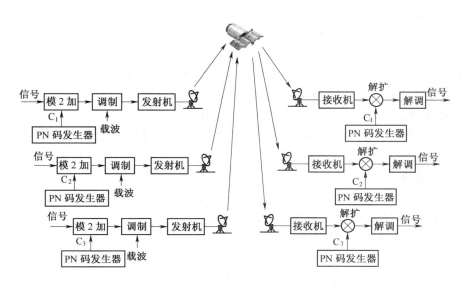

图 6-30　CDMA/DS 方式示意图

与 FDMA、TDMA 相比,CDMA 方式具有较强的抗干扰能力,较好的保密通信能力。易于实现多址连接,灵活性大。但占用的频带较宽,频带利用率较低,选择数量足够的可用地址码较为困难。而且接收时,需要一定的时间对地址码进行捕获与同步。

4. 空分多址(SDMA)

SDMA 是指根据所处的空间区域的不同而区分各地球站,它的基本特性是卫星天线有多个窄波束(又称点波束),它们分别指向不同区域的地球站,利用波束在空间直线的差异来区分不同的地球站。

图 6-31 为 SDMA 方式的示意图。卫星上装有转换开关设备,某区域中某一地球站的上行信号,经上行波束送到转发器,由卫星上转换开关设备将其转换到另一个通信区域的下行波束,从而传送到该区域的某地球站。一个通信区域内如果有几个地球站,则它们之间的站址识别还要借助于 FDMA、TDMA 或 CDMA 方式。

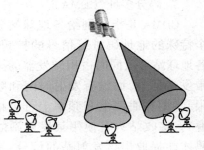

图 6-31 SDMA 方式示意图

SDMA 方式卫星天线增益高,卫星功率可得到合理有效的利用。不同区域地球站所发信号在空间互不重叠,即使在同一时间用相同频率,也不会相互干扰,因而可以实现频率重复使用,这会成倍地扩大系统的通信容量。SD-MA 方式对卫星的稳定及姿态控制提出了很高的要求。卫星的天线及馈线装置也比较庞大和复杂;转换开关不仅使设备复杂,而且由于空间故障难以修复,增加了通信失效的风险。

复习思考题

1. 什么是无线通信? 无线通信系统是如何组成的?
2. 简述无线电波的主要传播特性。
3. 无线通信有哪几种工作方式?
4. 什么是移动通信? 它有何特点?
5. 移动通信系统由哪几部分组成? 各部分的作用是什么?
6. 什么是大区制、小区制和蜂窝网? 它们各自的特点是什么?
7. 什么是多址方式? 比较 FDMA、TDMA、CDMA 的原理和特点。
8. GSM 系统是如何组成的? 简述各部分的功能。
9. 什么是 GPRS? GPRS 网络的基本组成在原来的 GSM 系统基础上做了哪些改进?
10. 3G 系统的三大标准是什么? 各有什么特征?
11. 4G 的特点是什么?
12. 画出 4G 系统的网络结构,并说明每部分的基本功能。
13. 查阅 5G 的相关资料,了解 5G 的最新进展。
14. 什么是卫星通信? 它有何特点?
15. 卫星通信系统是如何组成的?
16. 卫星通信中常用的多址连接方式有哪些?

第七章 接 入 网

【学习目标】

1. 掌握接入网的定义和定界。

2. 了解接入网的接口种类。

3. 了解主要的接入技术。

4. VoIP 和 IPTV 的基本原理。

5. 掌握光纤接入网的功能结构。

6. 了解 FTTC、FTTB 和 FTTH 的应用。

7. 掌握 PON 接入方式的基本结构;理解 PON 技术的基本原理。

8. 了解 EPON 和 GPON 的主要特征。

9. 了解主要的无线接入技术的特点和应用。

第一节 接入网概述

一、接入网的概念

1. 接入网在通信网中的位置

电信网按功能可分为交换网、传送网、接入网 3 部分,接入网位于电信网络的末端,是电信网向用户提供业务服务的窗口。接入网(Access Network,AN)在电信网中的位置如图 7-1 所示,它是本地交换机(或其他网络节点)与用户之间的连接设备,它负责将各种电信业务透明地传送到用户。实际提供电信业务的实体称为业务节点。

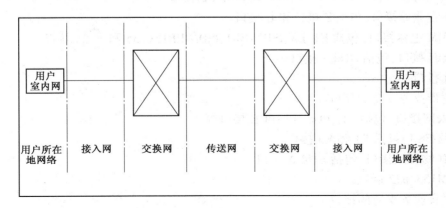

图 7-1 接入网在通信网中的位置

2. 接入网定义及定界

根据国际电信联盟标准部(ITU-T)G.902 的建议,接入网的定义如图 7-2 所示。接入网由业务节点接口(Service Node Interface,SNI)和用户网络接口(User Network Interface,UNI)之间的一系列传送实体(如线路设备和传输设施)组成,是为电信业务提供所需传送承载能力的实施系统。接入网可通过管理接口(Q3)实现配置和管理。

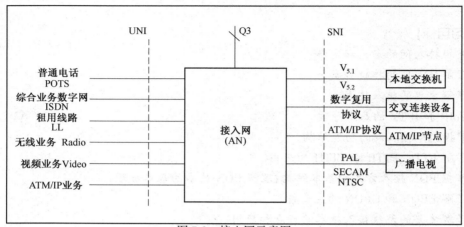

图 7-2 接入网示意图

接入网是由 UNI、SNI 和 Q3 接口界定的,接入网通过这些接口连接到其他网络实体。用户终端通过用户网络接口(UNI)连接到接入网;接入网通过业务节点接口(SNI)连接到业务接点(SN);接入网(AN)和业务节点(SN)通过 Q3 接口连接到电信管理网(TMN)。

二、接入网的接口

接入网的接口分为 3 类,有 UNI、SNI 和 Q3 接口。

1. UNI 接口

UNI 接口是用户网络侧接口,不同的 UNI 支持不同的业务,UNI 接口直接与最终用户设备或用户网络连接,主要包括以下类型:

(1)以太网接口,包括 GE 接口、POS 接口和 FE 接口。

(2)语音业务接口,包括 Z 接口和 U 接口。

(3)TDM 电路接口,包括 E1、E3、ISDN-BRI、ISDN-PRI、V.35 和 V.24 接口。

(4)SDH 接口,包括 STM-1 接口。

2. SNI 接口

(1)宽带业务支持的接口

①以太网接口,包括 GE、POS、和 10GE 接口等。

②电路接口,包括 E1 和 E3 接口。

③SDH 物理层接口,包括 STM-N 接口。

④ATM155/622 接口。

(2)语音业务支持的接口

①V5.2 接口。

②H.248、MGCP 和 SIP 接口。

3. Q3 接口

通过网络管理接口 NMI 实现电信管理网对接入网的管理功能,包括:用户端口功能的管理、运送功能的管理、业务端口功能的管理。

三、接入网技术分类

接入网根据传输方式的不同可分为有线接入网和无线接入网两大类。其中有线接入网又可分为铜线接入、光纤接入、混合光纤/同轴电缆(HFC)接入;无线接入网又分为固定无线接入和移动无线接入。接入网的技术分类如图 7-3 所示。

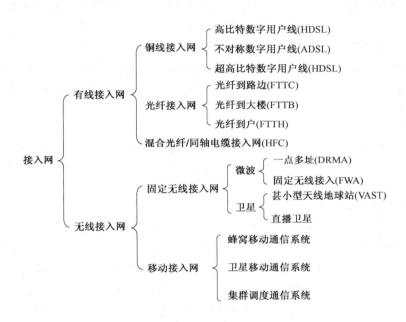

图 7-3　接入网技术分类

1. 铜线接入技术

铜线接入技术主要指 xDSL 技术,xDSL 技术是各种类型的 DSL(Digital Subscriber Line,数字用户环路)的总称。xDSL 是在普通电话线(双绞铜线)上,充分利用双绞铜线的频带,传送数据信号的数字用户线技术。xDSL 技术按照上行(用户到交换局)和下行(交换局到用户)的速率是否相同可分为速率对称型和速率非对称型两种。速率对称型技术主要有 IDSL(综合数字业务用户环路)、SDSL(单用户数字用户环路)、HDSL(高速数字用户环路)等,速率非对称型技术主要有 ADSL(非对称数字用户环路)和 VDSL(超高速数字用户环路)等。

以 ADSL 为例,其主要指标如下:

(1)利用一对双绞线传输。

(2)上/下行数据速率为 512 kbit/s~1 Mbit/s(上行);1~8 Mbit/s(下行)。

(3)支持同时传输数据和语音。

由于铜线接入技术在传输速率、传输距离和可靠性等方面的限制,其已逐渐被光纤接入技术所代替。

2. 光纤接入技术

光纤接入技术是指在接入网中采用光纤作为传输媒介来实现用户信息的传送。通信业务发展越来越趋于多样化、宽带化,要求业务能够实现迅速接入和可靠传输,于是铜线传输的弱点暴露无遗,尽管采取了一些改进措施和新技术,但仍难以满足需要;而光纤接入网以其高带宽、高可靠性能够很好地解决铜缆接入网存在的问题,对宽带业务提供良好支持。

按照光纤延伸范围的不同,光纤接入技术通常可分为 FTTC(Fiber To The Curb,光纤到路边)、FTTB(Fiber To The Building,光纤到大楼)和 FTTH(Fiber To The Home,光纤到家)。

目前,光纤接入网的传送技术主要采用 PON(Passive Optical Network,无源光网络)技术。PON 技术涵盖 TDM/TDMA、无源光分路技术、测距技术、快速同步技术以及突发光电技术,可构成树型、星型和总线型等多种网络拓扑结构。PON 系统采用无源光分路器件,没有有源电子设备,具有较高的网络可靠性和良好的经济性。

PON 技术主要包括 APON(ATM PON,基于 ATM 的无源光网络)、EPON(Ethernet Passive Optical Network,基于以太网的无源光网络)和 GPON(Gigabit-Capable PON,吉比特容量的无源光网络)三种形式。

3. 混合光纤/同轴网

混合光纤/同轴网(Hybrid Fiber-Coax,HFC)是指采用光纤传输系统与同轴电缆分配网相结合的宽带传输平台。HFC 网通常指利用混合光纤同轴来进行宽带数字通信的 CATV(有线电视)网络。

4. 无线接入网技术

无线接入网是指接入网中的某一部分或全部使用无线传输技术,向用户提供固定的或移动的接入服务的技术。它是当前发展最快的接入技术之一。无线接入网作为有线接入网补充和延伸,具有组网灵活、使用方便和成本较低等特点,特别适合于农村、沙漠、山区和自然灾害破坏严重等难于使用有线接入的地区。此外,无线接入技术也是实现个人通信的关键技术之一,未来个人通信的目标是实现任何人在任何时候、任何地方能够以任何方式与任何人进行通信。

无线接入网按传输速率可分为窄带无线接入网(数据传输速率低于 2 Mbit/s)和宽带无线接入网(数据传输速率高于 2 Mbit/s)。窄带无线接入是以电路交换为基础的,而宽带无线接入是以分组交换为基础的。无线接入传输速率与传输信号的实际传输距离、工作频段和调制方式有着密切的关系。

无线接入网按用户终端的移动性,分为固定无线接入网和移动无线接入网两大类。固定无线接入是指用户终端固定或只有有限的移动性,主要的固定无线接入技术包括:本地无线环路(WLL)、本地多点分配业务(LMDS)、多路多点分配业务(MMDS)、卫星直播系统(DBS)等。移动无线接入是指用户终端在较大范围内移动的接入技术,主要的移动无线接入技术包括:蜂窝移动通信系统(如 GSM、3G、4G 等)、移动卫星通信系统、集群系统和无线局域网(WLAN)等。

四、接入网业务

传统的通信业务主要分为语音、数据和电视三大类,分别由电话网、计算机网和广播电视网提供。用户的电话机、计算机和电视机就要通过不同的线路分别接到三个网络上去。

随着通信技术的不断发展,业务融合已成为趋势,各种业务都可由 IP 分组进行承载;接入方式也趋于统一,一根光纤入户或一个无线终端,便可实现多种业务的共同传送。当前,用户主要获得的业务包括宽带上网、VoIP、IPTV 等。下面简要说明 VoIP 和 IPTV 业务。

1. VoIP

VoIP(Voice over Internet Protocol,基于 IP 的语音传输)是一种语音通话技术,经由 IP 协议来达成语音通话与多媒体会议,也就是经由互联网来进行通信。VoIP 可用于包括 VoIP 电话、智能手机、个人计算机在内的诸多互联网接入设备,通过蜂窝网络、Wi-Fi 等进行通话。

VoIP 的基本原理是通过语音的压缩算法对语音数据编码进行压缩处理,然后把这些语音数据按 TCP/IP 标准进行打包,经过 IP 网络把数据包送至接收地,再把这些语音数据包串起来,经过解压处理后,恢复成原来的语音信号,从而达到由互联网传送语音的目的。

IP 电话的核心与关键设备是 IP 网关,它把各地区电话区号映射为相应的地区网关 IP 地址。这些信息存放在一个数据库中,数据接续处理软件将完成呼叫处理、数字语音打包、路由管理等功能。在用户拨打长途电话时,网关根据电话区号数据库资料,确定相应网关的 IP 地址,并将此 IP 地址加入 IP 数据包中,同时选择最佳路由,以减少传输延时,IP 数据包经 Internet 到达目的地的网关。在一些 Internet 尚未延伸到或暂时未设立网关的地区,可设置路由,由最近的网关通过长途电话网转接,实现通信业务。

VoIP 主要有以下三种方式:

(1)网络电话。完全基于 Internet 传输实现的语音通话方式,一般是 PC 和 PC 之间进行通话。

(2)与公众电话网互联的 IP 电话。通过宽带或专用的 IP 网络,实现语音传输。终端可以是 PC 或者专用的 IP 话机。

(3)传统电信运营商的 VoIP 业务。通过电信运营商的骨干 IP 网络传输语音。提供的业务仍然是传统的电话业务,使用传统的话机终端。

2. IPTV

IPTV 即交互式网络电视,是通过 IP 协议向用户提供包括电视节目在内的多种交互式数字媒体服务。IPTV 可实现媒体提供者和媒体消费者的灵活互动,可采用广播、组播、单播多种发布方式,能根据用户的选择配置多种多媒体服务功能,包括数字电视节目,可视 IP 电话,视频点播,互联网游览,电子邮件,以及多种在线信息咨询、娱乐、教育及商务功能。

IPTV 的基本原理是将视频源文件统一转换成适合 IP 网络传输的以 MPEG—4 为编码核心的流媒体文件,然后基于互联网络发送,在网络边缘设置内容分发服务点,配置流媒体服务和存储设备,向用户终端发送信息。用户终端可以是 IP 机顶盒+电视机,也可以是 PC。

第二节　光纤接入网

一、光纤接入网的功能模型

ITU-T 在 G.982 建议中提出了一个与业务和应用无关的光接入网的功能模型,如图 7-4 所示。

光接入网主要由 OLT(光线路终端)、ONU(光网络单元)和 ODN(光配线网)等功能模块组成。

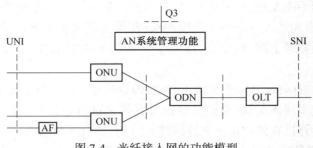

图 7-4　光纤接入网的功能模型

1．OLT

OLT 是接入网的核心设备,是语音、数据和图像等各种业务的接入汇聚点,提供与各种业务节点相对应的 SNI 接口。OLT 通过一个或多个 ODN 与远端的 ONU 通信,OLT 与 ONU 之间是主从关系。OLT 向 ONU 发送业务数据与信令,同时管理来自 ONU 的信令和监控信息,为 ONU 和本身提供维护和配置功能。OLT 作为独立的设备通常与交换机放置在一起,也可根据需要放置在远端。

OLT 的主要接口为:通过 El 接口与交换机相连,使用 V5.2 的接口协议;OLT 通过 E1 接口与 DDN 网相连,以中继方式接入 DDN 网等。

2．ONU

ONU 的作用是为接入网提供直接的远端用户接口,靠近用户侧。ONU 需要为用户提供丰富的业务接口,并具备复用、信令处理和维护管理功能,以满足用户侧多样性和远程工作的需要。ONU 设备可根据实际需要灵活选择放置位置,通过是利用光传输手段尽量靠近用户放置。

ONU 是接入网中位于用户侧的远端设备,处理光信号并为用户提供各种业务接口,其网络侧为光接口,用户侧为电接口,具有光/电及电/光转换、复用及解复用、协议处理及维护管理等功能,并能对语音信号进行数/模及模/数转换,此外还可提供光中继功能。ONU 接收来自 OLT 的管理信息,并将用户及设备的各种状态通过传输系统上报给 OLT。

ONU 提供了丰富的接口种类。ONU 提供的接口及其对接的业务节点主要包括:

（1）Z 接口（双绞线）,连接普通话机。

（2）V.35/V.24 接口,连接用户数据终端设备。

（3）"2B+D""30B+D"接口,连接数字话机、数据终端。

（4）E1 接口,用于 E1 租用线。

（5）2/4 线音频接口,连接专线 Modem、音频电话。

3．ODN

ODN 为 OLT 和 ONU 之间提供光传输手段,其主要功能是实现光/电转换和灵活的组网功能,根据实际的网络需要,ODN 可采用无源光传输技术 PON 和同步光传输技术 SDH 等。

4．AF

AF 为 ONU 和用户设备提供适配功能,具体物理实现则既可以包含在 ONU 内,也可以完全独立。

二、光纤接入网的分类

1. 按 ONU 位置分类

光接入网根据 ONU 位置的不同大致可分为:光纤到路边 FTTC(Fiber To The Curb)、光纤到大楼 FTTB(Fiber To The Building)、光纤到家庭 FTTH(Fiber To The Home)等,如图 7-5 所示。

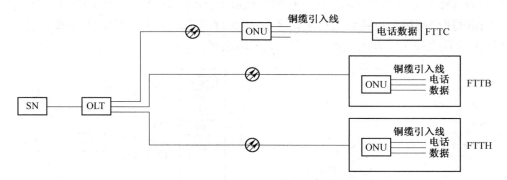

图 7-5　光纤接入网的分类示意图

(1)FTTC 应用模式

FTTC 模式中,ONU 设置在路边交接箱或配线盒处,从 ONU 到用户这段传输仍使用普通电话双绞线或同轴电缆。FTTC 常和 xDSL(铜线接入技术)技术组合使用,为用户提供宽带业务。但是 FTTC 存在室外有源设备,这样的特性对网络和设备的维护提出了更高的要求。

(2)FTTB 应用模式

FTTB 是一个典型的宽带光接入网络应用,其特征是:ONU 直接放置在居民住宅公寓或单位办公楼的某个公共地方,ONU 下行采用其他传输介质(如现有的金属线或无线)接入用户,每个 ONU 可支持数十甚至上百个用户的接入。ONU 用户侧可提供铜线和五类线接口,接口类型主要包括以太网、普通电话业务(POTS)、非对称数字用户环路(ADSL)、甚高速数字用户环路(VDSL)等。

FTTB 方式光纤线路更加接近用户,适合高密度用户区,但由于 ONU 直接放置在公共场合,也对设备的管理提出了额外的要求。FTTB 多采用"FTTB+LAN"或"FTTB+xDSL"的方式来实现用户业务的接入,如图 7-6 所示。

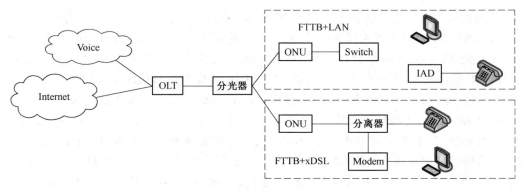

图 7-6　FTTB 的应用模式

（3）FTTH 应用模式

9.光纤接入网

FTTH 结构中，ONU 直接放置于用户家中，用光纤传输介质连接局端和家庭住宅，每个家庭独享 ONU 终端，如图 7-7 所示。在物理网络构成上，OLT 与 ONU 之间全程都采用了全光网络，直接提供用户侧接口连接到用户家庭网络，可实现丰富的业务接入类型，主要包括语音、宽带上网（可选有线和无线方式）、IPTV（交互式网络电视）、CATV 等。

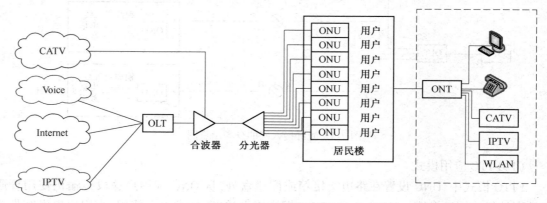

图 7-7　FTTH 的应用模式

2. 按技术原理分类

目前，光纤接入技术主要分为两大类型：有源光网络（Active Optical Network，AON）和无源光网络（Passive Optical Network，PON）。两者的区别主要在于接入网室内外传输设施中，前者含有有源设备，而后者则没有，因此具有可避免电磁和雷电干扰的影响、设备投资和维护成本低的优点。

在各种光接入技术中，PON 由于采用无源节点、敷设和运行维护成本低、对业务透明和易于升级等优点而备受业界关注。每一次 PON 标准的提出都促进了接入网技术的迅猛发展和新业务的支撑，更有效支持包括诸如话音、数据业务、视频业务、电子商务、远程教育、远程医疗等增值业务。

（1）PON 技术分类

无源光网络种类主要包括 APON（基于 ATM 的无源光网络）、EPON（基于以太网的无源光网络），以及 GPON（吉比特无源光网络）三种形式，它们的主要差别在于采用了不同的链路层技术。

APON 把 ATM 和 PON 结合在一起，在 PON 网络上实现基于信元的 ATM 传输。APON 由于 ATM 技术实现复杂、成本较高而不及以太网，随着 ATM 的衰落而淡出人们的视线。

EPON 将 Ethernet 与 PON 结合起来，也称 Ethernet over PON，用简单的方式实现点到多点结构的吉比特以太网光纤接入系统。EPON 提供固定上下行 1.25 Gbit/s，实际速率为 1 Gbit/s。它不仅能综合现有的有线电视、数据和话音业务，还能兼容如数字电视、VoIP、电视会议和 VOD 等，实现综合业务接入。EPON 的特点是：消除了 ATM 和 SDH 层，直接把以太帧放在光纤上传输。可以大量采用以太网技术成熟的芯片，实现简单，易于升级。对于 Gbit/s 速率的 EPON 系统也常被称为 GEPON。100 M 的 EPON 与 1 G 的 EPON 只有速率上的不同，其中所包含的原理和技术是一样的,目前主要应用的是 GEPON。EPON 的主要缺点是:总体效率较低,难以支持以太网之外的业务。当遇到话音/TDM 业务时,就会引起 QoS 问题。

GPON 标准是 ITU-T G.984 系列,是 ITU-T/FSAN(全业务接入网)联盟 2002 年 9 月提出的。GPON 的特点是:可以灵活地提供 1.244 Gbit/s 和 2.488 Gbit/s 的下行速率和 ITU 规定的多种标准上行速率(对称和非对称速率);传输距离至少达 20 km;系统分路比可以为 1∶16、1∶32、1∶64,乃至 1∶128;支持各种接入服务,特别是非常有效地(上行带宽利用效率可以达到 90%,EPON 只有 75%)支持原有格式的数据分组和 TDM 流。GPON 支持的业务类型包括数据(Ethernet,包括 IP 和 MPEG 视频流)、PSTN(POTS、ISDN)、专用线(T1、E1、DS3、E3 和 ATM)和视频(数字视频)。简而言之,GPON 是一种速率高、效率高、全业务的光接入网技术。

(2)PON 的结构及工作原理

无源光网络(PON)是一种采用点到多点(P2MP)结构的单纤双向光接入网络,其典型拓扑结构为树状,如图 7-8 所示。

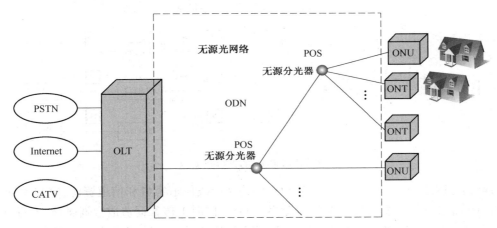

图 7-8 典型 PON 结构图

PON 系统由局侧的 OLT、用户侧的 ONU/ONT(光网络终端)和 ODN 组成,为单纤双向系统。在下行方向(OLT 到 ONU),OLT 发送的信号通过 ODN 到达各个 ONU;在上行方向(ONU 到 OLT),ONU 发送的信号只会到达 OLT,而不会到达其他 ONU。ODN 在 OLT 和 ONU 间提供光通道。

为了实现在同一根光纤上同时进行双向信号传输,PON 采用了波分复用技术,即上、下行分别采用不同的波长传递信号,上行用 1 310 nm,下行用 1 490 nm,如图 7-9 所示。

为了分离同一根光纤上多个用户的来去方向的信号,采用以下两种复用技术:下行方向采用广播技术;上行方向采用 TDMA 技术。

在下行方向,PON 是一个点到多点的网络。ODN 中的分光器只具有物理分光的作用,因此,从 OLT 经馈线光纤到达分光器的分组会被分成 N 路独立的信号输出到若干条用户线光纤上,形成一种广播的传输方式。虽然所有的 ONU 都会收到相同的数据,但由于每个分组携带的分组头唯一标识了数据所要到达的特定 ONU,当 ONU 接收到分组时,仅提取属于自己的数据包,如图 7-10 所示。

在上行方向,由于无源光合路器的方向属性,从 ONU 来的数据帧只能到达 OLT,而不能到达其他 ONU。从这一点来说,上行方向的 PON 网络就如同一个点到点的网络。然而不同于

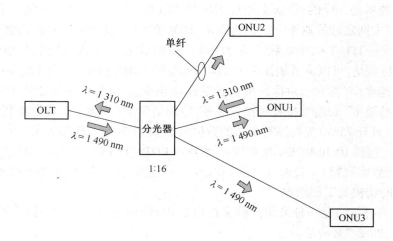

图 7-9　PON 的单纤传输机制

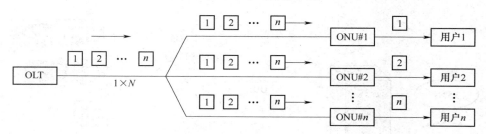

图 7-10　PON 的下行数据流

其他的点到点网络,其在上行方向是多个 ONU 共享干线信道容量和信道资源,来自不同 ONU 的数据帧可能会发生数据冲突。为了避免多个 ONU 同时上传数据造成数据碰撞,上行方向采用时分多址方式,由 OLT 给每个 ONU 分配上传数据所用的时隙。不同的 ONU 所用的时隙是不同的,每个 ONU 只能在指定的时隙内上传信息,如图 7-11 所示。

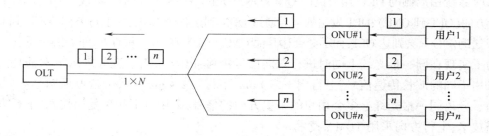

图 7-11　PON 的上行数据流

第三节　无线接入网

无线接入技术也称空中接口,是指通过无线介质将用户终端与网络节点连接起来,以实现用户与网络间的信息传递。

一、无线个域网

无线个域网(Wireless Personal Area Network,WPAN)也叫无线个人网,是指在个人活动范围内所使用的无线网络,主要用途是让个人使用的手机、平板电脑、笔记本电脑等可互相通信、交换数据。WPAN 采用 IEEE 802.15 标准,其典型的传输距离为几米,目前的无线个域网技术主要有:蓝牙(Blue Tooth);红外数据组织(IrDA);家庭设备无线互联的工业标准(HomeRF);超宽带(UWB);低速率低成本个域网技术(Zigbee)等。

二、无线局域网

10.Wi-Fi接入

无线局域网(Wireless Local Area Network,WLAN)是以太网和无线数据通信技术相结合的产物,它以无线方式实现传统以太网的所有功能,主要用于宽带家庭、办公大楼及园区内部。WLAN 采用 IEEE 802.11 系列标准。

Wi-Fi 是无线保真(Wireless-Fidelity)的缩写,Wi-Fi 技术包括 IEEE 802.11a、802.11b、802.11g 和 802.11n 规范。Wi-Fi 是第一项得到广泛部署的高速无线技术。Wi-Fi 首先在笔记本电脑中进行应用,笔记本电脑快速上升和移动办公模式的普及奠定了 Wi-Fi 流行的基础。在英特尔、IBM、AT&T 等众多 IT 和电信运营商的努力下,Wi-Fi 被广泛部署在全球机场、酒店、咖啡馆等场所。然而,Wi-Fi 能够支持的范围非常有限,用户只有保持距离无线接入点设备(AP)91.44 m 的范围内才能实现高速连接。尽管以目前的情况,希望通过公共服务来盈利还不能够现实,但这些热点的存在无疑对 Wi-Fi 的推广起到了至关重要的作用。

Wi-Fi 有着"无线版本以太网"的美称。802.11b 的带宽可以达到 11 Mbit/s,而 802.11a 及802.11g 更可达 54 Mbit/s,如此高的带宽几乎赶上了线缆的连接,大大超过同类型的无线网络技术。

IEEE 802.11 的影响不仅源于 IEEE 802.11a、IEEE 802.11b 和 IEEE 802.11g 已经被广泛应用,而且在于 802.11n 将会使其应用格局跃上个新台阶。IEEE 802.11 系列规范主要从无线局域网的物理层(PHY)和媒体访问控制层(MAC)两方面来制定无线局域网标准。其中物理层标准规定了无线局域网的传输速率、信号等基础规范,如 IEEE802.11a、802.11b、802.11g、802.11n 等;而媒体访问控制层则在物理层的基础上提出一些应用要求规范,如 IEEE 802.11e、802.11f、802.11i 等。目前,802.11n 标准是横跨 MAC 与 PHY 两层的标准,预计带宽将达到 108 Mbit/s,最高速或许会达到 320 Mbit/s,并加入服务质量管理功能。以此看来,WLAN 从 IEEE 802.11b 发展到 IEEE 802.11g,只小过是升级;而到 IEEE 802.11n,才能说是换代。

虽然 Wi-Fi 拥有很多优点,但是它存在着安全隐患。Wi-Fi 采用的是射频(RF)技术,通过空气发送和接收数据,所以非常容易受到来自外界的攻击。

三、无线城域网

WiMAX(Worldwide Interoperability for Microwave Access,全球微波互联接入)是一项基于IEEE 802.16 标准的宽带无线城域网接入技术,能提供面向互联网的高速连接,数据传输速率可达 70 Mbit/s 以上,传输距离最远可达 50 km。

802.16 是由 IEEE 802 开发的无线接入技术空中接口标准,具有代表性的标准包括

802.16d 固定无线接入和 802.16e 移动无线接入标准。按照目前的技术发展情况,802.16d 主要定位于企业用户,提供长距离传输的手段,而 802.16e 的用户群则定位于个人用户,支持用户在移动状态下接入宽带网络。

802.16d 可支持 TDD 和 FDD 两种无线双工方式,根据使用频段的不同,分别有不同的物理层技术与之相对应,即单载波(SC)、OFDM(256 点)、OFDMA(2048 点)等。其中,10~66 GHz 固定无线接入系统主要采用单载波调制技术,而对于 2~11 GHz 频段的系统,将主要采用 OFDM 和 OFDMA 技术。OFDM 和 OFDMA 具有较高的频率利用率,并且在抵抗多径效应、频率选择性衰落或窄带干扰方面有明显的优势,因此 OFDM 和 OFDMA 是低频段 802.16 系统采用的主要物理层方式。802.16e 的物理层实现方式与 802.16d 是基本一致的,主要差别是对 OFDMA 进行了扩展。在 802.16d 中,仅规定了 2 048 点 OFDMA。而在 802.16e 中,可以支持 2 048 点、1 024 点、512 点和 128 点,以适应不同地理区域从 20 MHz 到 1.25 MHz 的信道带宽差异。在 802.16 标准中,MAC 层定义了较为完整的 QoS 机制。MAC 层针对每个连接可以分别设置不同的 QoS 参数,包括速率、延时等指标。为了更好地控制上行数据的带宽分配,MAC 层定义了四种不同的上行带宽调度模式,可以根据业务的需要提供实时、非实时的不同速率要求的数据传输服务。

四、无线广域网

无线广域网(Wireless Wide Area Network,WWAN)的覆盖范围小至一个城市,大至一个国家乃至整个地球范围。它的基本特点有:终端在大范围内快速移动、支持切换和漫游、实现时需要借助于基础网络。无线广域接入主要基于陆地移动通信系统和移动卫星通信系统。

陆地移动通信系统一般采用蜂窝结构,每个蜂窝有一个基站,负责所辖用户的接入,基站之间通过网络互连实现互通,用户可自由地在有基站覆盖的地方接入网络。陆地移动通信系统主要包括 GSM 网络、3G(第三代移动通信系统)、4G(第四代移动通信系统)等。

移动卫星通信系统利用通信卫星作为中继站来转发无线电波,以实现移动用户之间或移动用户与固定用户之间的通信。利用卫星中继,在海上、空中和地形复杂的地区实现移动通信具有独特的优势,尤其在应急抢险通信中更尤其独特的作用。目前,世界上主要的卫星移动通信系统有国际海事卫星通信系统(Inmarsat)、铱(Iridium)系统、全球星(Globalstar)系统、VSAT 系统等。

复习思考题

1. 接入网如何定义?
2. 常用的接入网技术有哪些?
3. 简述 VoIP 和 IPTV 的基本原理。
4. 画出光纤接入网的功能结构图,并说明各个部分的主要作用。
5. FTTC、FTTB 和 FTTH 各是如何应用的?
6. 画出 PON 接入方式的基本结构。
7. EPON 和 GPON 的主要区别有哪些?
8. PON 方式中,上、下行数据流分别是如何传送的?
9. 无线接入方式有哪些?各有何应用?

第八章 专用通信

【学习目标】

1. 了解铁路通信系统的业务和特点。
2. 掌握铁路通信系统的组成及各子系统的主要功能。
3. 掌握铁路传输网层次结构;掌握SDH铁路传输网的业务。
4. 了解铁路通信接入网的组成。
5. 了解干调、局调、区段调度、站调的含义。
6. 掌握区段数字调度网的组成。
7. 掌握铁路调度通信的主要功能。
8. 熟悉GSM-R系统的网络结构;掌握GSM-R各主要设备的基本功能。
9. 掌握eMLPP、VGCS、VBS的含义。
10. 理解功能寻址方式、基于位置寻址的通信流程。
11. 了解CTCS-3系统的应用和主要特征;熟悉CTCS-3系统的结构。
12. 了解GSM-R系统的工作频段。
13. 熟悉铁路综合视频监控系统的组成。
14. 了解铁路应急通信现场的接入方式。
15. 了解城市轨道交通通信系统的作用。
16. 掌握城市轨道交通通信系统的组成。
17. 了解城市轨道交通通信各子系统的作用和网络结构。

专用通信网是有关部门和单位因业务需要而建设的、一般供内部使用的电信网。由于有些部门的特殊通信要求,公用网不能完全满足,因此有必要建设专用网。专用网有两类:一种是为单位内的用户使用的电信网,多用于行政管理和管理信息的收集、分配等,需要与公用电信网互联,属于半封闭型专用网;另一种是为某一特定领域提供通信功能的电信网,属于封闭型专用网,如政府、公安、铁路、地铁、电力、石化、机场、港口、矿山、水利等部门的专用通信网。

专用通信网络承载的业务一般都涉及安全,这些网络并不以盈利为主要目的,保证业务安全保密和网络稳定可靠才是专用网追求的主要目标。

本章主要介绍铁路专用通信系统和城市轨道交通通信系统。

第一节 铁路专用通信

铁路是我国国民经济和社会发展的重要基础设施,是现代化生产的经济大动脉。我国铁路因国土辽阔而形成点多线长的交通网,全路共有数千个车站,营业里程达十几万km,是一个庞大的综合性企业。在铁路内部还包括了运输、机务、车辆、工务、电务、供电等多种业务部门,分别负责专项生产任务,各部门围绕铁路运输生产进行协同作业。为使各部门运转正常、各部门之间信息畅通,保证铁路运输生产安全有效进行,需要有一套专用的通信系统提供服务支持。

覆盖全路的铁路通信网是直接为铁路运输生产和铁路信息化服务的通信设施。随着经济社会的高速发展,铁路运输装备和运输承载能力也在飞速发展,现代化铁路对通信的依赖程度越来越高,铁路通信成了保障运输、提高效率、保障安全、提高经营管理水平必不可少的条件,成为铁路运输不可或缺的重要组成部分。

一、铁路专用通信业务

铁路专用通信是指铁路通信部门所提供的为铁路服务的各类通信业务、系统及设备。铁路通信业务的类型可按下列方式来分类。

1. 按传输信号的性质分类

(1)语音业务:地区、长途电话通信;干、局线调度通信;区段通信、区段调度和专用电话、站场通信、无线列调、应急通信、列车通信等。

(2)数据业务:数据业务是通过通信网络及其终端设备,直接提供应用层功能的数据通信业务,诸如传真、电报、铁路调度指挥管理系统(TDCS)、调度集中(CTC)系统、客票发售、安全监控、系统办公管理等。

(3)图像业务:指为运输生产提供视频会议业务和综合视频监控图像传送业务等。

2. 按应用性质分类

按业务应用性质不同,铁路通信业务可分为两大类:一类是直接面向铁路用户的终端业务,如调度通信、会议通信、综合视频监控、应急通信、电源与环境监控、自动电话等;另一类是通过通信网所承载的其他专业系统的业务,如为半自动闭塞、TDCS/CTC、CTCS-3 级列车运行控制、电力 SCADA、防灾监控、客票等铁路其他系统提供的传输通道承载业务。

二、铁路专用通信的特点

利用通信和计算机网络技术发展的成果,结合铁路各类业务应用,形成了铁路专用通信网。与公众电信网不同,其有以下几个特点:

(1)高效的指挥控制能力。铁路专用通信网采用了冗余保护、无阻交换网络、直达路由等多种方式来提高指挥控制能力。

(2)实时的系统响应能力。主要表现在严格的障碍修复时限和快速的业务开通时限。

(3)高度的安全防护能力。大多数采用了网络隔离、防火墙、认证等方式来防止入侵和不被篡改,同时增加了语音记录、操作日志记录等对相关内容和事件加以记录。

(4)灵活机动的重组能力。为应对突发事件和自然灾害等,铁路专用通信需要灵活机动的重组能力,可在站内 1 h、区间 2 h 内提供应急通信保障。

(5)按需的资源共享能力。可以按照各业务需要,提供多种接入和共享的能力。

(6)多种业务的应用能力。可以为多种业务的应用提供组网和接入。

(7)多场景的适应能力。可满足室内、室外、隧道等固定场所和机车车辆等移动物体。

(8)模块化的配置能力。系统及设备多采用模块化配置,有效利用各类资源。

(9)架构的可扩展能力。具备系统或业务的可扩展性。

三、铁路通信系统组成

为实现各类铁路通信业务,需要配置相应的铁路通信系统。铁路通信系统组成如图 8-1 所示。

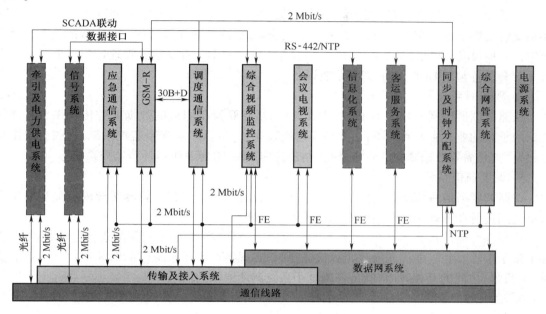

图 8-1　铁路通信系统组成

铁路通信系统主要由通信线路及综合布线、传输网、接入网、数据网、调度通信、GSM-R 数字移动通信、会议电视、应急通信、通信电源、电源及机房环境监控、综合视频监控、同步及时钟分配、综合网管等子系统组成。这些子系统相对独立,完成各自功能;同时,子系统间又通过相应接口进行连接和协同运行,共同组成一个整体的通信系统,实现各项铁路通信业务。此外,铁路通信系统还为其他系统,如信号系统、牵引机电力供电系统、信息化系统等,提供光纤径路、2 Mbit/s 数字通道、FE(快速以太网)通道等承载服务。

除了上述系统之外,铁路通信还有电报通信系统、广播与站场通信系统、列车无线调度通信系统等,它们或承载的通信业务量较少,或者技术方式较为落后,将要被更新替代。

1. 通信线路

通信线路是构成铁路通信网的基础组成部分,为传输各种信息提供安全畅通、稳定可靠的通路。

铁路通信线路包括光缆、电缆线路和明线线路。光缆线路有长途、地区、站场线路,线路附属设备和光纤监测系统;电缆线路有长途、地区、站场线路,线路附属设备和电缆充气、气压监测设备;明线线路有地区线路、引入线和线路附属设备等。

2. 传输系统

铁路传输系统是铁路各种语音、数据和图像等通信信息的基础承载平台。铁路传输系统主要承载接入网、数据网、调度通信、GSM-R 基站、综合视频监控、电源及机房环境监控、应急通信、信号、电力和牵引供电系统等业务,并实现与其他网络的互联互通。

3. 接入系统

铁路接入网主要向车站工作人员、车辆运行、电力远动、电源及环境监测等提供自动电话、低速数据、2/4 线音频等业务,并与既有铁路自动电话专网及公众自动电话网实现互联,为监测及管理上级单元传送基础信息。

电话交换系统提供全路固定语音公务通信业务,并与公众自动电话网进行互联。电话交换系统包括数字程控交换机、长途智能人工交换系统、网管和配套设备。长途智能人工交换系统包括交换设备、智能座席设备、113 台、114 台、115 台、117 台及相关管理台和电话所录音设备。配套设备包括 DDF、MDF 架等附属设备。

4. 数据网系统

铁路数据通信网是基于 TCP/IP 协议,以网络互联设备组成的数据业务传送平台。铁路数据网承载的业务主要有两类:一类是高速视频业务,包括综合视频监控系统、视频会议系统等;另一类是需要数据联网的业务,包括办公管理系统、电源及机房环境监控系统等。

5. 调度通信系统

铁路调度通信系统是为调度指挥中心、调度所的调度员与其所管辖区域内有关运输生产人员之间进行业务联系而使用的专用电话通信系统。

铁路调度通信系统具有调度指挥功能,提供各种具有调度通信特征的语音通信业务,包括并不限于单呼、组呼、多优先级呼叫和快捷呼叫,实现各调度子系统(列调、无线列调、客调、货调、电调等)之间的互相呼叫,满足各调度子系统调度通信的需求。

6. 会议通信系统

铁路会议通信系统由视频会议系统和音频会议系统组成。

视频会议系统是利用视频会议设备和数字传输电路(数据网)传送活动图像、语音、应用数据(电子白板、计算机屏幕)等信息,为参加会议的各方提供交互式的会议业务。

音频会议系统由多级电话会议总机、分机,经音频电路连接组成,其汇接方式应满足中国国家铁路集团有限公司(以下简称"国铁集团")、铁路局集团公司、办事处、站段及相关单位分别或同时召开会议的需要。

7. 综合视频监控系统

铁路综合视频监控系统用来采集、监控各个铁路重要地点的视频信息,供铁路企业的各级用户进行实时监控或调用回放,是保证运输安全的重要监控手段。

综合视频监控系统主要由视频监控中心、分控中心、监控站和前端设备构成。

8. GSM-R 铁路移动通信系统

GSM-R(GSM For Railway)系统是专门为铁路设计的综合数字移动通信系统。该系统基于 GSM 的基础设施及其提供的高级语音呼叫业务,提供铁路特有的调度业务,并以此为信息化平台,使铁路部门可以在这个平台上实现铁路管理信息的共享。

9. 应急通信系统

铁路应急通信系统是当发生自然灾害或突发事件等紧急情况时,为确保铁路运输实时救援指挥的需要,在突发事件救援现场内部、现场与各级救援指挥中心之间,以及各相关单位之间建立的语音、静止或动态图像等通信系统。

10. 防灾安全监控系统

防灾安全监控系统主要是对危及运行安全的自然灾害(风、雨、地震)、异物侵限等进行监测报警,提供经处理后的灾害预警、限速、停运等信息,为列车调度员进行列车运行计划调整、发布行车限速、抢险救援等命令提供依据,保证列车运行安全。

11. 通信电源系统

通信电源系统为通信设备提供稳定、可靠、不间断的供电,其容量及各项指标应能满足通信设备对电源的要求。通信电源设备包括交/直流配电设备、高频开关电源、UPS电源、逆变器、蓄电池组、发电机组、供电线路、防雷及接地装置等。

12. 电源及机房环境监控系统

电源及机房环境监控系统能够实时反映被监控机房的烟雾、湿度、温度、水浸、门禁、空调等的状况,实时反映电源设备运行情况、故障报警等情况,并具备必要的遥控功能(如环境温度调节等)。

13. 同步网

铁路同步网为铁路数字通信网络提供基准频率信号。铁路同步网采用准同步、主从同步与混合同步方式。卫星定位系统正常工作时,分三级结构,即基准时钟、加强型二级时钟和加强型三级时钟,以准同步方式运行。当卫星定位系统故障时,采用四级主从结构,即中央基准时钟(PRC)、本地(区域)基准时钟(LPR)、加强型二级时钟(ST2E)、加强型三级时钟。

14. 网管系统

网管系统用于实现铁路通信系统的集中维护与管理。网管设备一般由服务器、监控终端、编/解码器、存储设备、网络交换机等组成,设在国铁集团、铁路局集团公司及主要通信站的机房。网管系统主要包括传输网、数据网、调度通信、GSM-R网、电源及环境监测等网管。

15. 电报通信系统

铁路电报通信系统是传达铁路运输组织的多种信息及生产、建设中上级指示命令、办理公务联络并取得依据的重要通信工具。

铁路电报通信网为三级电报自动交换网,采用树状加环状方式构成。国铁集团电报交换机为一级枢纽;铁路局集团公司所在地电报交换机为二级枢纽;办事处电报交换机为三级枢纽。

16. 广播与站场通信系统

广播与站场通信系统是为铁路旅客服务及在站场内进行作业指挥、业务联系的通信设备。

广播系统主要包括:车站客运广播、旅客列车广播、站场扩音对讲系统。

站场通信系统主要包括:站场数字调度分系统、车站值班台、站场电话集中机、扳道(道岔清扫)电话、桥隧守护电话、其他有关设备及附属设备。

17. 列车无线调度通信系统

列车无线调度通信系统(简称无线列调)用于列车调度员、司机、车站值班员、车辆乘务人员之间的通话联系,并实现数据传送功能。无线列调系统使用450 MHz频段提供车—地之间的信息传递,由于其通信质量差、业务功能简单,正逐步被GSM-R系统所代替。

四、铁路传输系统

(一)铁路传输网的层次结构

铁路传输网作为铁路通信系统的大动脉,负责承载各系统信息的传输。随着铁路信息化的快速发展和高速铁路建设的加快进行,其承载的语音、数据、图像、视频等信息更加丰富,可靠性要求也会更高。

铁路传输网的网络结构总体上可分为三层,从高到低依次为骨干层、汇聚层和接入层,如图 8-2 所示。

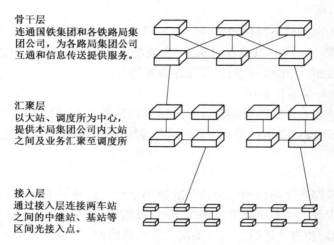

骨干层
连通国铁集团和各铁路局集团公司,为各路局集团公司互通和信息传送提供服务。

汇聚层
以大站、调度所为中心,提供本局集团公司内大站之间及业务汇聚至调度所

接入层
通过接入层连接两车站之间的中继站、基站等区间光接入点。

图 8-2　我国铁路传输网的网络结构

1. 骨干层

铁路传输网的骨干层是最上一层网络,骨干层主要用于国铁集团到铁路局集团公司,以及各铁路局集团公司之间的长途通信。骨干层通常采用环状或网孔形结构。

2. 汇聚层

汇聚层是第二层网络,也称局干层,以本路局集团公司的大站或调度所为中心,为局集团公司内各类信息提供宽带汇聚通道的传输网络。汇聚层的网络结构一般为环状。

3. 接入层

接入层是为铁路沿线各类通信业务提供各种接入接口的网络。接入网位于最低层面,通过接入网,可以将用户信息接入到相应的通信业务网络节点,并在传输网的支撑下,实现铁路通信的相应功能。接入层的网络结构一般也为环状,并辅以少量线状网结构。

(二)高铁 SDH 系统组网举例

目前,已经开通的高速铁路线的传输网络一般采用如图 8-3 所示的组网方式。

11.传输系统

图 8-3 中,相邻两大站之间采用"1+1"复用段保护,相邻两大站之间的电力机房的 SDH、基站机房的 SDH、信号中继站机房的 SDH,根据业务性质与两大站构成多个二纤双向复用段保护环。

图 8-3 中,10G SDH 设备采用"1+1"复用段保护方式,同样 2.5G 系统也采用"1+1"复用段保护方式,同一站点 10G 设备与 2.5G 设备之间、2.5G 设备与 2.5G 扩设备之间也采用"1+1"复用段保护组网方式,以实现对通道资源的灵活调度。

根据高速铁路线路各通信子系统及其他各专业通道需求,骨干层采用 10 Gbit/s SDH 系统,汇聚层采用 2.5 Gbit/s SDH 系统,相邻大站采用 2.5 Gbit/s 扩展系统用来接入基站、电力、信号中继站的 622 Mbit/s 接入层设备,并根据业务需要组成 3 个二纤复用段保护环或二纤通道保护环。

在 SDH 组网设计方案中,一定要考虑由于光缆线路故障给系统带来的影响,所以在组建 SDH 网络时,合理调度光纤资源显得尤为重要。以图 8-3 中 A 站与 B 站之间组网为例,A 站的

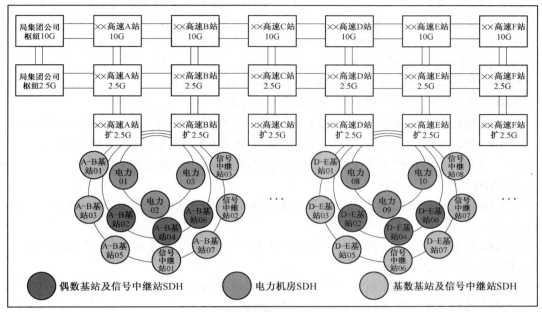

图 8-3　高速铁路 SDH 传输系统的组网图

10 Gbit/s SDH 系统与 B 站的 10 Gbit/s SDH 系统要实现"1+1"复用段保护组网方式,需要光纤资源 4 芯,在调度光纤资源时要考虑尽量不使用同一侧的光缆资源组建"1+1"复用段保护。即调度 2 芯上行光纤资源,再调度 2 芯下行光纤资源,其中上行的 2 芯光纤用来组建主用 10 Gbit/s 系统,下行的 2 芯光纤用来组建备用 10 Gbit/s 系统。这样当 A 站至 B 站的上行光缆中断时,业务会自动倒换至下行 2 芯光纤,保证 A、B 之间 10 Gbit/s 系统承载的业务不受影响。同样,相邻站之间的 2.5 Gbit/s 系统组网也应采用不同径路的光缆芯线,防止由于光缆故障而造成对传输系统的影响。

相邻大站之间为一个区间,区间的基站机房 SDH、电力机房 SDH 及信号中继站站点的 SDH 都需要与两大站构成环网,图 8-3 中列举了 AB 区间和 DE 区间,实际 6 大站之间有 5 个区间的站点的 SDH 都需要实现与大站之间的组网。

(三)SDH 传输系统的应用

目前的铁路运营模式分为普速铁路和高速铁路,传输系统不论在普速铁路还是高速铁路都发挥着它的重要作用。对于普速铁路而言,通信系统为铁路提供必要的调度电话、自动电话、红外线轴温监测、铁路应急救援等业务需求,对于 SDH 系统所承载的业务网络显得较为简单。目前正在建设的高速铁路,其 SDH 传输系统不但是各通信子系统的承载网络,还为信号专业、电力专业、工务专业等提供必要的通道接入。

1. 为通信子系统提供通道需求

高速铁路线一般设计有以下通信子系统:GSM-R 无线通信子系统、视频监控子系统、动力环境监控子系统、数据网子系统、数字调度子系统、可视会议子系统、应急救援子系统、时间同步 NTP 子系统、接入网子系统、综合网管子系统、通信线路子系统、SDH 传输子系统等。显然,通信线路子系统为 SDH 传输网子系统提供光缆资源需求,实现 SDH 网络的组网,而 SDH 传输子系统又为 GSM-R 无线通信子系统、动力环境监控子系统、数据网子系统、数字调度子系统、应急救援子系统、接入网子系统、可视会议子系统、时间同步 NTP 子系统等提供传输通道。

2. 为铁路其他专业提供通道需求

SDH 传输系统还为信号专业、电力专业、工务专业、信息专业等各种业务提供通道接入。

（1）为信号专业提供通道需求

① SDH 传输系统为信号集中监测提供 2 Mbit/s 通道接入。

② SDH 传输系统为调度集中（CTC）系统组网提供 2 Mbit/s 通道接入。

③ SDH 传输系统为临时限速服务器（TSRS）与调度集中 CTC 组网提供 2 Mbit/s 通道接入。

④ SDH 传输系统为无线闭塞中心（RBC）与 GSM-R MSC 提供 2 Mbit/s 通道接入。

此外，通信专业维护的光缆线路为信号专业提供安全数据网的光纤通道接入。

（2）为电力专业提供通道需求

① SDH 传输系统为电力监视控制及数据采集系统（SCADA）提供 10 M/100 M 以太网通道接入。

② SDH 传输系统为电力调度电话提供 2 M 通道及由 ONU 系统提供音频调度电话接入。

（3）为工务专业提供通道需求

① SDH 传输系统为防灾系统提供 10 M/100 M 以太网通道接入。

② SDH 传输系统为道岔融雪系统提供以太网通道接入。

（4）为信息专业提供通道需求

① SDH 传输系统为客票售票系统提供 2 Mbit/s 通道接入。

② SDH 传输系统为铁路办公网提供 2 Mbit/s 通道接入。

③ SDH 传输系统为铁路公安实名制售票系统 2 Mbit/s 通道接入。

五、铁路通信接入网

目前，我国铁路通信接入网主要采用光纤接入技术，即主要由 OLT、ONU、光传输网络、网管设备等组成。铁路通信接入网用于将用户信息接入到相应的通信业务网络节点，主要实现铁路电话的远程接入，同时为铁路用户提供点对点数据和音频电路的接入。

（一）系统构成

铁路接入网利用既有交换网，在铁路线站提供自动化的接入手段。系统由固定电话交换系统和接入网系统组成，如图 8-4 所示。

1. 固定电话交换系统

既有铁路电话交换网由长途电话交换网和本地电话交换网组成。长途电话交换网由一级交换中心 C1（局枢纽）和二级交换中心 C2（端站）组成。本地电话交换网由汇接电话所和分电话所组成，沿线中间站的用户通过接入网纳入本地电话交换网。

2. 接入网系统

接入网系统由接入网局端设备 OLT、接入网终端设备 ONU、网管设备等组成。

在铁路局集团公司或通信段所在地设置 OLT 设备，OLT 通过 V5.2 接口接入当地既有铁路电话交换网，并对当地既有铁路程控交换设备进行必要的扩容。

在沿线车站、段所、保养点、区间牵引供电节点及信号中继站等设置 ONU 设备，接入 OLT 设备。

OLT 与 ONU 之间的互连，以及 OLT 与程控交换机之间的互连都需要经过 SDH/MSTP 传

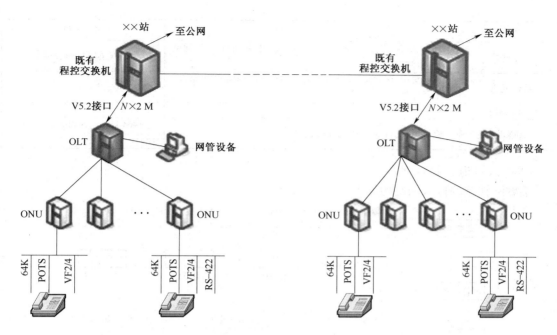

图 8-4　铁路接入系统组成

输网络提供 2 M 通道接入,实现程控交换机下挂自动电话及用户的延伸。车站的 FAS 分系统的音频调度用户也可以通过 ONU 设备实现调度电话的远距离延伸。

在 OLT 处设置接入网网管,按照与通信综合网管系统之间所定义的规范和接口预留接入通信综合网管系统的接口。通常,在铁路沿线通信段所在地设接入网网管系统;在路局集团公司相应维护车间设置复示终端;在沿线维修工区设置复式终端。

(二)系统功能

铁路通信接入网主要承载于铁路传输网接入层上,可以将用户信息接入到相应的通信业务网络节点,并在传输网的支撑下,实现铁路通信的相应功能。铁路通信接入网主要为沿线车站、工区、机房等节点提供信息接入业务,主要功能包括:

(1)满足全线固定语音公务通信和 2/4 音频电路需求。

(2)满足与既有铁路自动电话专网的互联要求。

(3)系统网管能完成标准管理信息的交换及安全管理、配置管理、故障管理和性能管理,并提供与通信综合网管的接口。

(4)能实现区间话音、数据、图像等业务的接入、处理和传送,并实现统一网管。

(三)接口及业务类型

铁路通信接入网支持的业务类型及接口见表 8-1。

表 8-1　铁路通信接入网支持的业务类型及接口

系统	业　务　类　型	接　口
交换机	自动电话	V5.2、POTS
数据通信	CTC、TDCS 等各类数据	2B + D、30B + D、64 kbit/s、2 Mbit/s

续上表

系统	业 务 类 型	接 口
专用通信	列调、电调、车务、工务、电务、水电、供电、站间行车、区间电话、道口等	2 Mbit/s、64 kbit/s、2/4 W
控制通道	调度集中、调度监督、电力远动、红外轴温、牵引供电远动、环境监控等	64 kbit/s、2/4 W
互联网	IP 业务	$N×64$ kbit/s
图像业务	会议电视、可视电话、图像传送等	$N×64$ kbit/s、2 Mbit/s、30B+D、2B+D

(四)铁路通信接入网举例

某城际铁路的接入网结构如图 8-5 所示。

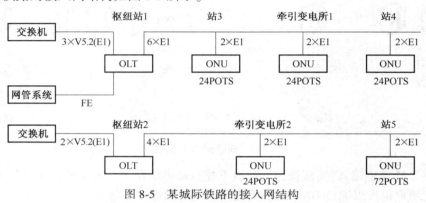

图 8-5 某城际铁路的接入网结构

在枢纽站 1 和枢纽站 2 分别设置局端设备 OLT,与既有程控交换机通过 2 Mbit/s 的 V5.2 中继连接,在沿线车站、配电所、开闭所、AT 所、变电所、分区所、保养点及信号中继站等处设 ONU 设备,接入所属 OLT 设备。该接入网提供专网自动电话及电力直通电话的接入,沿线自动电话通过接入网方式纳入既有通信站的既有电话交换机,实现与既有铁路电话专网的互联,而电力直通电话则通过接入网纳入 FAS 调度通信系统。

12.数调系统

六、铁路数字调度通信系统

调度通信是铁路各级调度人员与其所管辖区域内有关运输生产作业人员之间进行的专用电话通信业务。调度通信包括列车调度通信、客运调度通信、货运调度通信、牵引供电(电力)调度通信及其他调度通信。

以列车调度通信为例,负责指挥列车的运行,主要用户包括:列车调度员、车站(场)值班员、助理值班员、机车(动车、大型养路机械及轨道车)司机、机务段(折返段、动车段)调度员、救援列车主任及其他相关人员,其主要特点如下:

(1)调度设备是直接指挥列车运行的通信设备。

(2)调度员对其他人员为指令型通信,其他人员对调度员为请示汇报型通信。

(3)以调度员为中心,一点对多点的通信。

(4)铁路线点多线长,呈线状分布,列车调度通信系统也呈链状结构。

（5）列车调度电话是独立封闭型的，除救援列车电话、区间施工领导人电话可临时接入，其他任何用户不允许接入。

（6）调度电话必须保证无阻塞通信，调度台处于定位受话状态，调度分机摘机（或按键）便可直接呼叫调度台。

（7）调度台单键直呼所辖调度分机，并且有全呼、组呼功能。

（一）铁路调度通信类别

1. 干线调度（干调）通信

干调通信是指国铁集团与各铁路局集团公司之间的调度通信，协调完成全国铁路运输计划，按调度业务性质分行调、客调、军调、特调、车流、集装箱、机车、车辆、电力、工务、电务调度等，其调度通信网络结构以国铁集团为中心连接各铁路局集团公司，呈一点对多点的星状复合网络，我们习惯上称之为干线调度，简称干调。

2. 铁路局集团公司调度通信

铁路局集团公司调度通信是铁路局集团公司至局集团公司内相关站段之间的调度通信，协调完成全局集团公司铁路运输计划。铁路局集团公司调度通信有两种类型：一是局调通信；二是区段调度通信。

（1）局调通信

局调通信以铁路局集团公司运输指挥中心对全局集团公司相关站段进行调度指挥，与相邻铁路局集团公司也有业务往来，同时接受国铁集团的调度指挥。按调度业务性质分客调、军特调度、篷布调度、计划调度、车流、机车、车辆、工务、电务调度，他们有的归属局总调室，有的归属相关业务处，各铁路局集团公司不尽相同。局线调度同时也是干调分机。

（2）区段调度通信

区段调度通信是指铁路局集团公司调度员仅指挥一段铁路线上的各车站（段、所、点），按业务性质分列车调度、货运调度、电力牵引调度（供电调度）、红外线调度等。

3. 站调通信

站调通信是指以站段为中心组成的调度系统，在大型车站及站场内车站调度员对各值班员之间调度通信。车务、工务、电务、水电等段调度员对所辖各工区（站）之间通信，统称为公务专用电话系统。

（二）铁路调度通信网组成

1. 干线调度网

干线调度通信网由设在国铁集团的数字调度（数调）交换机为汇接中心，与设在各铁路局集团公司的数字调度交换机用 2M 数字中继通道相连接，相邻铁路局集团公司的数字调度交换机之间也以 2M 数字中继通道相连作为直达路由，从而构成一个复合星状网络的干线调度通信网，如图 8-6 所示。

2. 区段调度网

区段调度网由一套数调主系统和若干套数调分系统组成，如图 8-7 所示。

（1）系统总体结构

数调主系统放置于站段调度所或大型调度指挥中心，主要用于接入各调度操作台和各种调度电路，是整个数调系统的核心。主系统由数字调度主机、调度操作台、集中维护管理系统、录音系统等组成。

分系统放置于站段管辖范围内各车站，通过数字传输通道与主系统相连，主要用于接入车

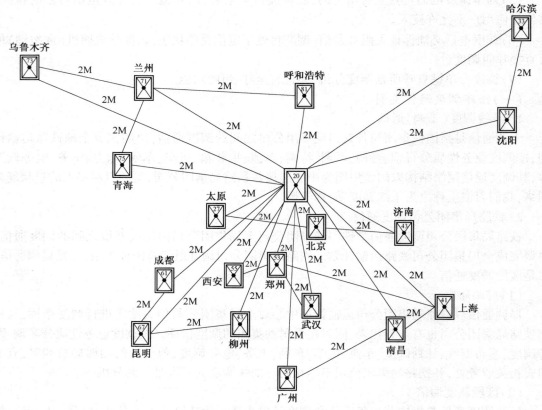

图 8-6　干线调度通信网

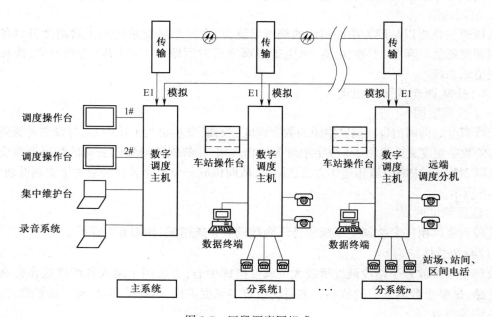

图 8-7　区段调度网组成

站操作台、远端调度分机、站间电话、区间电话、站场电话等。分系统由数字调度主机、车站操作台等组成。

主系统与多个调度分系统通过 E1 数字中继接口相连。为方便起见,将主系统与分系统的 2 个 E1 口按方向规定为"上行 E1 口"和"下行 E1 口"。调度主系统的下行 E1 口经过数字传输通道连接到调度分系统 1 的上行 E1 口,调度分系统 1 的下行 E1 口同样经过数字传输通道连接到调度分系统 2 的上行 E1 口上,如此串接到调度分系统 n 的上行 E1 口,其下行 E1 口经过另外一条数字传输通道直接连接到调度主系统的上行 E1 数字接口上。这样,这 n 个分系统与主系统构成了一个封闭的数字通道环路,称之为"2M 数字环"。在 2M 数字环中,通信通道有两个:下行主用 E1 通道和上行备用 E1 通道,如图 8-8 所示。

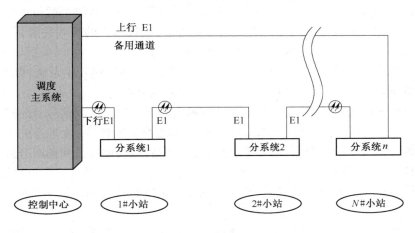

图 8-8　2M 数字环

在一般情况下,通信使用下行 E1 通道,系统实时监测 2M 口的通信状态,当检测到数字环下行 E1 通道的某处断开时,立刻切换至上行 E1 通道方向进行通信,从而保证数字环的任何一处断开都不会影响系统的正常通信,切换时间为毫秒级,如图 8-9 所示。

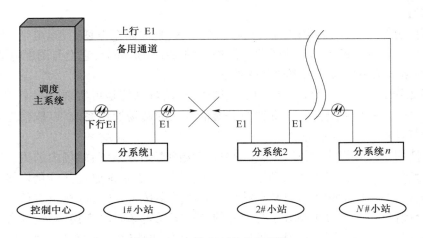

图 8-9　2M 数字环的故障倒换

一个 2M 数字环中共有 32 个时隙,其中 TS0 和 TS16 时隙为帧同步时隙和信令时隙,剩余的 30 个时隙中的 3 个时隙作为系统的内部通信时隙使用,其余的 27 个时隙可作为话音时隙使用。

(2)系统主要业务及功能

区段数字调度通信系统可以全面实现铁路各项专用通信业务,包括区段调度通信、站场通信、站间通信等;同时利用该系统可实现一系列扩展业务,包括为其他业务提供通道、自动电话放号等。区段数字调度通信系统还具有集中维护管理和自动通道保护等功能。

①区段调度通信

区段数字调度通信系统可以实现铁路局集团公司或站段所有方向、所有区段的区段调度通信业务,并可以实现与局调、干线调度的多级联网。

调度通信方式:以调度员为中心的一点对多点的通信系统。区段调度员可按个别呼叫、组呼或全呼等方式呼叫调度辖区范围内所属用户并通话,接收用户的呼叫并通话。通话方式为全双工方式,也可根据需要设置为单工定位受话方式。

调度员一般使用键控式或触屏式操作台,通过"2B+D"接口接入主系统;调度分机一般采用键控式或触屏式操作台,通过"2B+D"接口接入相应的分系统。

调度员单呼某调度分机时,主系统向该分机所属分系统发出呼叫信号,该分系统收到呼叫后向受叫分机发出呼叫信号(值班台或话机振铃),调度员听回铃音,被叫分机摘机应答,该分系统向主系统发送被叫应答信号,然后主、分系统将网络接通,调度员和被叫分机通话;通话完毕,一方挂机后,挂机方所属系统(主或分系统)向对方发挂机(拆线)信号,未挂机方所属系统收到该挂机信号后,向未挂机终端送忙音。分机呼叫调度员过程与调度员单呼某调度分机过程相似。

调度员组呼或全呼时,主系统在专用通信通道上发组呼或全呼信号,相应用户对应的分系统收到该组呼或全呼信号后,向相应分机发出呼叫信号,调度员听回铃音;当某一被叫分机摘机应答后,其所属分系统向主系统发送被叫应答信号,然后主系统和该分系统将网络接通,调度员与之通话,其他用户陆续摘机后自动加入通话;部分分机挂机后,自动退出通话;当调度员或所有分机都挂机后,该呼叫拆除。

②站场通信

站场通信包括车站(场)集中电话、驼峰调车电话、平面调车电话、货运电话、列检电话、车号电话和商检电话等。站场通信是铁路专用通信的重要组成部分,它上与调度电话、专用电话联系,下与铁路车站站场内不同用户保持联系。

每个车站分系统都是一个独立的调度交换机,车站分系统是可实现以一个或多个车站操作台为中心,接入各种站场电话,并保留原有通信方式的站场通信系统,以取代原有集中机等既有站场通信设备。

值班员使用键控式操作台,通过"2B+D"接口接到车站分系统;站场内的用户可以通过共电接口、共分接口、磁石接口等接入到车站分系统;站场广播系统通过共分接口接入到车站分系统;调度电话、专用电话除了可以从车站分系统的数字接入,还可以在没有数字通道时从选号接口、共分接口接入,通过车站分系统内部的全数字无阻塞时隙交换网络、多方会议电路方便、灵活地组成了站场通信网,值班员可以通过操作台上的按键任意实现单呼、组呼、会议呼。

单呼:按相应的键即可呼出对应的用户。

组呼:按相应的键可呼出设定为同一组的用户。

会议呼:值班员可利用该功能将多个临时用户召集起来开会。

车站操作台具有台间联络功能,可实现值班员之间的通信。

车站分系统同时支持拨号呼叫、出局呼叫等功能。

站场通信为分系统内部业务,不需占用2M环内的时隙。

③ 站间通信

站间通信是指(相邻)两车站值班员之间进行话音联络的点对点通信业务。站间呼叫一般为单键操作,即一键直通。

如果不考虑跨站站间通信业务,站间通信一般占用2M环中两个64 kbit/s通道时隙,其中一个作为主用站间时隙,另一个作为备用站间时隙。主用时隙处于分段复用状态,即任一车站与其上、下行车站的站间通话均使用该时隙,也就是说,通过车站分系统的交叉连接功能实现了时隙的分段复用。当2M环的通道出现一处断点(备用2M通道除外)时,该断点两侧两个车站将无法利用主用站间时隙进行站间通话,这时候系统将自动启用备用站间时隙作为这两个站的站间通话通道。

实际应用中,站间通信在某些情况下被允许跨站使用(如高速铁路线中的行车站)。此时,只需再给一个时隙作这种站间通信用,同样这个时隙也可以被分段使用。

站间通信的呼叫信令一般有两种处理方式,其一是两个分系统通过主系统(经由专用通信通道)转发呼叫信息;其二是两个分系统间建立直达传令通道,直接处理站间呼叫信令。两种处理方式中,前者站间呼叫依赖主系统,而后者站间呼叫与主系统无关。

区段数字调度通信系统可利用既有的站间模拟通道(模拟实回线或电缆)作为站间数字通道的备份,当某分系统无法通过数字通道与邻站通信时,系统会自动将站间通信切换到模拟备用通道上进行。车站分系统一般采用磁石接口接入站间模拟通道。

七、GSM-R铁路综合数字移动通信系统

铁路部门专用的移动通信系统就称为铁路移动通信系统,它负责实现铁路工作人员之间或铁路专用设备之间的移动通信。铁路移动通信是保证行车安全、防止作业事故、提高运输效率及改善服务质量等不可缺少的通信手段,是铁路通信的重要组成部分。

目前,我国铁路移动通信系统主要包括两大类:一是主要用于普速铁路的模拟移动通信系统;二是主要用于高速铁路的铁路综合数字移动通信系统(GSM-R)。本节只介绍GSM-R铁路移动通信系统。

GSM-R技术是基于成熟、通用的公共移动通信系统GSM平台之上,专门为满足铁路应用而开发的数字移动通信技术。

GSM-R能够提供定制的附加功能,如优先级与强拆功能、话音组呼及广播功能、位置寻址及功能寻址等,是一种可靠高效的铁路综合数字移动通信系统。GSM-R完全能够满足我国铁路发展对于移动通信提出的更高要求,在调度指挥、列车运行、业务管理、信息服务等方面大力提升了通信服务质量。

(一)GSM-R系统的网络结构

典型的GSM-R网络结构如图8-10所示。

13.GSM-R铁路移动通信系统

GSM-R网络主要由六个子系统组成:移动台(MS)、无线子系统(BSS)、网络子系统(NSS)、通用分组无线业务子系统(GPRS)、移动智能网子系统(IN)及操作维护子系统(OSS)。

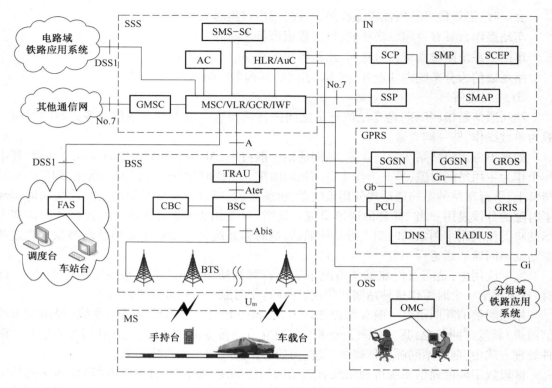

图 8-10 GSM-R 网络结构

1. 移动台(MS)

MS 用来使用户接入 GSM-R 网络,以获取移动通信服务,如通话、数据传输、短消息收发等。MS 通过无线接口(Um)接入到 GSM-R 网络,同时还为用户提供了人机接口。

一个 MS 由移动设备和用户识别模块(SIM)两部分组成。移动设备完成用户信息及信令的收发和处理,由主机、话筒、扬声器、显示屏、按键和电池等部分组成。MS 还可以提供与其他一些终端设备之间的接口,比如与个人计算机或传真机之间的接口。MS 另外一个重要的组成部分是用户识别模块(SIM),它包含所有与用户有关的信息。使用 GSM-R 标准的移动台都需要插入 SIM 卡,只有当处理异常的紧急呼叫时,可以在不用 SIM 卡的情况下操作移动台。SIM 卡的应用使移动台并非固定地束缚于一个用户,GSM-R 系统是通过 SIM 卡来识别移动用户的。根据工作任务的不同,可为不同的铁路工作人员配备具有不同业务的 SIM 卡。

GSM-R 移动台包括各类车载台和手持台。车载台包括机车综合无线通信设备(CIR)、列控机车无线通信单元(RTU)、机车同步操控车载通信单元(OCU)、列尾信息传输设备等。手持台包括作业手持台(OPH)、通用手持台(GPH)等。

(1)机车综合无线通信设备(CIR)

CIR 放置在机车驾驶室中,供机车司机通信使用。CIR 是对无线列调机车电台、GSM-R 车载综合平台、800 MHz 安全预警机车设备、450 MHz 调度命令无线传送机车装置、列车尾部风压传送设备等进行统一规划和综合使用的设备。CIR 可以应用在 450M 和 GSM-R 两种工作模式下,实现调度通信、调度命令、无线车次号传输、列尾风压查询、GPS 等功能。

CIR 设备组成如图 8-11 所示。CIR 由主机、操作显示终端(MMI)、扬声器、打印终端、连接电缆、天线、射频馈线等组成。其中主机包括机柜、主控单元、接口单元、电源单元、电池单元、GPS 单元、GSM-R 话音单元、GSM-R 数据单元、高速数据单元、录音单元、天馈单元、450 MHz 机车电台单元、800 MHz 列尾和列车安全预警车载电台单元等。CIR 结构采用模块化设计,可根据功能要求进行模块配置。

图 8-11　CIR 设备组成

（2）GSM-R 手持台

GSM-R 手持台与普通手机的主要区别在于它要支持铁路特色业务,如语音呼叫、语音组呼、语音广播、铁路紧急呼叫、功能号拨号等功能。GSM-R 手持台一般支持多个频段,包括GSM-R 频段、公共 GSM 频段、扩展 GSM 频段及 DCS 频段。

GSM-R 手持台分为两类:作业手持台(OPH)和通用手持台(GPH)。GPH 主要用于铁路各类管理人员,与铁路业务相关的人员进行话音和数据通信。OPH 主要用于列车、车站、编组场、沿线区间及其他铁路作业区的各工种工作人员进行话音和数据通信。

由于 OPH 的工作环境更为复杂和恶劣,因此对 OPH 的性能要求要高于 GPH,主要体现在以下方面:

①对 OPH 在抗冲击、防摔、温度适应性、阳光照射和黑暗环境适应性等方面,有更高的要求。

②OPH 在面板右上方配有一个红色的紧急呼叫按键,并且此按键应能防止意外操作。

③OPH 在主机左侧面提供一个专用的 PTT 按键,用于组呼时抢占讲话信道。

④OPH 的面板设计应便于操作人员戴手套使用。

⑤OPH 应具有"三防"(防尘、防水、防摔)功能。

OPH 和 GPH 的外观如图 8-12 所示。

2. 无线子系统(BSS)

无线子系统(BSS)通过无线接口(U_m)与 MS 相连,负责无线发送接收和无线资源管理;通过 A 接口与 NSS 相连,实现移动用户之间或移动用户与固定网用户之间的通信连接,并且传送系统信令和用户信息。

BSS 主要由一个基站控制器(BSC)和若干个基站收发信机(BTS)组成。此外,BSS 还包括编码速率适配单元(TRAU)、小区广播中心(CBC)等设备。在隧道等弱场区,为了提高无线信号强度,还需要配置直放站设备,如近端机、远端机、漏缆和天线等。

（a）OPH　　　　（b）GPH

图 8-12　OPH 和 GPH 的外观

BSC 与 BTS 之间的连接可采用星状或环状拓扑结构。在 GSM-R 网络中,BSC 与 BTS 之间通常采用环状结构。基站 BTS 组网采用奇数基站组环和偶数基站组环的方式接入局端侧 BSC,一般 3~5 个 BTS 通过一个 2M 数字环连接到 BSC,这种结构的优点是可以实现自愈保护。

(1)基站收发信机(BTS)

BTS 是 GSM-R 网络中固定部分与无线部分之间的中继。BTS 通过 Um 接口与 MS 连接,通过 Abis 接口与 BSC 连接。BTS 主要负责与一定覆盖区域内的 MS 进行通信。

(2)基站控制器(BSC)

BSC 一方面与 BTS 连接,另一方面与移动交换中心(MSC)连接。BSC 的主要功能是负责无线呼叫处理和无线资源管理,具体包括:

①对其所控制的小区执行无线资源管理,并且为其所控制区域内的所有 MS 分配和释放频点。

②执行 MS 在其所控制区域内的两个 BTS 间的切换。

③执行在高峰时刻或特殊事件期间,为满足地区性的高需求而重新分配其控制区域内的 BTS 频率。

④执行其控制区域内 BTS 和 MS 的发射功率控制。

⑤提供时间和频率同步的参考信号,并向每个 BTS 广播。

(3)编码速率适配单元(TRAU)

BSS 中还可能存在 TRAU,它可以实现 GSM-R 编码速率向标准的 PSTN 或 ISDN 速率的转换。TRAU 通过 Ater 接口与 BSC 相连,通过 A 接口与 MSC 相连。

TRAU 能够将 13 kbit/s 话音(或数据)转换成标准的 64 kbit/s 数据。在 BTS 中,13 kbit/s 话音(或数据)通过插入附加同步数据,使其和较低速率数据不同,插入数据后的速率变为 16 kbit/s。在 TRAU 中,再将 16 kbit/s 语音转化成 64 kbit/s 的 T1 μ 律 PCM 时隙或者 E1 A 律 PCM 时隙。

(4)小区广播中心(CBC)

CBC 与 BSC 和小区广播设备相连接,负责小区广播和小区短消息的管理和存储。小区广播短消息业务可向指定区域的所有移动台周期性地广播数据信息。

3. 网络子系统(NSS)

网络子系统(NSS)负责端到端的呼叫接续、用户数据管理、移动性管理和与其他网络的连接。NSS 通过 A 接口与 BSS 连接,与其他网络的接口决定于所连接网络的类型。

基本的 NSS 由六个功能实体组成,即移动交换中心(MSC)、归属位置寄存器(HLR)、拜访位置寄存器(VLR)、鉴权中心(AuC)、设备识别寄存器(EIR)和互连功能单元(IWF)。另外,NSS 中还可以有组呼寄存器(GCR)、短消息服务中心(SMS-SC)、确认中心(AC)等,这些功能实体可以根据具体的需要进行选择。

(1)移动交换中心(MSC)

MSC 是 NSS 的核心,它包含两方面功能:一方面,MSC 负责完成用户的呼叫处理,实现信息交换;另一方面,MSC 还完成一些和移动通信相关的特殊功能,如位置登记、越区切换、安全管理、无线资源管理等,这是它与固定网络交换机的主要差别。

MSC 的主要功能如下:

①处理呼叫接续功能。

②与 BSS 协作动态分配接入资源。

③监督 BSS 与 MS 之间的无线连接。

④越区切换、位置登记、漫游等移动性管理。

⑤安全性管理。

⑥呼叫统计。

⑦作为短消息网关,连接用户与短消息服务中心。

根据所处位置和实现功能的区别,可把 MSC 分为归属 MSC(HMSC)、拜访 MSC(VMSC)和网关 MSC(GMSC)。HMSC 是指移动用户进行初始注册的 MSC。VMSC 是移动用户拜访地的MSC。GMSC 具有路由功能,是 GSM-R 系统与其他通信网之间的接口,同时具有查询 MS 位置信息的功能。网络可以在全部 MSC 中选出一些 MSC 作为 GMSC。

(2)归属位置寄存器(HLR)

HLR 实现对移动用户的管理。HLR 用来存放在一个地区注册的所有用户的信息。GSM-R 网络中的 HLR 用来存放铁路全网用户的信息。HLR 中存储的信息包括移动用户的静态数据信息和一些临时动态数据信息。

HLR 中存储的信息通常有以下几类:

①用户信息。

②位置信息,即 MS 的漫游号、VLR 号、MSC 号和 MS 位置识别号。

③移动用户的 IMSI 号和 MSISDN 号。

④承载业务和终端业务的定制信息。

⑤业务限制信息,如漫游限制。

⑥语音组呼(VGCS)和语音广播(VBS)用户的组 ID。

⑦补充业务信息。

⑧与 AuC 之间的信息交换。

⑨鉴权、加密参数。

(3)拜访位置寄存器(VLR)

VLR 管理在一个 MSC 区内已登记的移动用户的动态数据信息。当一个 MS 进入新的MSC 区域后,此区域的 VLR 就会从该 MS 所属的 HLR 获取其信息并存储。如果 MS 没有进行登记,漫游区的 VLR 就会从 MS 的 HLR 获取信息以使呼叫能够处理。当用户离开当前 VLR控制区后,用户信息将从 VLR 中清除。VLR 总是与 MSC 实现功能综合,作为 NSS 的一个物理实体。

VLR 中存储的信息通常有以下几类:

①移动用户的 IMSI 号和 MSISDN 号。

②移动用户的漫游号(MSRN)。

③移动用户的临时身份识别号(TMSI)。

④移动用户的位置识别号(LMSI)。

⑤移动台登记的位置区。

⑥MS 的前一时刻位置和初始位置。

⑦来自移动用户 HLR 的补充业务参数。

⑧从 HLR 向 BSS 传递 AuC 的加密密钥。

⑨支持寻呼功能的信息。

⑩跟踪移动台在本区域的状态。

(4)鉴权中心(AuC)

AuC 用来管理与鉴权、加密有关的数据。鉴权是对用户的 IMSI 号进行验证;加密是对无线路径上传送的信息进行加密。一个 AuC 对应于一个 HLR。一旦用户在 HLR 中进行了登记,AuC 就开始产生安全参数,然后根据需要将安全参数发送至 HLR 和 VLR。

(5)移动设备识别寄存器(EIR)

EIR 用来验证移动设备的合法性。EIR 存储 MS 的移动设备识别号(IMEI)。这些 IMEI 号被分为三类:白名单、黑名单和灰名单。有效的 IMEI 号在"白名单"上;异常的 IMEI 号在"灰名单"上;被禁止使用的 IMEI 号在"黑名单"上(如被偷窃盗用的 IMEI 号)。一个 IMEI 号也有可能不在任何名单上。网络根据用户的 IMEI 号所在名单来决定是否为用户提供服务。

(6)互连功能(IWF)

IWF 用于实现 GSM-R 网络与其他固定网络(如 PSTN、列控 RBC、机车同步操控 AN 节点、FAS 系统等)的互联,它能够在 GSM-R 网络与固定网络的数据终端之间提供速率和协议的转换。IWF 的具体功能决定于互联的业务和网络类型。IWF 常与 MSC 在同一物理设备中实现。

(7)短消息服务中心(SMS-SC)

SMS-SC 负责向 MSC 传送短消息信息。SMS-SC 不包含在 MSC 设备中。SMS-SC 与移动用户进行通信时,通过 SMS-GMSC 接入。

(8)组呼寄存器(GCR)

GCR 用于存储与语音组呼、语音广播业务有关的信息。一个 GCR 管理一个或多个 MSC,当 MSC 处理语音组呼和语音广播时,要利用语音组呼和语音广播呼叫参考从 GCR 中获取相应的属性。

MSC 从 GCR 获取的主要内容有:

①MSC 控制的小区列表。

②组呼参考(组 ID 和组呼区域)。

③组呼相关的用户列表。

④呼叫会被发送到的所有 MSC 列表。

⑤建立专用链路的调度识别列表。

⑥使用 eMLPP 补充业务时,语音组呼和语音广播的缺省优先级。

(9)确认中心(AC)

当用户发起或接受高优先级呼叫或紧急呼叫时,MSC 会将相关呼叫信息,如呼叫时间、发起者、接听者等,传送到 AC 进行记录。AC 对接收到的相关信息进行存储,为事后分析提供数据依据。

4. 通用分组无线业务子系统(GPRS)

通用分组无线业务(GPRS)是在 GSM 技术的基础上提供的一种端到端分组交换业务。GPRS 充分利用已有的 GSM 网络基础设施,提供高效的无线资源利用率,无线接入速率可高达 171.2 kbit/s。GPRS 系统基于标准的开放接口,与已有的 GSM-R 电路交换系统有很多交互接口。

GPRS 系统的主要特点有:

①可以固定、动态地分配信道,多用户共享信道。

②一个用户可以同时使用 1~8 个时隙,空中接口支持 CS1~CS4 共计 4 种编码方式,数据传输速率可达 10~170 kbit/s。

③用户永远在线,但是只有在进行数据传输时才能占用无线资源信道。

④用户与网络的交互是按照会话进行管理的,传输信息时用户需激活申请 PDP 场景。

⑤在无线数据传输安全性上具有较强的保密性和可靠性,它支持前向纠错,自动反馈重发、全程加密等功能。

GPRS 被引入到铁路 GSM-R 系统中,使得移动通信与数据网络合二为一,为铁路数据业务的开展提供了空间。

铁路也存在着许多数据应用的需求,需要解决车与地之间、现场与数据中心之间的数据传输,如书面调度命令传输、无线车次号传输、旅客信息服务、移动互联网接入等。这些业务的特点是业务点分散、非周期间断数据传输、频繁小容量数据传输及个别的大容量数据传输,有些业务点同时又是移动的。在 GSM-R 网络中应用 GPRS 系统,具有通信实时性好、数据量大、免维护、可靠性高等明显优势,能够以无线方式实现数据传输或“永远在线”实时监测。

GPRS 子系统主要由 GPRS 服务支持节点(SGSN)、GPRS 网关支持节点(GGSN)、分组控制单元(PCU)、域名服务器(DNS)、认证服务器(RADIUS)、GPRS 接口服务器(GRIS)、GPRS 归属服务器(GROS)等节点组成。

下面分别介绍 GPRS 子系统中各网络节点的作用。

(1)GPRS 服务支持节点(SGSN)

SGSN 主要完成移动性管理和路由选择功能,记录 MS 的当前位置信息,并且在 MS 和 GGSN 之间完成移动分组数据的发送和接收。

SGSN 的主要功能如下:

①移动性管理。

②会话管理。

③用户数据管理。

④安全性管理。

⑤计费。

(2)GPRS 网关支持节点(GGSN)

GGSN 通过基于 IP 协议的 GPRS 骨干网连接到 SGSN,是连接 GSM-R 网络和外部分组交换网(如因特网和局域网)的网关,也被称作 GPRS 路由器。GGSN 可以把 GSM-R 网络中的 GPRS 分组数据包进行协议转换,从而可以把这些分组数据包传送到远端的 TCP/IP、X. 25 等网络。

GGSN 的主要功能如下:

①会话管理。

②IP 地址分配。

③路由选择。

④协议转换。

⑤安全性管理。

⑥计费。

(3)分组控制单元(PCU)

PCU 是在 BSS 侧增加的一个处理单元,可以使 BSS 提供数据功能,控制无线接口使多个用户使用相同的无线资源。PCU 主要完成数据分组、无线信道的管理、错误发送检测和自动重发等功能。

(4)域名服务器(DNS)

DNS 负责域名解析,即将网元域名转换成为实际的 IP 地址。

铁路 GPRS 网的域名解析主要有四个用途:

①在 PDP 上下文激活过程中,SGSN 将 APN 提交给 DNS 进行解析,获得用户上网所使用的 GGSN 的 IP 地址。

②在 SGSN 间路由区更新过程中,新的 SGSN 通过域名解析查找原 SGSN 的 IP 地址。

③实现系统各网元之间通信时网元域名至网元 IP 地址间的解析。

④实现机车台、列尾主机等车载 GPRS 设备的域名至其 IP 地址的解析。

(5)认证服务器(RADIUS)

RADIUS 负责存储用户身份信息,对用户认证请求(用户名、密码)进行确认,给用户分配权限,完成用户的认证和鉴权功能。

RADIUS 服务器存储所有机车号、车次号与 IP 地址的映射表。

(6)GPRS 接口服务器(GRIS)

GRIS 是 GPRS 网络与铁路应用系统的接口设备,实现了车与地之间各种分组数据信息的传输,主要提供以下功能:

①协议转换功能。GRIS 用于连接 GGSN 和其他铁路数据网。在数据传输过程中,GRIS 完成传输层和应用层通信协议的转换及 IP 地址的转换。

②数据的存储转发。GRIS 采用存储转发的机制,完成行车作业数据的传送。

③IP 地址更新。每个 GRIS 均存储所有路局集团公司 GRIS 的 IP 地址。当机车运行至新 CTC/TDCS 区段时,若 CTC/TDCS 中心未能及时通过 GRIS 通知 CIR 进行 IP 地址更新,则由 GRIS 负责通知 CIR 进行当前 GRIS 的 IP 地址的更新操作。

④信息安全功能。防止非法的移动用户利用 GRIS 进行数据传输,同时也防止未经授权的固定用户向机车综合无线通信设备传送数据。

⑤告警提示功能。当 GRIS 与其他设备之间发生通信异常时,可自动发出声光告警和信息提示。

⑥日志记录和管理功能。应对所有运行数据和操作进行记录,并能根据需要查询和统计,生成报表。

(7)GPRS 归属服务器(GROS)

GROS 的主要功能是负责查询某个 CIR 当前归属的 GRIS 的 IP 地址。GROS 通过 CIR 当前所在的位置区号(LAI)和小区 ID 来判断 CIR 的位置,查询当前 CIR 所在路局集团公司 GRIS 的 IP 地址。

在一个完整的 GPRS 网络中还应包括 CG、BG 等网络单元。CG 为计费网关,主要完成收集、存储、传送计费信息功能;BG 为边缘网关,主要完成与其他 GPRS 网络间的互通功能。

5. 移动智能网子系统(IN)

智能网的基本思想是依靠 No.7 信令网和大型集中数据库的支持,将网络的交换功能和控制功能相分离。交换机只完成基本的接续功能,新业务的实现由智能网设备控制。交换机采用开放式结构和标准接口与业务控制点相连。当需要增加或修改新业务的时候,不必改动各交换中心的交换机,只要在智能网设备中进行即可。

GSM-R 智能网以 ITU-T 智能网为基础,在 GSM-R 网络中增加了基于 CAMEL3(Customised Applications for Mobile Network Enhanced Logic,Phase 3)协议的业务功能。GSM-R 智能网使得 GSM-R 网络能够灵活、方便地实现部分铁路特定的业务,并在将来引入新业务的时候,减少对 GSM-R 网络改造。

GSM-R 智能网业务主要是针对铁路的特殊应用需求,可分为基本业务和扩展业务两类。

(1)GSM-R 智能网基本业务

GSM-R 智能网基本业务包括功能号注册注销与管理、功能寻址(FA)、位置寻址(LDA)、接入矩阵等。

(2)GSM-R 智能网扩展业务

GSM-R 智能网扩展业务主要有基于位置的呼叫限制、基于 MSISDN 号码的呼叫限制、短信的智能业务、基于车次功能号的动态组呼(可选)、自动获取调度中心 IP 地址(可选)等。

GSM-R 智能网子系统由 GSM-R 智能网节点和连接这些节点的网络组成。GSM-R 智能网的网络节点包括:GSM 业务交换点(gsmSSP)、GPRS 业务交换点(gprsSSP)、智能外设(IP)、归属位置寄存器(HLR)、拜访位置寄存器(VLR)、业务控制点(SCP)、业务管理点(SMP)、业务管理接入点(SMAP)及业务生成环境点(SCEP)等。连接 GSM-R 智能网节点的网络包括: No.7 网、数据传送网、话音网等。

GSM-R 智能网中各网络节点的功能如下。

(1)GSM 业务交换点(gsmSSP)

gsmSSP 具有业务交换功能。作为 MSC 与 SCP 之间的接口,可检测出 GSM-R 智能业务的请求,并通知 SCP;对 SCP 的请求做出响应,允许 SCP 中的业务逻辑影响呼叫处理。

(2)GPRS 业务交换点(gprsSSP)

gprsSSP 具有业务交换功能。作为 SGSN 与 SCP 之间的接口,可检测出 GSM-R 智能业务的请求,并通知 SCP;对 SCP 的请求做出响应,允许 SCP 中的业务逻辑影响呼叫处理。

(3)业务控制点(SCP)

SCP 具有业务控制功能。它包含 GSM-R 智能网的业务逻辑,通过对 SSP 发出指令,完成对智能网业务接续的控制,以实现铁路特定的业务功能。同时还具有业务数据功能,包含用户数据和网络数据,以供业务控制功能在执行 GSM-R 智能网业务时实时提取。

(4)HLR

HLR 用于存储用户的签约信息。

(5)VLR

当用户漫游到 VLR 区域时,VLR 将用户签约信息作为用户数据存储在数据库中。

(6)智能外设(IP)

IP 在 SCP 的控制下提供业务逻辑程序所指定的各种专用资源,包括 DTMF 接收器、信号音发生器、录音通知等。

(7)业务管理点(SMP)

SMP 是业务管理系统,能配置和提供 GSM-R 智能网业务。它包括对 SCP 中业务逻辑的管理,用户业务数据的增删、修改等,也可以管理和修改在 SSP(IP)中的有关业务信息。

（8）业务管理接入点（SMAP）

SMAP 具有业务管理接入功能,为业务管理员提供接入到 SMP 的能力,并通过 SMP 来修改、增删用户数据和业务性能等。

（9）业务生成环境点（SCEP）

SCEP 用于开发、生成 GSM-R 智能网业务,并对这些业务进行测试和验证,将验证后的智能网业务的业务逻辑、管理逻辑和业务数据等信息输入到 SMP 中。

GSM-R 智能网业务的处理过程如下:

①由移动用户发起的智能业务呼叫,通过无线信道至 BTS,再经 BSC 至 MSC/gsmSSP,触发智能业务。由 MSC/gsmSSP 在 SCP 的控制下通过 GSM-R 网络完成呼叫处理和选路。

②由有线用户发起的智能业务呼叫,通过 FAS 连接至 MSC/gsmSSP,触发智能业务。由 MSC/gsmSSP 在 SCP 的控制下通过 GSM-R 网络完成呼叫处理和选路。

③由移动用户发起的 GPRS 智能业务呼叫,通过无线信道至 BTS,再经 BSC 至 SGSN/gprsSSP,触发智能业务。由 SGSN/gprsSSP 在 SCP 的控制下通过 GPRS 网络完成业务处理。

6. 操作维护子系统（OSS）

操作维护子系统（OSS）是操作人员与系统设备之间的中介,它实现了系统的集中运行与维护,完成移动用户管理、移动设备管理及网络运行维护等功能。它的一侧与设备相连,另一侧是作为人机接口的计算机工作站。这些专门用于网络运行维护的设备被称为运行维护中心（OMC）。系统的每个组成部分都可以通过特有的网络连接至 OMC,从而实现集中维护。

根据所操作维护的对象不同,OSS 分为无线网络管理子系统（OMC-R）、交换网络管理子系统（OMC-S）、GPRS 网络管理子系统（OMC-D）和直放站管理子系统（OMC-T）。

OMC-R 负责无线子系统设备的性能管理、故障管理及配置管理。OMC-S 负责交换子系统设备的性能管理、故障管理及配置管理。OMC-D 主要对 GPRS 系统的各网络节点进行管理。OMC-T 采用广域网将所有直放站设备连接起来,负责设备性能管理、故障报警、业务量统计及配置管理等。

OMC-R、OMC-S、OMC-D、OMC-T 等通过外部接口,统一纳入更高层的管理。

GSM-R 系统所使用的传输网、同步网等支撑网络的操作维护,由相应的专业网管系统负责。

（二）GSM-R 系统在铁路中的应用

1. GSM-R 系统的业务模型

GSM-R 业务以 GSM 业务为基础,并引入高级语音呼叫业务（ASCI）和铁路特色业务。铁路部门用户可将其作为信息化平台,依据功能需求来开发各种铁路应用。GSM-R 系统的业务模型如图 8-13 所示。

GSM-R 系统的业务模型可分为四层,由下至上分别为 GSM 业务、高级语音呼叫业务（ASCI）、铁路特色业务和铁路应用。

GSM-R 系统继承自 GSM 系统,其在网络结构、功能协议等方面与 GSM 系统基本一致。因此,GSM 系统所提供的业务便成了 GSM-R 系统业务的基础。

为了满足铁路特有的通信需求,GSM-R 系统还要提供高级语音呼叫业务和铁路特色业务。高级语音呼叫业务主要包括增强型多优先级与强拆（eMLPP）、语音组呼（VGCS）和语音广播

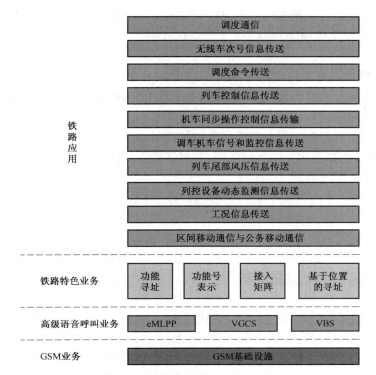

图 8-13 GSM-R 系统的业务模型

(VBS)。铁路特色业务主要包括功能号表示、接入矩阵、功能寻址(FA)和基于位置寻址(LDA)。

以其提供的业务为基础,GSM-R 系统可为铁路提供多方面的应用,如调度通信、列控信息传送、无线车次号信息传送、调动命令传送、区间/公务移动通信等。

2. 高级语音呼叫业务(ASCI)

(1)多优先级与强拆(eMLPP)

eMLPP 业务规定了在呼叫建立或越区切换时呼叫接续的不同优先级,以及资源不足时的资源抢占能力。

eMLPP 业务分为优先级与强拆两部分。优先级是指结合快速呼叫的建立为一个呼叫提供某个较高的级别。强拆是指抢夺资源,在缺乏空闲资源的情况下,一个优先级较低的呼叫会被一个优先级较高的呼叫强拆。

铁路对于有些类型的通信有很高的性能要求,特别是无线信道和通话的快速建立。比如,在有铁路紧急呼叫的区域内,不管是否有空余的信道,紧急呼叫必须立即建立。又如,列车控制系统需要一个连续的数据信道,如果在越区切换时邻近小区的无线信道拥塞,就必须将那些低优先级的通信切断,释放无线信道,以便切换时能立即提供无线信道。

eMLPP 业务定义了 7 个优先等级:A(最高,网络内部使用);B(网络内部使用);0(预定);1(预定);2(预定);3(预定);4(最低,预定)。

最高的两个优先级 A 和 B 保留给本地网络内部(同一个 MSC 的控制范围内)的呼叫使用,用于紧急呼叫的网络或特殊语音广播呼叫或语音组呼设定的网络。当等级 A 和 B 的呼叫应用到 MSC 区域之外时,这两个优先级都要映射为等级 0。其他 5 个优先级 0、1、2、3、4 可以提供给用户在整个网络覆盖范围内使用,例如铁路紧急呼叫的优先级为0,列控信息传送的优先级为1,其他呼叫按重要程度分为2、3、4级。在呼叫建立时,用户可以选择预先签约的任何一个优先级。

eMLPP 的资源抢占分为两种情况:网络资源抢占和用户接口资源抢占。

网络资源抢占是指当呼叫建立或切换时,如果没有空闲网络资源,则终止低优先级呼叫,将资源给高优先级呼叫使用。

用户接口资源抢占是指当具有较高优先级的呼叫请求与正在进行较低优先级通话的用户建立通信时,网络终止被叫用户的当前呼叫,并将其接入高优先级呼叫。

(2)语音组呼业务(VGCS)

VGCS 是指一种由多方参加(GSM-R 移动台或固网电话)的语音通信方式,其中一人讲话、多方聆听,讲话者角色可以转换。VGCS 工作于半双工模式。

VGCS 业务中包含两种身份的成员,即调度员和移动业务用户。调度员可以是固网用户或者移动用户,一个 VGCS 呼叫中最多只能有五个调度员,也可以没有。移动业务用户是指预订了 VGCS 业务的移动用户,数量不限。

一个特定的 VGCS 通信由一个组呼参考唯一地确定。组呼参考由业务区号(SA)和组标识(GID)组成。SA 用以确定组呼和广播呼叫的有效区域;GID 用于确定组呼和广播呼叫的成员身份。

语音组呼号码的格式为:50 XXXXX YYY。其中,50 为语音组呼的类型标识;XXXXX 为SA,共 5 位数字,YYY 为 GID,共 3 位数字。GID 的定义(部分举例)见表8-2。

表8-2 语音组呼和语音广播号码的 GID 举例

组标识 (GID)	功 能 说 明			
	优先级	组呼区域	发 起 方	组 成 员
1××	保留国内使用			
200	保留国际使用(司机组呼)			
201	3	列车调度辖区	列车调度员	列车调度员、车站值班员、机车司机、助理值班员、机务段(折返段)调度员、列车段(车务段、客运段)值班员、机车调度员、牵引变电调度员、救援列车主任
202	3	列车调度辖区	列车调度员	列车调度员、机车司机
20×	保留国内使用			
210	3	车站基站区	车站值班员、助理值班员、司机	车站值班员、助理值班员、机车司机
211	3	车站基站区	列车调度员	列车调度员、车站值班员、机车司机、助理值班员
21×	保留国内使用			
220	2	相邻三车站及站间区间	车站值班员	列车调度员、车站值班员、机车司机、助理值班员、工务巡道人员、道口值班人员
22×	保留国内使用			
230~298	保留国内使用			

续上表

组标识 （GID）	功能说明			
	优先级	组呼区域	发 起 方	组 成 员
299	0	相邻三小区	机车司机、工务巡道人员、道口值班人员	列车调度员、车站值班员、机车司机、助理值班员、工务巡道人员、道口值班人员
300	4	货运调度辖区	货运调度员	货运调度员、中间站（区段站、编组站、货运站）、货运室值班员、货运员

当某个组成员拨打组 ID 号发起 VGCS 呼叫时，系统会在该主叫用户所在的组呼区域内呼叫签约了该组 ID 的所有组成员。组成员接收到通知消息即可加入，非本组成员忽略此消息。组呼区域外的本组成员在呼叫进行时进入组呼区域也会收到通知消息并可以加入。

系统给主叫用户和调度员提供标准的双向信道，给所有的被叫业务用户分配同一业务信道的下行链路进行接听。在整个呼叫过程中调度员一直占用一对业务信道，其他业务用户要通过抢占上行链路来实现讲者和听者身份之间的转变。一个 VGCS 通信过程中，某一时刻只能有一个"非调度身份"的移动用户讲话，调度员可以随时讲话。

VGCS 业务突破了点对点通信的局限性，能够以简捷的方式建立组呼叫，实现调度指挥、紧急通知等特定功能，可用于铁路的调度指挥通信。

（3）语音广播呼叫（VBS）

VBS 允许一个业务用户，将话音或者其他用话音编码传输的信号发送到某一个预先定义的地理区域内的所有用户或者用户组。VBS 工作于单工模式。

VBS 中的讲话者没有像 VGCS 中的角色转换，讲话者（发起者）只能讲，听话者（接收者）只能听，因而可以看作是 VGCS 的最简单形式。它也是用组功能码（组 ID）来呼叫所有该组成员。

语音广播呼叫号码的格式为：51 XXXXX YYY。其中，51 为语音广播呼叫的类型标识；XXXXX 与 YYY 含义同语音组呼号码的规定。

同 VGCS 一样，VBS 也提供了点对多点呼叫的能力，适用于铁路的调度指挥通信。

3. 铁路特色业务

为了满足铁路运营需求，GSM-R 系统还包含一些铁路所特有的功能，主要有功能号表示（FN）、接入矩阵、功能寻址（FA）、基于位置寻址（LDA）等。下面说明功能寻址与基于位置寻址。

（1）功能寻址

功能寻址是指通过用户分配的功能号，而不是它们所使用的终端设备的号码来寻址。功能号（FN）是将铁路用户根据其当前行使的职能进行编号。相比普通的用户号码，利用功能号进行呼叫更符合铁路的运营特色，使得铁路工作人员之间的通信更为及时和方便。功能号码使用前必须进行功能号的注册，使用后需要进行注销。

主要的功能号为车次功能号、机车功能号和车号功能号。

①车次功能号（TFN）

车次功能号的格式为：2 CC XXXXXX FF，共 6～11 位数字。其中，CC 为车次号字母转换的 2 位数字，符合 ASCII 码转换规则，车次号字母的使用参见相关规范，车次号不含字母时

CC=00;XXXXXX 为车次号中的数字位,长度为 1~6 位;FF 为 2 位数字功能码 FC。

②机车功能号(EFN)

机车功能号的格式为:3 TTT XXXXX FF,共 7~11 位数字。其中,TTT 为 3 位数字机车类型代码,参见相关规范;XXXXX 为机车编号,长度为 1~5 位;FF 为 2 位数字功能码 FC。

③车号功能号(CFN)

车号功能号的格式为:4 CC XXXXXXX FF,共 6~12 位数字。其中,CC 为车种标识字母转换的 2 位数字,符合 ASCII 码转换规则,车种标识字母的使用参见相关规范;XXXXXXX 为车号,长度为 1~7 位;FF 为 2 位数字功能码 FC。

车次功能号、机车功能号及车号功能号的 FC 应符合表 8-3 的规定。

表 8-3　FC 含义(举例)

功能码(FC)	功 能 描 述	功能码(FC)	功 能 描 述
00	为告警保留	20	餐车主任
01	本务机司机	28	乘检人员
02~05	补机司机	29	列检人员
06	保留传真使用	30	铁路安全服务领导
07	车上内部通信	31	乘警长
08	运转车长	62	旅客服务广播室
09	保留国际使用	63~69	保留国际使用(旅客服务)
10	列车长 1	81	本务机司机手持台
11	列车长 2	82~85	补机司机手持台

其他功能号的编号规则参见有关规范。

下面举例说明功能寻址的呼叫过程。

当调度员或是车站值班员要呼叫 T12 次列车的司机时,可以不必知道该司机姓名,也不必知道该司机使用的机车台的号码,只需拨打 T12 次列车司机的功能号"2T1201"即可,网络查询其智能网数据库,将"2T1201"对应到一个真实的电话号码,并建立该呼叫。这种功能简化了呼叫操作,能够提高铁路工作人员的工作效率,主要用于固定用户呼叫特定的移动用户。

功能寻址的过程如图 8-14 所示。

功能寻址过程说明如下:

①调度员拨打 T12 次列车司机的功能号"2T1201",而不必拨打该司机的 CIR 号码(即 MSISDN,移动台国际 ISDN 号码),该呼叫经固定接入交换机(FAS)传至 MSC。

②MSC 将呼叫挂起,将此功能号经由 SSP 转至 SCP。

③SCP 检查所拨功能号是否有效,并通过接入矩阵检查该呼叫是否被授权。若该功能号未经授权,呼叫将被释放,并提供相应的释放原因;若该功能号已被授权,SCP 在数据库中查找到此功能号所对应的 MSISDN,并将其传送至 MSC。

④MSC 根据此 MSISDN,按常规流程进行呼叫处理,将呼叫接续至 T12 次列车司机的移动台。

(2)基于位置寻址(LDA)

基于位置寻址是指网络将移动用户发起的用于特定功能的呼叫,路由到一个与该用户当

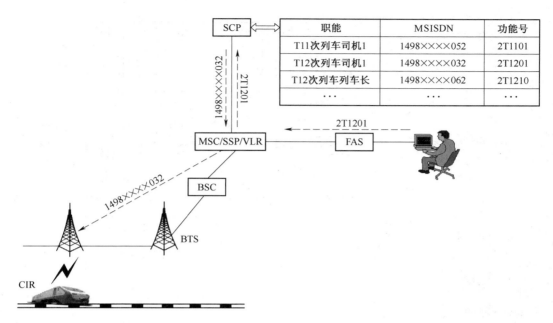

职能	MSISDN	功能号
T11次列车司机1	1498××××052	2T1101
T12次列车司机1	1498××××032	2T1201
T12次列车列车长	1498××××062	2T1210
…	…	…

图 8-14　功能寻址的过程

前所处位置相关的目的地址。如列车调度通信中,移动台要呼叫的调度员取决于移动用户当前所处的位置。当列车运行到某调度辖区范围内的时候,司机如果需要呼叫调度员,他并不需要知道调度员的电话号码,只需要呼叫代表调度员身份的短号码"1200"即可。网络能够识别该短号码,并将其路由至调度所内的该辖区调度员。基于位置寻址功能主要用于移动用户呼叫特定的固定用户(调度员和车站值班员)。

基于位置寻址的过程如图 8-15 所示。

基于位置寻址过程说明如下:

①机车司机拨打固定短号码,如"1200",表示要呼叫当前区段范围的调度员,此号码被传送至 MSC。

②MSC 将呼叫挂起,将该短号码和司机的位置信息经由 SSP 转至 SCP。

③SCP 检查所拨号码是否有效,然后根据呼叫产生的位置信息和短号码,在数据库中查找到对应的有线用户的 MSISDN 号码,并将其发送到 MSC。

④MSC 根据此 MSISDN,通过 FAS 将呼叫接续至相应的调度台,调度台终端显示出主叫方的功能号码。

4. 调度命令传送

铁路调度命令是调度员、车站值班员向机车司机下达的书面命令,它是列车行车安全的重要保障。调度员、车站值班员通过向司机发出调度命令对行车、调度和事故进行指挥控制,是实施铁路运输管理的重要手段。

调度命令信息包括调度命令、行车凭证、调车作业通知单、调车请求、列车进路预告等。调度员在列车调度台上发送的调度命令信息包括调度命令、行车凭证、调车作业通知单。车站值班员在终端上发送的调度命令信息包括行车凭证、调车作业通知单。列车进路预告信息由CTC/TDCS 自动生成。调车请求信息由司机按"调车请求"键发送。

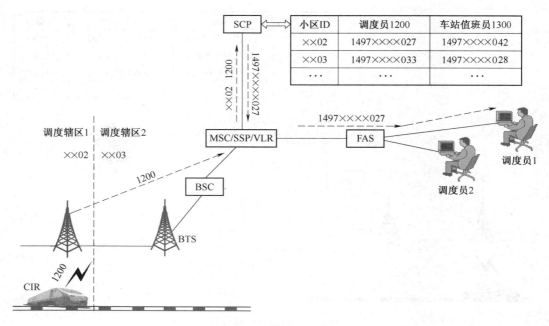

图 8-15　基于位置寻址的过程

采用 GSM-R 网络传输调度命令将提高调度命令传送的速度,提高工作效率,并且可以提高调度命令传送的可靠性。调度员可以通过计算机编辑调度命令,而司机也是通过计算机接收调度命令,这样就可以把调度命令保存在计算机的磁盘中,用于事故分析和明确责任,而且双方都可以将调度命令用打印机打印成书面文件。

（1）系统结构

调度命令传送系统由 GSM-R 网络、CTC/TDCS 设备（含 CTC/TDCS 中心设备、CTC/TDCS 车站设备）、调度命令机车装置（与 CIR 集成在一起）等组成,如图 8-16 所示。

（2）通信过程

①调度员、车站值班员编辑调度命令信息（当输入车次号后,系统自动填入对应的机车号）,按下调度命令信息"发送"按键,CTC/TDCS 发送调度命令信息给 GRIS。

②GRIS 接收到 CTC/TDCS 发送的调度命令信息后进行存储,并将对应机车号的域名送给 GGSN,GGSN 将机车号域名送给 DNS 进行解析。

③DNS 将解析后的机车号对应的 IP 地址返回给 GGSN,GGSN 将此 IP 地址返回给 GRIS。

④GRIS 依据 IP 地址通过 GGSN 将调度命令转发给机车台。

⑤CIR 接收到调度命令信息,判断列车车次号和机车号与本列车相符时,向 CTC/TDCS 发送自动确认信息。当接收到一个完整命令后,在 MMI 上显示调度命令信息并发出阅读提示音。司机阅读完调度命令信息,按"确认/签收"键发送手动签收信息,司机可根据需要按"打印"键打印调度命令信息。

⑥CTC/TDCS 接收到自动确认、手动签收信息时在调度命令信息发送方显示。调度命令信息发出后 15 s 内收不到自动确认或手动签收信息则自动重发,重发不超过 2 次。2 次重发后,仍收不到自动确认或手动签收信息,应在调度命令信息发送方显示并给出提示音,由调度

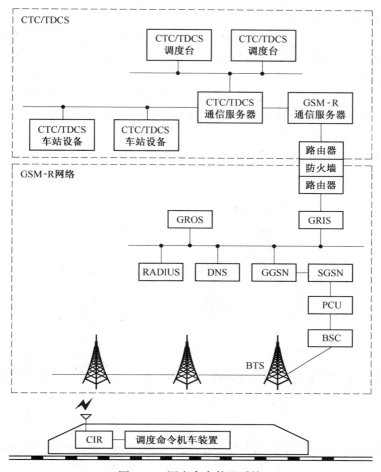

图 8-16　调度命令传送系统

员(或车站值班员)选择重发或结束。

5. 列车控制信息传送

列车自动控制系统(简称列控系统)是以技术手段对列车运行方向、运行间隔和运行速度进行控制,保证列车能够安全运行、提高运行效率的系统。

中国列车控制系统(CTCS)根据功能要求和设备配置分为五级:CTCS-0/1 级、CTCS-2 级、CTCS-3 级和 CTCS-4 级。

CTCS-0 级:由通用机车信号+列车运行监控装置组成。

CTCS-1 级:由主体机车信号+安全型运行监控装置组成,点式信息作为连续信息的补充,可实现点连式超速防护功能。CTCS-0/1 级列控系统用于提速之前的铁路线路。

CTCS-2 级:基于应答器和轨道电路传输列控信息。已广泛应用于国内的提速干线和部分高速客运专线。

CTCS-3 级:基于无线信道传输列控信息并采用轨道电路检查列车占用,利用应答器传送定位信息。用于 300~350 km/h 高速铁路。

CTCS-4 级:是完全基于无线信道传输信息的列车运行控制系统。地面可取消轨道电路,由 RBC 和车载验证系统共同完成列车定位和完整性检查,实现虚拟闭塞或移动闭塞。国内目前尚未应用,是列控系统未来发展的方向。

在各级列控系统中,CTCS-3 级和 CTCS-4 级与 GSM-R 系统有着密切关联,它们均利用 GSM-R 系统提供的无线通道实现列控信息的传输。下面主要介绍 GSM-R 系统在 CTCS-3 级列控系统中的应用。

CTCS-3 级列控系统是基于 GSM-R 无线通信实现车—地信息双向传输,无线闭塞中心 (RBC)生成行车许可,轨道电路实现列车占用检查,应答器实现列车定位,并具备 CTCS-2 级功能的列车运行控制系统。

CTCS-3 级列控系统组成如图 8-17 所示。

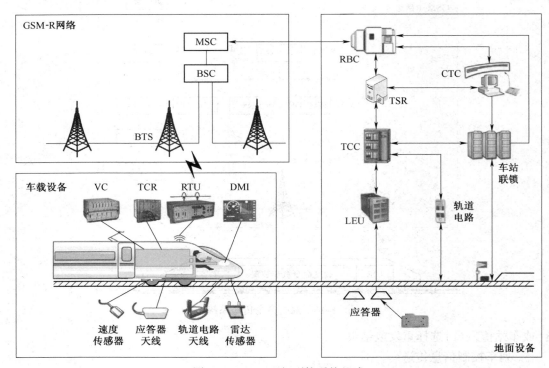

图 8-17　CTCS-3 级列控系统组成

CTCS-3 级列控系统由地面设备、车载设备和 GSM-R 通信网络三部分组成。

(1)地面设备

CTCS-3 级列控系统地面设备包括无线闭塞中心(RBC)、行车指挥中心(CTC)、临时限速服务器、联锁系统、轨道电路、列控中心(TCC)、应答器等。

①无线闭塞中心(RBC):使用无线通信手段的地面列车间隔控制系统。它根据列车占用情况及进路状态生成行车许可;通过 GSM-R 无线通信系统将行车许可、线路参数、临时限速传输给 CTCS-3 级车载设备,实现对运行列车的控制;通过 GSM-R 无线通信系统接收车载设备发送的位置和列车数据等信息。

②轨道电路:主要用于列车占用检测及列车完整性检查。如果工作在 CTCS-2 级后备系统中,负责发送行车许可信息。

③应答器:负责向车载设备传输定位和等级转换信息。如果工作在 CTCS-2 级后备系统中,负责向车载设备传送线路参数和临时限速等信息。

④列控中心(TCC):是 CTCS-2 级列控系统地面子系统的核心部分。根据轨道区段占用信息、联锁进路信息、线路限速信息等,产生列车行车许可命令,并通过轨道电路和有源应答器,传输给车载子系统,保证其管辖内的所有列车的运行安全。

⑤地面电子单元(LEU):通过串行通信接口与 TCC 设备连接,将来自 TCC 的报文连续向有源应答器发送,从而实现向车载设备发送可变信息。

⑥车站联锁:与 RBC 设备接口,向其提供进路状态信息、紧急状态消息、紧急停车区及限速消息等,接收传来的行车许可状态、列车相关状态等消息;与车站 TCC 系统接口,向其提供接车进路状态信息,接收传来的列车占用轨道信息、临时限速信号降级显示命令并予以执行;车站联锁与 CTC 系统接口,向其提供车站状态和表示信息,接收 CTC 传来的操作和控制命令并予以执行。

⑦临时限速服务器(TSR):调度中心设列控系统专用临时限速服务器及临时限速操作终端,用于临时限速命令的下达与取消。

⑧CTC 系统:由调度中心系统、车站系统和传输网络系统三部分组成。CTC 设备主要负责将阶段计划自动转化为进路命令发送给车站联锁系统,实现对列车的调度;与 RBC 交互登录、时间、列车等信息,并将调度命令实时下达到列车(包括临时限速命令),为调度员指挥安全行车提供必要条件。

(2)车载设备

CTCS-3 级列控系统车载设备包括车载安全计算机(VC)、应答器信息接收模块(BTM)、轨道电路信息接收单元(TCR)、测速测距单元(SDU)、人—机界面(DMI)、列车接口(TIU)、司法记录单元(JRU)、GSM-R 无线通信单元(RTU)、动态监测接口等。

①车载安全计算机(VC):根据地面设备提供的行车许可、线路参数、临时限速等信息和列车参数,按照目标—距离连续速度控制模式生成动态速度曲线,监控列车的安全运行。

②应答器信息接收模块(BTM):用于接收地面应答器传来的信息。

③轨道电路信息接收单元(TCR):用于接收轨道电路传来的信息。

④测速测距单元(SDU):用于测量列车运行速度和与前车之间的距离。

⑤人—机界面(DMI):用于显示列车运行信息,并为司机提供操作按键和操作界面。

⑥列车接口(TIU):用于车载设备与动车组之间的信息传递。

⑦司法记录单元(JRU):记录车载设备的收发信息及司机的操作过程。

⑧GSM-R 无线通信单元(RTU):负责与 GSM-R 网络进行通信。

⑨动态监测接口:用于向地面查询设备传送列控车载设备的状态信息和司机操控信息。

(3)GSM-R 通信网络

GSM-R 通信网络用于实现车载设备与地面设备之间的双向通信。它由 MSC、TRAU、BSC、BTS、MS、SSP、SCP 等组成。GSM-R 基站采用冗余覆盖的方式进行布置,提高了车—地通信的可靠性。

CTCS-3 级列控系统需要 GSM-R 网络提供电路交换异步透明数据传输模式;支持多种速率数据传输,包括 2.4 kbit/s、4.8 kbit/s、9.6 kbit/s,其中 4.8 kbit/s 异步透明数据传输是承载 CTCS-3 级列控业务的首选方式;支持多优先级与强拆(eMLPP),CTCS-3 级列控业务的优先级为 1 级。

CTCS-3 级列控系统车载设备的无线通信单元(RTU)通过 Um 接口与 GSM-R 网络连接。CTCS-3 级列控系统的 RBC 通过 PRI 接口与 GSM-R 网络的 MSC 相连,接口速率为

2.048 Mbit/s。

下面介绍 CTCS-3 级系统注册、启动、传送行车许可、注销等的通信过程。

①列控车载设备开机完成自检后,无线通信单元(RTU)进行 GSM-R 网络注册,成功后处于守候状态。

②司机开启驾驶台,列控车载设备的 DMI 开始投入正常工作。如果关机前工作在 CTCS-2 级时,车载设备将自动转入 CTCS-2 级工作状态;如果关机前工作在 CTCS-3 级时,车载设备将自动转入 CTCS-3 级工作状态。

如果转入 CTCS-3 级工作状态,车载通信设备按照设备关闭前存储的 RBC 信息呼叫 RBC。连接 RBC 的命令包括 RBC 的身份标识(ID)和电话号码(或短号码)、执行的行为(建立或终止)。如果呼叫不成功,车载设备要求司机确认后转为 CTCS-2 级。

③连接一旦建立,RBC 向车载设备发送"位置报告参数信息"和"行车许可(MA)请求参数信息"。

④车载设备向 RBC 报告列车位置信息。

⑤如果列车位置信息有效,则 RBC 向车载设备发送"配置参数"。

⑥司机通过 DMI 输入列车参数(列车长度)和车次号。这些数据传送给 RBC 存储,RBC 再将数据发送给 CTC,并向车载发送回执信息。车载设备提示司机按压"发车"键。

⑦司机按压"发车"键,车载设备向 RBC 请求行车许可。

⑧车载设备正式投入工作后,如果 CTC 控制联锁办理了发车进路,车载设备可以通过 RBC 得到发车的行车许可(包括车载设备识别号、目标距离、目标速度及可能包括的延时解锁相关信息、防护区相关信息、危险点相关信息)和线路参数(线路长度、起止点坐标、坡度、桥隧信息、牵引换相点数据等)。

⑨车载设备根据得到的行车许可和线路参数等信息生成列车运行速度曲线。司机根据车载设备提供的允许运行的速度曲线,启动列车。

⑩在列车运行过程中,CTCS-3 级列控系统通过 GSM-R 系统以无线方式实现车—地双向信息传送。车载设备定期向 RBC 报告列车位置、列车速度、列车状态(列车本身的编组、长度、制动性能等情况)和车载设备故障类型信息、列车限制性信息及文本信息等。RBC 通过 GSM-R 无线通信网络向车载设备发送行车许可、线路数据、紧急停车、指令(进入调车模式、限速、人工引导等特殊操作)、外部报警信息,以及文本信息等。

⑪列车停车后,司机关闭驾驶台,车载设备将向 RBC 报告"任务结束"。

⑫RBC 命令车载设备关闭与 RBC 的通信会话。

⑬车载设备关闭与 RBC 的通信会话。

⑭通信会话被关闭后,RBC 注销该列车的注册信息。

⑮车载设备关机前,车载通信设备进行 GSM-R 网络注销。

⑯车载设备断电后,除此前最后使用的工作等级及连接 RBC 所需的信息外,其他所有列控信息均将变为无效。

(三)GSM-R 系统的无线接口

1. 工作频段

我国 GSM-R 系统采用 900 MHz 频段,具体为:885~889 MHz(移动台发,基站收);930~

934 MHz(基站发,移动台收)。

共 4 MHz 频率带宽。双工收发频率间隔 45 MHz,相邻频道间隔为 200 kHz。按等间隔频道配置的方法,共有 21 个载频。频道序号从 999～1 019,扣除低端 999 和高端 1 019 作为隔离保护,实际可用频道 19 个,频道序号为 1 000～1 018。

2. 多址技术

GSM-R 系统采用 FDMA 和 TDMA 相结合的多址技术。

在工作频段的上行或下行频率范围内划分多个载波频率,简称载频。双工方式采用频分双工(FDD)。在每个载频上按时间分为 8 个时隙,每个时隙持续时间约为 0.577 ms,一个时隙就是一个物理信道。一个载频上连续的 8 个时隙组成一个 TDMA 帧,即一个载频上可提供 8 个物理信道。

八、铁路综合视频监控系统

14. 视频监控系统

铁路综合视频监控系统是采用先进的视频监控技术和 IP 传输方式而构建的网络化、数字化的视频监控系统。系统旨在为铁路各业务部门,包括调度、车务、客运、机务、工务、电务、车辆、公安等,提供一套完整、统一的视频监控平台,实现通信/信号机房内、区间 GSM-R 基站、车站咽喉区、牵引变电所、开闭所、分区所、电力配电所、公跨铁立交桥、桥梁救援疏散通道、隧道口、正线与联络线结合处及铁塔巡视的实时监控、图像存储、历史图像查询等功能。满足铁路各业务部门及铁路其他信息系统对视频信息的需求,从而实现视频网络资源和信息资源共享。

(一)铁路综合视频监控系统的总体结构

铁路综合视频监控系统总体结构采用多级联网、分布式管理,有效降低了视频流对网络的承载压力。铁路综合视频监控系统的总体结构如图 8-18 所示,它由视频核心节点、视频区域节点和视频接入节点、视频采集点、承载网络和用户终端组成。

1. 视频采集点

视频采集点是前端设备安装的场所。视频采集点可根据各专业图像采集的需要,在相应处所设置包括摄像机及与之配套的附属设备等前端采集设备,用于对视频图像信息进行采集。

铁路综合视频监控系统的视频采集点前端设备一般设置在沿线车站咽喉区、公跨铁立交桥、车站通信机房/信号机房/信息机房、沿线 GSM-R 基站、信号中继站、线路所、直放站、牵引变电所、分区所、电力配电所等需要进行视频监控的地点。

各机房视频前端设备采用视频电缆接入各接入节点;车站咽喉区、公跨铁立交桥、维修梯的视频前端设备由于距接入节点较远,考虑到系统供电、设备维护等因素,故采用"视频光端机+光缆"方式就近接入各接入节点。

2. 视频接入节点

视频接入节点分两类,即Ⅰ类视频接入节点和Ⅱ类视频接入节点。

(1)Ⅰ类视频接入节点

Ⅰ类视频接入节点一般设置在站/段(所)所在地,用于周边采集点视频信息的就近接入、存储、管理、分发及上传。

Ⅰ类视频接入节点设备由管理服务器、视频编码器、存储设备、行为分析仪、网络设备及配套软件等组成。

(2)Ⅱ类视频接入节点

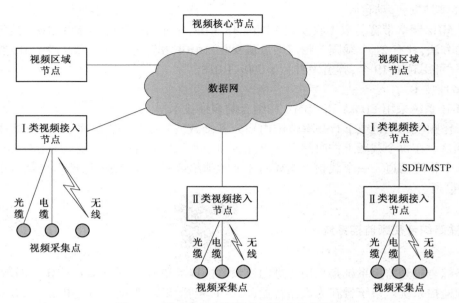

图 8-18 铁路综合视频监控系统的总体结构

Ⅱ类视频接入节点一般设置在采集点较集中的位置和区间站,用于周边采集点视频信息的接入、汇聚上传或存储。

Ⅱ类视频接入节点由视频编码器、行为分析仪、网络设备及配套软件等组成。

3. 视频区域节点

视频区域节点设置在路局集团公司所在地。视频区域节点是路局集团公司综合视频监控系统的管理中心,负责全线视频监控设备及网络的统一管理和调度,具有管理、监视、控制及报警等功能,同时具有和其他相关应用系统进行数据交互的功能。

视频区域节点由管理服务器、数据库服务器、存储设备、视频分发服务器、接口服务器及配套的网络设备、电源,以及配套软件等组成。

4. 视频核心节点

视频核心节点设置在国铁集团,用于实现视频的系统管理、用户管理和与其他系统的互连等,并可根据用户需要对重要视频图像或告警图像进行存储。

视频核心节点是全路铁路综合视频监控系统的重要节点,由服务器设备、存储设备、大屏显示设备、配套的网络设备、电源设备及配套软件组成。

5. 用户终端

用户终端是经过系统注册并授权使用视频信息、数据信息的终端设备,包括视频管理终端、监视终端和显示设备。

视频管理终端主要供网管人员使用,完成对用户、设备、网络和视频资源的管理;监视终端是为用户提供视频操作和浏览界面,用户通过监视终端调看实时和历史视频图像,对视频分析产生的告警进行确认处理,并根据权限对摄像机进行云镜控制。

6. 承载网络

铁路综合视频监控系统的视频业务通过数据网承载,视频采集点的视频信息可通过光缆、电缆或无线传输等方式接入到所属的视频接入节点。

在采集点相对分散的情况下,部分采集点的视频信息通过各种方式(包括电缆接入、光缆接入及无线接入)汇聚到Ⅱ类视频接入节点,再通过 SDH、MSTP 或数据网等传输方式接入到所属Ⅰ类视频接入节点。

(二)铁路综合视频监控系统的功能

1. 视频存储

存储采用集中和分散相结合的方式,即调度所和车站存储相结合。所有视频图像以 MPEG4 格式存储,调度所存储全线的报警信息及用户设定的其他重要信息。车站存储本站和就近的区间节点视频信息。存储计算原则如下:

(1)对于客服系统设置的治安防范的摄像头图像按 15 天存储,其他的摄像头图像按 3 天存储。客服专业按 30%摄像头作为治安防范的摄像头考虑,70% 为非治安防范的摄像头考虑。

(2)普通视频。室内视频按 CIF 存储,机房、箱变室外等处视频按 4CIF 存储,存储时间为 3 天。

(3)重要地点视频。正线线路巡视按 4CIF 存储,存储时间按 16 小时/天计算,存储时间为 15 天;路基地段治安复杂区重点目标、咽喉区、隧道、桥梁救援疏散通道、公跨铁、联络线与正线交接点等处,按 4CIF 存储,存储时间为 15 天。

2. 行为分析

铁路综合视频监控系统通过行为分析技术的运用,自动对重点部位的异常情况进行报警,辅助监控人员及时响应。具体来讲,行为分析主要应用在重要区段及咽喉区入侵检测、公跨铁区域高空落物分析、客运丢包探测、逆行探测及摄像机的自身维护当中。

(1)行为分析目的

在视频监控系统中,往往需要检测特定区域内的违法活动,即进行视频的行为分析。

行为分析技术是指利用现代计算机视觉的方法,在不需要人为干预的情况下,通过对摄像机拍摄的视频序列进行实时自动分析,实现对视频场景中所关注目标的定位、识别和跟踪,并在此基础上分析和判断目标的行为,以侦测和应对异常情况的一种智能视频分析技术。

(2)行为分析模块的主要功能

根据铁路视频监控系统要求,对区间通信信号机房口、联络线与正线连接处、桥梁救援疏散通道等地进行视频行为分析。行为分析模块的主要功能有:

①入侵检测功能。系统可以自动检测入侵到警戒区域内的运动目标及其行为,并用告警框标示出进入警戒区的目标,同时标识出其运动轨迹。

②遗留物检测功能。在重要设施旁丢弃易燃、易爆等危险物品,采用不明遗留物检测,可防止重大事故的发生。

③人群异常行为检测功能。系统可以自动检测入侵到警戒区域内的运动目标及其行为,一旦发现有目标在警戒区域徘徊时间超过设定好的时间,则自动产生报警信息。

④人口密度估计功能。通过摄像机采集视频信息,并运用智能视频分析技术分析画面中的活体移动目标,并统计计算设定区域内的目标数量和密度,可应用于铁路候车或车站站前广场人群突发性增长、车站站台候车人员大量聚集的监测。

(3)行为分析模块在系统中的位置

行为分析模块是前端连接摄像机的一种设备,它从摄像机获取模拟视频信号,经过视频行为分析处理之后,将带有分析结果的模拟视频流传输给编码器。编码器把编码之后的视频流传输给视频分发服务器,再由视频分发服务器通过网络把视频发送给监控终端显示。

3. 视频监控

通过在视频监控终端上使用相应的视频监控系统软件,可以实现对视频监控系统的操作与维护。

监控系统软件界面大致可分为 4 部分,即:主操作区、视频监控区、视频操作区、告警区。

(1)主操作区

系统大多数操作在主操作区实现。其中,一级菜单主要包括"实时""录像""控制"。将主操作区左侧称之为二级菜单,其中实时和控制又有相应的二级菜单。

实时:主要实现了对各类实时视频的调用及 PTZ 相关操作。实时包括"分类树""选中组""组合屏""轮巡组"等二级菜单。"分类树"可以调看单路视频,以及对 PTZ 的操作;"选中组"实现了对选中组的相关操作;"组合屏"实现了对组合屏的相关操作;"轮巡组"实现了对轮巡组的相关操作。

录像:主要实现了对各种录像的操作,其中包括本地录像播放、单路远程录像调用、多路远程录像调用。

控制:主要实现了对系统的其他相关操作,控制包括"分屏""GIS""设置""辅助功能"等二级菜单。"分屏"可以对视频监控区的分屏数目进行调整;"GIS"实现了对 GIS 地图的相关操作;"设置"实现了路径设置、轮巡设置、口令修改、预置位设置、下载录像等相关操作;"辅助功能"实现了亮度、色度、灰度、饱和度、预置位辅助指令、OSD 等相关操作。

(2)视频监控区

视频监控区是实时视频和录像浏览区。视频主要是在本区域体现,浏览屏数目可以通过分屏控制进行调整。

(3)视频操作区

视频的播放、停止、抓拍等主要操作功能主要集中在了本区域。控制元素依次是播放、停止、停止全部、倒放、音频、音频声音调节、慢放、视频拖拽、快放、抓拍、麦克。

(4)告警区

告警区显示了系统当前所发生的告警信息,也是告警查询的入口。

九、铁路应急通信系统

(一)铁路应急通信系统的要求

当铁路沿线出现列车事故、火灾、人为破坏、恐怖事件、紧急救助等紧急状况时,救援人员必须迅速进入现场实施救助和处理,但铁路沿线空间广阔多样且某些援助行动存在极大的危险性,致使大批抢险人员不能及时进入,此时,最重要的是将现场的真实情况(视频图像和语音)第一时间实时传送给应急救援中心,以便救援中心全面、真实地了解现场情况,做出准确判断和评估,以制定出有效的救援措施,并指挥现场救援人员快速有序地实施救助,最大限度地降低人身和财产损失。

铁路通信网是我国规模最大的专用通信网,铁路应急通信也已有较长的历史。由于通信技术和设备的限制,过去沿线各站只能提供有线的 2/4 线音频通道,故铁路应急通信基本上依赖于沿线的区间通话柱,只能提供话音业务和静止图像业务。随着我国铁路事业的飞速发展,特别是随着全国铁路多次大提速和时速 350 km 以上高速动车组的开行,标志着铁路运输装备、技术水平已经产生质的飞跃。在故障处理时,静态图像的局限性日渐突出,为使各级应急指挥中心全面实时地掌握现场情况,及时调整救援方案,迅速恢复行车秩序,减少经济损失和社会影响,铁路局集团公司指挥中心迫切要求了解现场音频和视频信息,对铁路应急抢险通信系统也提出了新的要求。因此,急需建设能使指挥中心直视、直控事件现场的铁路应急通信系统。此外,光纤数字传输和无线传输技术在铁路通信中得到迅速普及,以及多媒体技术的发展,也为发展智能化的铁路应急通信系统提供了良好的支持条件。

在实际应用中,铁路应急通信系统除预防预警中信息的监视、监测之外,事件现场与救援指挥中心之间根据事件需要可构建语音、图像、数据通信。它可随时、随地启用,并且因地制宜和根据事件性质开放相应的通信设施。由于事件现场地点是随机的,事件现场的通信设备往往有多种型号、多种连接方式,这些应该均能接入救援中心,所以必须具有兼容性。铁路应急通信不仅具有快速响应的特点,也不同于常规的公务通信,属于指挥性质,所以要求通信设备操作简单快捷,指挥员能单键直拨、随时构通与现场的通信联络,人—机界面要求直观、人性化。

由于铁路应急通信系统的特点,对铁路应急通信系统的要求主要有以下几个方面:

(1)接续开通迅速

设备连接简单、使用方便,自动化程度高,无需调试、开机即可接入网络并实时传输信息。

(2)接入手段丰富

可提供实回线、2M 数字中继、光纤、无线等多种物理接口,同时支持 SS1、SS7、DSS1 等多种信令。在既有铁路线路(具备通话柱条件)可以使用电缆双绞线传输方式;在新建高速铁路(GSM-R)区段时,可以使用 5.8 GHz 宽带无线接入设备;在天气恶劣(雷雨、大风、暴雪)及地理环境复杂(丘陵、山区、隧道)等地区,可以使用野战光缆进行传输。

(3)兼容性强

视频图像业务、语音指挥、数据服务业务均兼容主流厂家设备,对铁路行业内所有通过质检中心测试的其他厂家现场设备均可以兼容接入。

(4)业务功能强

全面提供视频图像业务、数据通信业务、语音指挥的各种基本业务和补充业务,符合相关要求。

(5)人—机界面良好

指挥操作台采用触摸屏设计,人—机界面良好,操作快捷、方便,符合铁路行业的应用习惯。

(6)可靠性高

环境适应性强、系统可支持加密系统,系统掉电后再来电或网络传输中断后,能迅速重启,故障率低,维护方便。

(7)先进性

符合国际标准和国内外有关的规范要求,系统设计水平先进,采用国际或国内先进的技术标准。

(8)实用与经济性好

系统设计应符合工程的实际需要,系统的性价比高。

(9)集成度高

设备应集成度高,体积小,重量轻,移动方便,功耗低。

(10)可扩展性

系统设计要考虑今后的发展,留有扩充余地,支持电路、IP 包连接。如终端设备应既能支持 H. 320 电路交换网视频会议标准,又能支持基于 H. 323 的 IP 宽带网视讯标准。

(二)铁路应急通信系统的组成

1. 铁路应急通信系统的网络结构

铁路应急通信系统主要由应急救援指挥中心、传输网络、应急通信现场接入设备(以下也简称为应急接入设备)三个部分组成。应急救援指挥中心包括国铁集团应急中心和铁路局集团公司应急指挥分中心。应急指挥中心包括中心控制平台和显示、记录设备等。传输网络可利用电缆、光缆、GSM-R 系统、互联网及海事卫星等网络资源。应急接入系统包括现场接入设备和终端设备,以及车站/区间接入点应急接入设备。

当铁路沿线某段出现事故时,根据现场不同情况,可通过传输网络提供的多种传输手段,实现现场与指挥中心设备之间的互通,将现场采集到的事故静图、动图、语音等信息上传到指挥中心,以便对现场进行指挥调度。铁路应急通信系统的网络结构如图 8-19 所示。

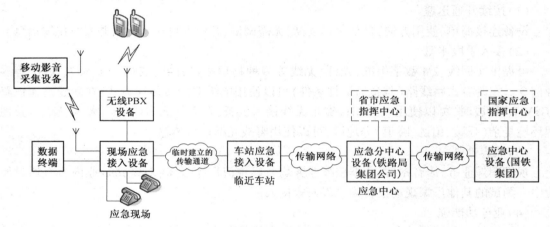

图 8-19 铁路应急通信系统的网络结构

采用有线或无线方式传输时,现场信息先传送至邻近车站/区间光接入点,通过既有传输网络资源,传送至应急分中心和应急中心;采用卫星传输方式时,突发事件现场信息通过卫星传输通道、既有传输网络传送至应急分中心/应急中心。应急中心(分中心)到现场的信息传送与上述过程相反。应急中心对现场上传的图像和语音进行解码、显示、记录、控制等,实现中心对现场实时监控与指挥的功能。

2. 现场应急通信接入系统

(1)应急通信抢险现场设备

应急通信抢险现场设备主要包括现场影音采集设备、现场无线 PBX 设备、现场应急接入设备及电源。

移动影音采集设备(俗称单兵设备)主要由摄像机、视频编码器、无线发射机、蓄电池等组成。摄像机实现视频图像的采集功能,由视频编码器对所采集的图像进行压缩,再由无线发射机将压缩后的图像数据发送至现场接入设备。影音采集设备一般在与现场接入设备距离

1 km 范围内可以有效地传输。

现场无线 PBX 设备在事故现场能够提供数部无线专用手机,在以基站为中心、半径 1 km 范围内互相拨打,保证事故现场人员的内部通信,加强了抢险工作人员的内部协作。

现场应急接入设备一般安装在事故现场指挥中心,它主要由通道接入设备、各类终端、蓄电池、油机等组成,实现将现场信息实时传送至应急指挥分中心/中心的功能。实时业务信息主要包括语音、视频及数据。

现场应急通信接入设备为现场的图像、电话、数据等各类业务提供承载平台,是事故现场的核心通信设备。它用来完成现场与救援中心的通信联络,在现场能够提供少量电话,电话之间不经外线可相互拨打,不占用现场至应急指挥中心的通道,是一个独立的通信系统。

现场应急接入设备能提供有线、无线话音通道,还能提供 V.24、V.35 数据接口及 10 M/100 M 以太网接口。作为无线射频基站的角色,它是无线网络与固定网络相连接转换的关键设备。除了可接收移动影音采集设备传来的视频数据、实现移动宽带无线通信网络多媒体应用接入外,也可以通过应急通信系统和交换机直接拨打公网或铁路电话的任意一部自动电话。现场接入设备将应急抢险的动态图像信号、无线及有线语音信号、数据信号复用成一个 2 M 信号,然后利用现场接入设备内置的复用设备通过有线或无线的传输方式发送至车站侧的接入设备,利用铁路传输接入网把现场信息传至应急指挥中心侧的应急通信设备。现场侧应急通信设备的供电方式有电池供电、便携发电机供电或通过车站设备进行远供。

（2）接入方式

①有线接入方式

铁路应急通信现场有线接入方式如图 8-20 所示。铁路应急通信现场有线接入方式分为数字用户线设备的接入方式、光缆接入方式等。前者是利用现有铁路沿线各区间中通话柱内预留的对绞线路,通过数字调制技术将模拟信号转化成 IP 数据包,将现场信息发送至车站,再由车站接入设备转发到应急指挥中心。要求应急现场接入设备至应急车站接入设备间通道可用带宽不小于 1 Mbit/s,以满足实时图像及多路语音通信的传送。后者是在事故现场与邻近车站通信机械室之间临时敷设战备光缆,以满足现场与指挥中心之间通信的需要。

②无线接入方式

铁路应急通信现场无线接入方式如图 8-21 所示。

铁路应急通信现场无线接入方式有宽带无线接入方式、宽带卫星系统接入方式、海事卫星系统接入方式等。宽带无线接入技术当前主要有 WLAN、MESH、WiMAX、CANOPY 等,主要使用频段在 2.4 GHz、5.8 GHz。由于铁路沿线环境比较复杂,障碍物较多,要求应急现场宽带无线接入与车站无线接入设备距离不大于 3 km,其通道可用带宽不小于 1 Mbit/s,以满足 CIF 分辨率实时图像及多路语音通信的传送。

由于卫星通信覆盖广,在遇到突发性、严重的自然灾害,而其他所有通信手段都失效时,通过卫星传送将应急现场信息发送至指挥中心就是一条有效途径。宽带卫星系统现场接入方式分为车载型和便携型,可以根据管内区段交通便利条件进行配置。根据现场卫星接入设备的对星调试方式又分为自动对星和手动对星,由于自动对星调试方式操作简单,比较适合于铁路应急通信技术人员使用,其通道质量要求与宽带无线接入方式一致,但由于卫星通信的特殊性,其通道时延要求有所不同。海事卫星系统接入技术发展较早,已在国内外广泛运用,接入设备和终端都比较完善。但其成本较高,并且语音通信属于国际业务,视频通信受带宽限制,

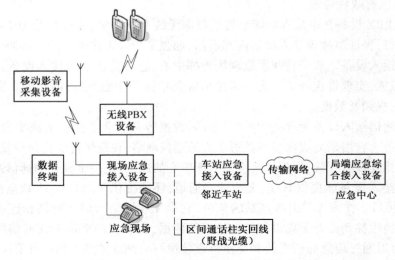

图 8-20　铁路应急通信现场有线接入方式

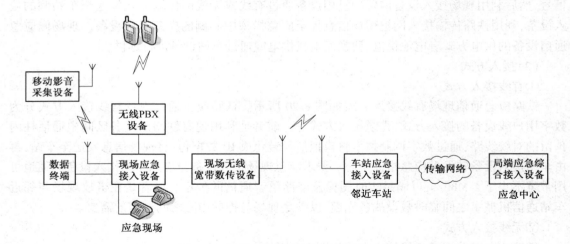

图 8-21　铁路应急通信现场无线接入方式

图像质量不高。

铁路应急通信现场卫星接入方式如图 8-22 所示。

铁路应急通信宽带卫星地面接收站的设置有三种方案：

①将地面接收站设置在各路局集团公司应急中心，再通过地面有线传输网络将现场信息发送至国铁集团应急指挥中心。该方案的优点是各路局集团公司应急指挥中心可以快速掌握应急现场情况。

②将地面接收站设置在国铁集团应急中心，再通过地面有线传输网络将现场信息发送至各路局集团公司应急指挥中心。该方案的优点是只需要在国铁集团设立一个卫星地面接收设备，充分利用现有的传输网络资源。

③各路局集团公司应急中心和国铁集团应急中心均设置接收站。该方案的优点是如果发生严重自然灾害，导致路局集团公司和国铁集团的有线传输通道中断，那么可以通过卫星链路

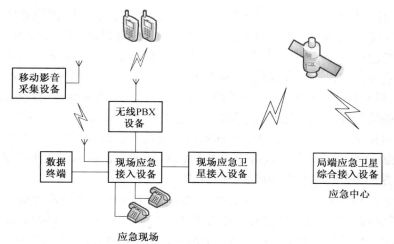

图 8-22　铁路应急通信现场卫星接入方式

让路局集团公司应急中心与国铁集团应急中心都能及时掌握应急现场的情况。

（3）各种接入方式的讨论

要同时实现应急抢险现场与应急指挥中心的多路语音、数据、静图、动图、视频会议等多种综合业务,必须有较高的传输带宽。要在不同的现场环境下,保证较高的传输速度及较好的传输质量,必须选取技术先进、合理的传输手段。

采用基于通话柱的实回线链路传输方式,适应于区间电缆传输质量较好,并且沿线各车站均有 2 M 数据传输通道情况下应急抢险通信接入。基于通话柱的有线接入方案通常采用 HD-SL 技术。在区间通话柱与邻近车站的双绞线两端各连接一个 HDSL 收发器,利用 HDSL 进行通信,实现无中继地传输 E1 业务,提供高达 2 M 的传输。从用户使用的角度来看,HDSL 技术所提供的 E1 服务,对用户是透明的。优点是传输信号稳定,接通快速,操作简单、方便,不受地理和天气情况的影响。缺点是数据传输带宽低。

光纤接入方式是有线接入方式中的一种,只是传输媒介由电缆替换为光缆。将现场的动图、语音、数据等业务复用成一个数字信号,通过野战光缆连接至邻近的车站机房的传输设备,通过该设备再将现场信息经传输网络发送到应急指挥中心。光纤链路的优点是传输信号稳定,不受地理环境和天气环境的影响。缺点是设备缆线敷设连通时间较长,并且有时敷设战备光缆难度大。

无线宽带传输方案适应于区间电缆传输质量差,但沿线各车站都有 2 M 数据传输通道时应急抢险通信接入,其优点是连通使用快捷,节省时间、人力,缺点是穿透能力弱,受气候、地理环境影响严重,适用于开阔的野外地理环境中,通过两个定向天线进行无线信号传输。

卫星传输方案适应于区间电缆传输质量差或沿线各车站没有 2 M 数据传输通道、邻近车站光机室停电的情况下应急抢险通信接入。卫星通信系统的优点是可以在全路任何地点快速建立起连接,不需要地面线路和网络的支持,同时大多数卫星通信设备终端都比较小巧,便于携带,又具备 IP 语音、图像传输和数据传输等功能,缺点是通信费用较高、对通信人员的技术要求较高,不适合应用于隧道,受天气影响较为严重。

铁路应急通信主要目的是将事故现场语音、数据、动态图像上传,将应急指挥中心指令下达,其采用的传输手段有多种如:区间电缆+车站 2 Mbit/s 通道方式、野战光缆+GSM-R 基站 2 Mbit/s 通道方式、无线 5.8 GHz+ GSM-R 基站 2 Mbit/s 通道方式、宽带卫星方式、窄带卫星方式等。各地段情况不同,采用的方式应不同,可采用一种或多种综合方式。一般铁路区间沿线铺设有区间电缆和区间通话柱(间隔距离通常为 1.5 km),可以采用区间电缆的有线方式;在地理条件复杂、没有区间电缆的地段,可采用宽带卫星的方式;而新修建的铁路高速铁路,没有铺设区间电缆的情况,需要采用无线或野战光缆,并借助于 GSM-R 网络。在山区,可采用区间电缆和宽带卫星相结合的方式。新修的高速铁路车站间相距较远,铁路沿线没有铺设区间电缆但构建了 GSM-R 的铁路网,一般 5 km 设置 1 个基站;高速铁路的应急通信可采用 5.8 GHz 宽带无线接入方式和野战光缆有线相结合的方式。

5.8 GHz 宽带无线接入方式主要有点对点和点对多点两种。在高速铁路中采用点对点传送方式,即在基站接入点与现场综合接入设备间通过 5.8 GHz 宽带无线接入设备连接,有效传输距离 2~3 km。基站接入点处的无线接收基站提供 2 MHz 接口与传输设备连接,从而实现与指挥中心应急设备的连接,建立起事故现场到指挥中心的通信通道,还可以通过野战光缆实现基站侧传输设备与现场综合接入设备之间的连接。

总之,应充分考虑铁路现场应用情况的复杂性、事故发生的多样性及应急通信的多种需求,使铁路应急通信系统更好地发挥作用,为铁路的安全运输提供有力的保证。

3. 车站侧应急接入设备

车站侧应急接入设备一般安装在邻近事故现场的车站通信机械室,用于解决区间"最后 1 km"的接入问题,是现场到邻近的车站通信机房之间通过区间通话柱实回线、5.8 GHz 宽带无线接入设备、野战光纤进行传输的应急通信设备,该设备也是现场应急设备与铁路干线光传输网络实现汇接的关键设备。

4. 应急通信中心设备

铁路救援指挥中心的应急系统是基于计算机、有线通信、无线通信、网络、软件、数据库等技术构建而成的。从系统结构上可分为:语音通信系统、视频信息系统、多媒体显示及控制系统、过程记录及数据处理系统、网络管理与信息安全防护系统、监控与预警系统及配套辅助系统。一般包括综合视讯平台、用于应急指挥和应急值班的音/视频终端、显示设备、网管及路由器等网络接入设备等,用以实现救援指挥中心对应急现场的监控和指挥。此外,当采用卫星接入方式时,还需再加装局端卫星接入设备。

应急通信指挥中心通信系统组成如图 8-23 所示。

一个完整统一的应急通信中心系统应兼容不同厂家、不同技术的应急现场设备,从而实现应急现场与应急中心间语音、图像、数据的实时通信。

应急现场上传的都是实时压缩图像,当前视频图像压缩技术种类较多,在铁路应急通信中主要使用的是 MPEG4、H.264 两种压缩技术。由于 MPEG4、H.264 的视频图像标准规范仅对技术框架做了要求,对细节参数没有具体规定,所以不同厂家的视频编码方式不同。为了建立一套完整的铁路应急通信系统,应急中心系统应采用软解码方式,将不同厂家的编码器的解码库作为插件并入其中,实现对不同厂家的视频编码器的压缩图像进行解码和播放,以实现视频兼容功能。

应急通信中心系统的语音通信技术实现方式主要有分组网络电路仿真业务(CESoP)和

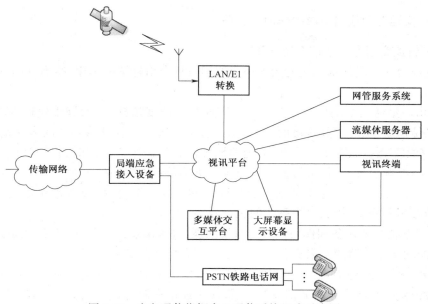

图 8-23 应急通信指挥中心通信系统组成示意图

VoIP 技术。应急现场可以实现与应急中心间语音通信的要求,并可与铁路调度专网、GSM-R 网络、公网 PSTN、117、114 等用户进行实时通信,而且可以由统一的应急号码进行管理和维护。

局端应急综合接入设备将从现场传送过来的语音业务解码,接入 PSTN 铁路电话网;视频解码器完成现场传来的数字图像信号的解码和解压缩,转换为模拟 AV 信号后送出;现场图像及数据业务接入网络交换机,实现与事故现场话音、数据和动图的实时交互传递;视讯会议平台包含多媒体交互平台及多个视讯终端等设备,可组建应急抢险会议,抢险现场的动态图像通过多媒体交互平台传送到各个视讯终端。帮助各级领导及时掌握事故现场动态,准确做出决策;流媒体服务器可以将应急抢险会议及事故现场的动态图像以流媒体的格式存储起来,记录应急抢险会议及事故场情况,以便将来可以查询和分析事故原因,更好地组织事故抢险。局端应急综合接入设备支持各种外部通信接口的物理层、物理链路层、网络层接入服务,包括与事发现场侧的 2 M 数字电路、光纤、Ethernet 相连的各种通信接入端口,以及与其他信息系统、卫星系统等各种通信接入端口。

总之,无论采用有线或无线方式传输方式,现场信息通过邻近车站/区间光接入点,再经既有传输网络资源,传送至铁路局集团公司应急分中心和国铁集团应急中心;或采用卫星传输方式,突发事件现场信息通过卫星传输通道、既有传输网络传送至应急分中心/应急中心。应急中心(分中心)到现场的信息传送与上述过程相反。应急中心(分中心)对现场上传的图像和语音进行解码、显示、记录、控制等,实现对现场实时监控与指挥的功能。

第二节　城市轨道交通专用通信

城市轨道交通专用通信系统是指挥列车运行、公务联络和传递各种信息的重要手段,是保证列车安全、快速、高效运行不可缺少的综合通信系统。城轨交通专用通信系统的服务范围涵盖了控制中心、车站、车辆段、停车场、地面线路、高架线路、地下隧道与列车。

一、城轨交通专用通信系统的作用与业务

1. 城市轨道交通专用通信系统作用

城市轨道交通专用通信系统能为轨道交通运营行车指挥调度迅速、准确、可靠地传递和交换各种信息。

（1）城市轨道通信系统与信号系统共同完成行车调度指挥，并为城市轨道的其他各子系统提供信息传输通道和时标（标准时间）信号。通信系统应能保证将各站的客流情况、工作状况、线路上各列车运行状况等信息准确、迅速地传输到控制中心。同时，将控制中心发布的调度指挥命令与控制信号及时、可靠地传送至各个车站及行进中的列车上。

（2）通信系统是城市轨道交通内部公务联络的主要通道，使构成城市轨道交通内部的各个子系统能够紧密联系，提高整个系统的运行效率。

（3）通信系统主要设备和模块应具有自检功能，并采取适当的冗余配置，故障时能自动切换和报警，控制中心可监测和采集各车站设备运行和检测的结果。

（4）城市轨道交通越是在发生事故、灾害或恐怖活动时，越是需要通信联系，在常规通信系统之外再设置一套防灾救护通信系统，能够集中通信资源，保证有足够的容量以满足应急处理、抢险救灾的特殊通信需求。

2. 城市轨道交通专用通信系统业务

城市轨道交通专用通信系统应是一个能够承载音频、视频、数据等各种信息的综合业务数字通信网。

（1）专用通信

专用通信是供系统内部组织与管理所使用的通信网络，包括：行车、电力、维修、公安和防灾调度以及站内、区间、相邻车站的通信。平时，主要用于直接组织、指挥列车运行；紧急情况下，可进行应急调度指挥，是城市轨道中最重要的业务通信网。

（2）公务电话通信

公务电话通信是城市轨道交通内部的电话网，相当于企业总机。供一般公务联络使用，以及提供与外界通信网的连接。

（3）有线广播通信

有线广播通信是城市轨道交通运行组织的辅助通信网。平时，向乘客报告列车运行信息，扩放音乐；在紧急情况下，可进行应急指挥和引导乘客疏散。

（4）闭路电视

闭路电视是城市轨道交通的现场监控系统，用以监视车站各部位、客流情况及列车停靠、车门开闭和启动状况；在紧急情况下，用以实时监视事故现场。

（5）无线通信

无线通信提供对位置不固定的相关业务工作人员以及列车司机的通信联络，作为固定设置的有线通信网的强有力的补充。

（6）其他通信

15. 城轨无线通信系统

时钟系统，使整个系统在统一的时间下运转；会议通信系统，提供高效的远程集中会议通信，如电话会议、可视电话会议等；数据通信系统，用以传送文件和数据。

二、城轨交通专用通信系统组成

城轨交通通信系统一般由传输子系统、公务电话子系统、专用电话子系统、无线通信子系统、视频监控子系统、广播子系统、时钟子系统、乘客导乘子系统、电源子系统等组成,构成传送语音、数据和图像等各种信息的综合业务通信网。传输子系统、时钟子系统除了为各通信子系统提供服务外,还能为其他系统提供信息传输服务及标准的 GPS 时间信号。城轨交通通信系统组成如图 8-24 所示。

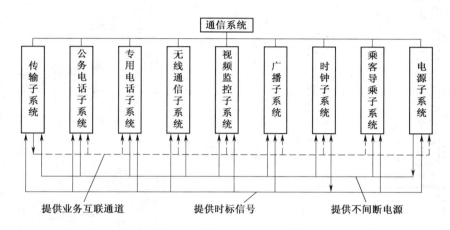

图 8-24　城轨交通通信系统组成

（一）传输子系统

传输子系统的功能是迅速、准确、可靠地传送控制中心、车辆段和各车站之间的各种有关信息,包括音频、视频及数据等信息。它采用技术先进、安全可靠、经济实用、便于维护的光纤数字传输设备组网,构成具有承载语音、数据及图像的多业务传输平台,并具有自愈环保护功能。

传输系统所承载的语音、数据及图像信息的业务主要有:

（1）公务电话系统信息通道。

（2）专用电话系统信息通道。

（3）无线通信系统信息通道。

（4）广播系统信息通道。

（5）闭路电视监控系统信息通道。

（6）时钟系统信息通道。

（7）UPS 电源系统信息通道。

（8）安防系统信息通道。

（9）门禁系统及信号电源及微机监测、自动售检票系统（AFC）、屏蔽门系统（PSD）、其他运营管理系统的信息通道。

传输系统的光纤环路具有双环路功能。当主用环路出现故障时,能够自动切换到备用环路上,保证系统不中断,切换时不影响正常使用。当主、备用光纤环路的线路在某一点同时出现故障时,两端的网络设备自动形成一条链状的网络。当某个网络节点设备出现故障时,除受故障影响的节点设备外,其他网络节点设备能保持正常工作。

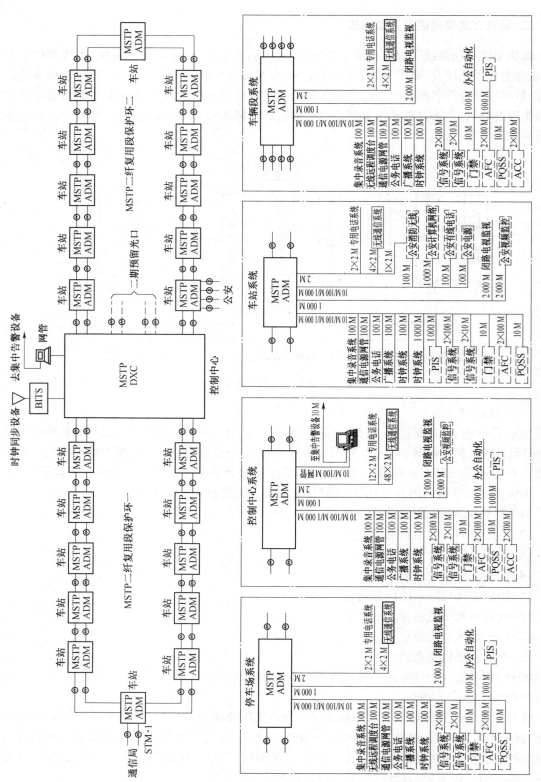

图8-25 城市轨道交通传输系统组网图举例

图 8-25 是某城市轨道交通传输系统组网图。采用增强型 MSTP（多业务传送平台）光传输设备构建专用传输通信系统。传输系统为二纤双向环网，在全线 20 个车站、控制中心车辆段停车场分别设置 1 台传输设备，利用隧道两侧铺设的光纤，组成 1 个 30 Gbit/s 线路速率的二纤双向保护环，带宽配置为 30 Gbit/s，在控制中心配置网管系统。

（二）公务/专用电话子系统

1. 公务话子系统

城轨交通公务电话网相当于企业的内部电话网，一般采用程控数字交换机组网，并通过中继线路接入当地市话网。公务电话主要为运营、管理和维护部门之间的公务通信以及与公用电话网用户的通信联络，向地铁用户提供话音、非话及各种新业务。

公务电话系统按车辆段、车站两级结构进行组网，由设置在车辆段和车站的数字程控交换机、电话机及各种终端、配线架等辅助设备构成。

以某城市运营线路为例，其公务电话系统总体组网结构如图 8-26 所示。系统采用"双中心+星状"的网络结构。交换机具备强大的汇接能力和组网能力，具备多种组网接口和信令，适应灵活的组网方式。

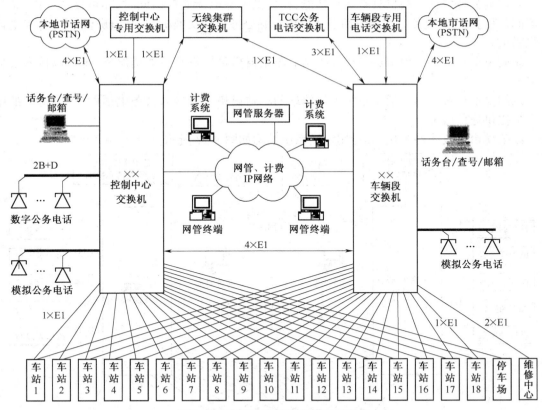

图 8-26 公务电话系统总体组网举例

两相邻车站交换机通过实回线模拟中继相连，一旦车辆段交换机、传输设备及光线路发生故障，车站内部通信仍能保证，站间行车电话、轨旁电话等仍能畅通，不影响列车运营。

公务电话系统在正常情况下保证列车安全高效运营，为乘客提供高质量的出行服务，在异常情况下能迅速转变为供防灾救援和事故处理的指挥通信系统。

2. 专用电话子系统

专用电话系统是为控制中心调度员、车站、控制中心/停车场的值班员组织指挥行车、运营管理及确保行车安全而设置的专用电话系统设备,是列车运营、电力供应、日常维护、防灾救护等指挥手段的调度专用电话通信系统。专用电话系统包括:调度、站内、站间和区间(轨旁)电话子系统。

调度电话设行车调度、电力调度、环控调度、维修调度四种调度电话。

行车调度电话:用于控制中心行车调度员与各车站、车辆段值班员及行车业务直接有关的工作人员进行业务联络。

电力调度电话:用于控制中心电力调度员与主变电所、牵引变电所、降压变电所及其他地方需要热线通信的工作人员进行业务联络。

环控(防灾)调度电话:供控制中心防灾值班员与各车站、车辆段防灾值班员之间联络之用。

维修调度电话:控制中心值班员与各车站、车辆段维修人员之间直接通信联络。城市轨道的调度电话子系统主要包括调度总机、调度台和调度分机三部分,并通过传输系统或通信电缆相连接。

站内的公务电话交换机具有热线功能,在提供公务电话业务的同时,亦可提供站内、站间和区间(轨旁)电话业务。站内电话子系统由车站公务电话交换机、车站值班台(主机)和电话分机组成。

站间电话可为车站值班员与相邻车站的车站值班员提供直达通信服务,也可以接入公务电话网。

区间电话通过站内电话子系统连接邻站的车站值班台或接入公务电话网,为隧道内的维修人员提供通信服务。

以某城市运营线路为例,其专用电话系统结构如图 8-27 所示。

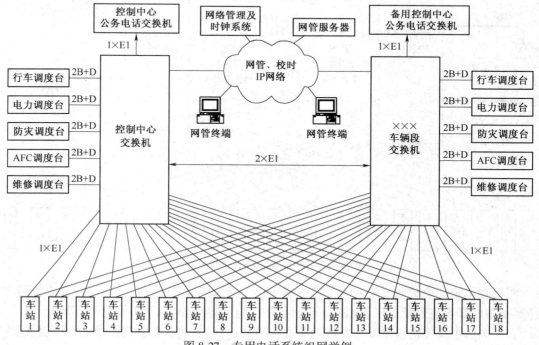

图 8-27　专用电话系统组网举例

在控制中心设置一台调度交换机,各车站、车辆段设置各类调度电话分机,各类调度电话分机直接通过光传输系统与控制中心的调度交换机相连。实现控制中心对各车站、车辆段的调度指挥功能。

（三）无线通信子系统

城轨交通无线通信系统主要用于列车运行指挥和防灾应急通信,为固定人员（调度员、值班员）与流动人员（司机、维修人员、列检人员）间及流动人员相互之间提供语音和数据通信服务。

城市轨道无线子系统一般采用 TETRA 数字集群通信系统组网,该系统在保证行车安全及处理紧急突发事故方面起着重要作用,同时还能为各个部门提供便利的通信手段。

无线系统由行车调度、环控（防灾）调度、维修调度、站务、车辆段值班和应急等无线子系统构成,各子系统通话相互独立,使其在各自的通话组内的通信操作互不妨碍,同时,又可以进行车-地传输列车状态信息和列车广播,并实现设备和频率资源的共享、无线信道话务负荷平均分配,服务质量高、接续时间短、信令系统先进,可灵活地多级分组,具有自动监视、报警及故障弱化等功能。

1. TETRA 集群通信系统主要技术指标

（1）工作频段

806~821 MHz（移动台发、基站收）。

851~866 MHz（基站发、移动台收）。

双工间隔:45 MHz。

频道间隔:25 kHz。

（2）工作方式

单工、半双工、双工。

（3）信噪比

在场强覆盖区内,无线接收机音频输出端的信号噪声比不小于 20 dB。

（4）可靠性

在满足信噪比的要求下,场强覆盖的地点、时间可靠概率在漏泄同轴电缆区段不小于98%,在天线区段不小于 95%。

（5）最低接收电平

上下行链路的每载频信号场强,在要求的覆盖区内应满足 ≥-95 dBm。

2. TETRA 集群通信系统组网

TETRA 集群通信系统常采用多基站多区制的集群系统,配以一些外加的连接和信号中继放大设备（如射频光纤直放站）,形成一个有线、无线相结合的网络。其中,中央级设备与基站之间采用有线通道连接,基站通过信号分配设备,采用泄漏电缆或天线辐射传播,以实现与移动台的无线连接。

某城轨交通专用无线通信系统如图 8-28 所示,它由移动交换控制中心设备、网络维护管理设备（含维护终端及打印机等）、调度台、TETRA 基站、列车车载台、车站固定台、手持台、天馈系统（含功分器、耦合器、漏泄同轴电缆和天线）以及传输通道组成。

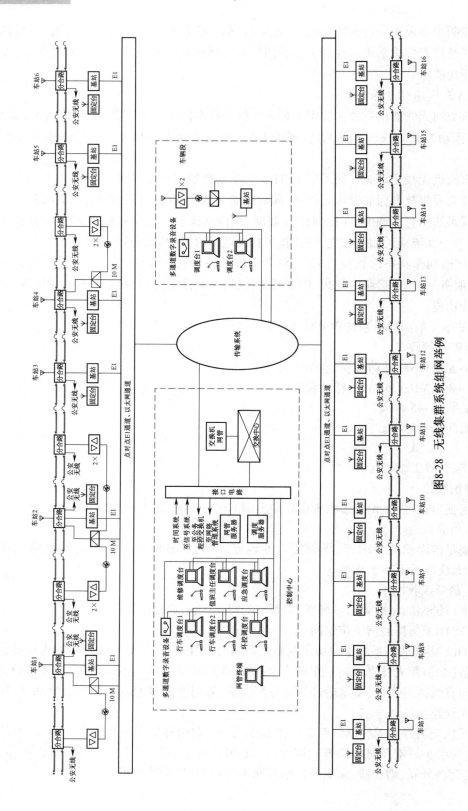

图8-28 无线集群系统组网举例

专用无线通信系统在控制中心设集群交换机。系统组网采用多基站小区制方式,在全线各车站及车辆段/停车场设置双载频无线集群基站,并通过室内分布系统以及漏泄同轴电缆/天线完成对全线车站、车辆段/停车场、区间的无线场强覆盖。

专用无线调度系统分为以下 5 个子系统:

行车调度子系统,供行车调度员、列车司机、车站值班员、站台值班员之间进行通信联络,满足行车要求。

维修调度子系统,供维修调度员与现场值班员之间进行通信联络,满足线路、设备日常维护及抢修要求。

防灾(环控)调度子系统,供环控调度员、车站值班员、现场指挥人员及相关人员之间进行通信联络,满足事故抢险及防灾需要。

车辆段调度子系统,供车辆段信号楼值班员、列检库运转值班员、列车司机、场内作业人员之间进行通信联络,满足段内调车及车辆维修需要。

停车场调度子系统,供停车场信号楼值班员、列检库运转值班员、列车司机、场内作业人员之间进行通信联络,满足场内调车及车辆维修需要。

(四)视频监控子系统

视频监控子系统是城市轨道交通运营、管理现代化的配套设备,是供运营、管理人员实时监视车站客流、列车出入站及旅客上下车情况,以加强运行组织管理,提高效率,确保安全正点地运送旅客的重要手段。

视频监控子系统系统采用两级监视方式,即车站一级监视和运营控制中心一级监视。通过此系统,控制中心调度员可对各车站进行集中监视,车站值班员可对车站站厅、站台等主要区域进行监视,列车司机可对相应站台的旅客上、下车等情况进行监视,控制中心调度员、车站值班员具有人工和自动选择显示画面的功能,控制中心还具有录像功能。在一个城市有多条线路的情况下,上层的线网管理中心可以设置为线网闭路电视监控中心,根据需要调看各线路监控画面,从而形成车站、控制中心和线网管理中心的三级视频监控系统。

某城轨交通视频监控系统如图 8-29 所示。该系统车站级和中心级的监视及控制是相互独立,同时中心级的各调度员的操作控制也是相互独立。系统采用二级控制方式,控制中心为一级控制,车站、车辆段值班员及列车司机为二级控制,平时以车站、车辆段值班员及列车司机控制为主,在紧急情况下转换为控制中心调度员控制。

控制中心具有对全线系统包括二级管理中心的调度、管理能力和权限。车站控制中心,具有独立于线路管理系统独立自治的能力。在控制中心设计中心备份服务器,当车站视频服务器故障时,可由控制中心视频服务器完成相应功能,实现视频服务器功能异地备用。

视频监控子系统系统为车站值班员对车站的站厅、站台等主要区域进行监视;为列车司机对相应站台旅客上、下车等情况进行监视以及本列车上乘客的情况进行监视;为车辆段的有关值班员对该段/场内的重要区域进行监视;为中心调度员提供对各车站(主变电所)、车辆段及列车相关区域进行监视。

(五)广播子系统

16. 广播系统

广播子系统主要用于运营时对乘客进行公告信息广播,发生灾害时兼做救灾广播,以及运

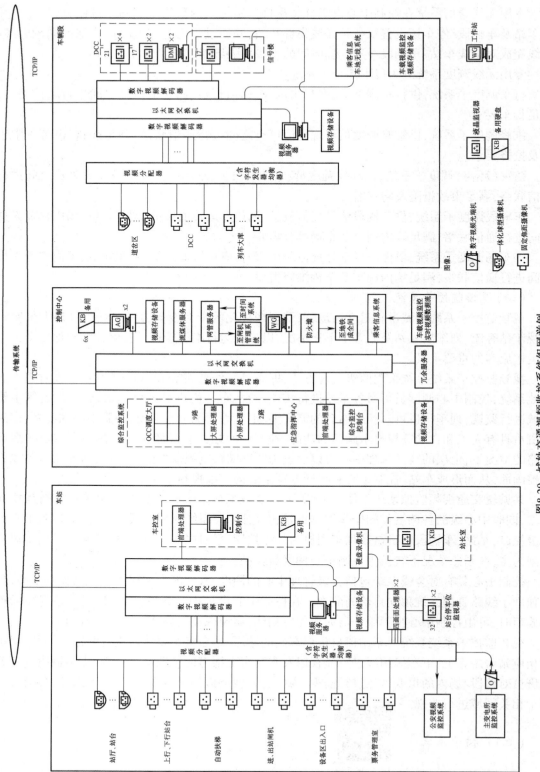

图8-29 城轨交通视频监控系统组网举例

营维护广播之用。广播子系统可为中心调度员、车站值班员提供对车站相应区域的广播;系统具有自动广播、人工广播区域选择和优先级功能。在车辆段内的广播系统可实现车场调度员对车辆段内的部分重要区域进行广播。

广播系统由正线广播、车辆段广播两个独立系统组成,其中正线广播又分为中心广播、车站广播。正线广播系统由控制中心各调度员和各车站的值班员使用,为旅客播放列车信息、乘客疏导及紧急状态的应急疏散等服务信息以及为工作人员播放运营管理信息。平时以车站广播为主,发生紧急情况时按控制中心、车站、站务员优先级顺序(根据需要可调整)广播。车辆段广播系统由信号楼值班员、车场值班员向现场工作人员播放车场运作、车辆调度、列车编组等有关信息。

某地铁广播子系统的组成如图 8-30 所示,系统由车站(含中心)广播、车辆段/停车场广播这两个相互独立的子系统组成。两者通过传输系统提供的通道连接,形成一个可由中心统一控制的广播系统。控制中心广播子系统由广播控制盒、音频合成器、前置放大器、音频切换矩阵、广播控制器、传输设备等组成。车站广播子系统由车站广播控制盒、音频合成器、前置放大器、音频切换矩阵、应急切换设备、功率放大器组、扬声器组、广播控制器、传输设备等组成。

（六）时钟子系统

时钟子系统主要作用是为城市轨道工作人员和乘客提供统一的标准时间,并为其他各相关系统提供统一的标准时间信号,使各系统的定时设备同步,从而实现城市轨道全线统一的时间标准。

提供时间信息的时钟系统分为一级母钟系统与二级母钟系统,一级母钟系统安装在控制中心,二级母钟系统安装在各车站和车辆段,用以驱动分布在站(段)内的子钟显示正确的时间。

城市轨道时钟系统所采用的标准时钟设备,在输出时间信号的同时,亦为通信设备提供时钟同步信号,使各通信节点设备能同步运行,也可另行配置通信综合定时供给系统(BITS),单独提供时钟同步信号。

某地铁时钟子系统的组成如图 8-31 所示。时钟系统按控制中心一级母钟和车站/车辆段二级母钟两级组网方式设置,系统主要包括:GPS 信号接收单元、控制中心主/备一级母钟系统、车站(车辆段)主/备二级母钟、时间显示单元(简称子钟)、时钟系统网管终端、电源、接口设备及传输通道等构成。

（七）乘客导乘信息子系统(PIS)

17. PIS子系统

乘客信息系统(PIS)是依托多媒体网络技术,以计算机系统为核心,通过设置在站厅、站台、列车客室的显示终端,让乘客及时准确地了解列车运营信息和公共媒体信息的多媒体综合信息系统;是轨道交通系统实现以人为本、提高服务质量、加快各种信息(如:乘客行车、安防反恐、运营紧急救灾、地铁公益广告、天气预报、新闻、交通信息等)公告传递的重要设施,是提高地铁运营管理水平,扩大地铁对旅客服务范围的有效工具。

某地铁 PIS 子系统的组成如图 8-32 所示。PIS 由信息编播中心子系统、车站子系统、车辆段子系统、车载子系统以及实现各子系统间信息传送的网络子系统构成。

1. 信息编播中心子系统

信息编播中心子系统是 PIS 的中心部分,主要实现系统的编辑、播放、管理及控制等功能,由中心服务器("1+1"冗余热备)、视频输入服务器、直播服务器、接口服务器、无线控制器(可根据产品特点选择配置)、路由交换机、以太网交换机、防火墙、媒体编辑工作站、发布管理工

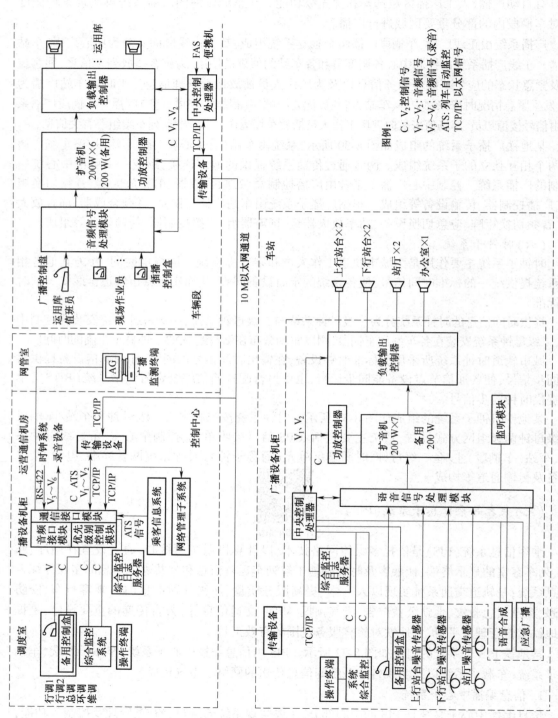

图8-30 广播子系统组网举例

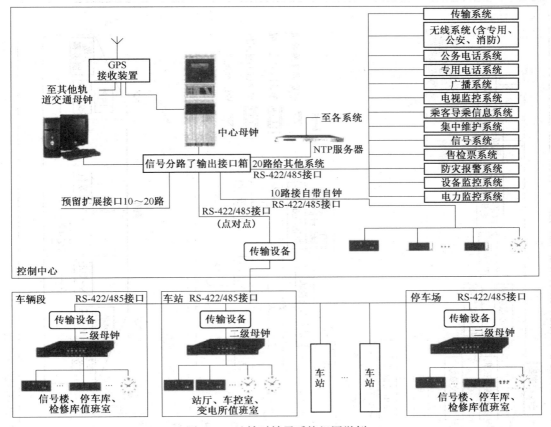

图 8-31　地铁时钟子系统组网举例

作站、广告管理工作站、预览工作站、数字非线性编辑设备、延时器、磁盘阵列、液晶显示屏、摄像机、扫描仪、系统管理设备等组成。

2. 车站子系统

车站子系统是 PIS 的现场部分,主要根据中心的要求进行编播信息的现场播放、管理及控制等、服务器、播放控制器、信号,满足车站内旅客对信息的需求。系统主要由以太网交换机分配器、液晶显示屏、电源控制器等设备组成。

本系统在车站面向乘客设置的显示终端分两类:站厅显示终端、站台显示终端。

3. 车辆段子系统

车辆段子系统是 PIS 的重要组成部分,实现车辆在库期间,待播信息向车载子系统的高效传送。该系统主要由以太网交换机、服务器等设备组成。

4. 车载子系统

车载子系统是 PIS 在列车上提供服务的重要设施,主要实现车-地信息的双向传送,并通过车载播放控制器进行解码后,在本列车的所有液晶显示屏上实时播放控制中心下发的有关信息。同时实现列车内视频监视图像传递到控制中心。该系统主要由车载交换机、车载服务器、存储设备、播出控制器、显示屏、司机室触摸控制屏、摄像机、电源适配器、车—地无线通信设施(车载部分:无线网桥、天线等)以及接口及播放控制使用的播放控制服务器及有关线缆

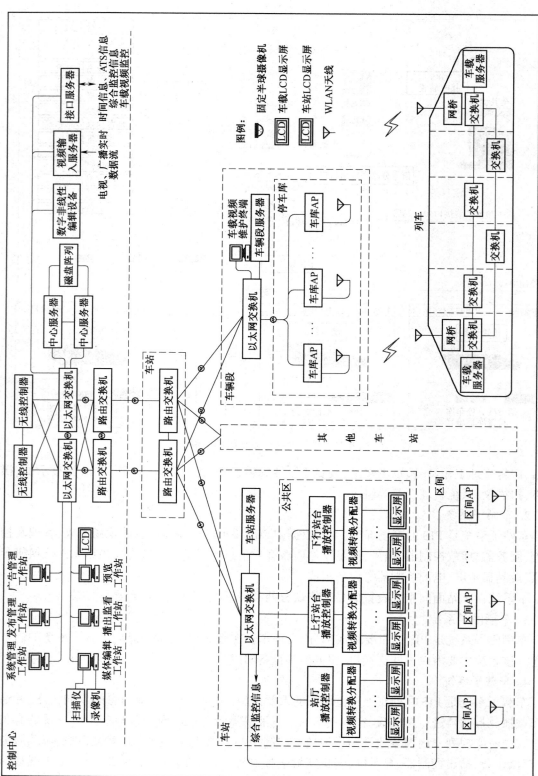

图8-32 PIS系统组网举例

（含接头）等组成。车载子系统应通过车载交换机组成内部环网,投标人应提供详细的解决方案。

5. 网络子系统

18.电源子系统

网络子系统主要提供 PIS 信息的网络承载通道,主要包括有线网络、无线网络和车载网络三个部分。

(八)电源子系统

城市轨道交通通信系统的电源包括交流配电屏、直流供电系统、不间断电源系统(UPS)和蓄电池组,是城市轨道通信设备的重要组成部分。UPS 电源系统为控制中心、车站、车辆段及停车场的通信、综合监控、AFC 及门禁系统的设备供电,可见通信电源是通信系统各设备正常工作的重要保障,除了要消除电网对通信设备的损害,还要保证对设备的供电要求和质量,此外通信设备的接地系统,对确保人身、通信设备安全和通信设备的正常工作,起着十分重要的作用。

通信设备的接地系统设计,应做到确保人身、通信设备安全和通信设备的正常工作。城市轨道交通车站根据条件可采用合设接地方式,也可采用分设接地方式。分设接地方式由接地体、接地引入线、地线盘及室内接地配线组成。

某地铁电源子系统的组成如图 8-33 所示。电源系统采用综合 UPS 电源系统方案,即专用通信系统设置 UPS 电源系统,为控制中心、车站及车辆段的专用通信、综合监控、AFC 及门禁系统的设备供电;系统由 UPS 交流不间断电源设备、交流配电屏、免维护胶体蓄电池及电源监控采集设备组成。

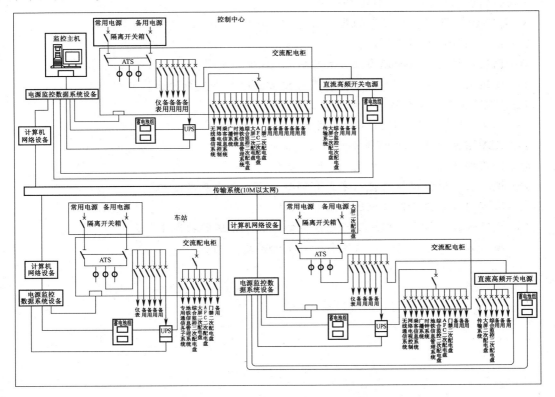

图 8-33　城轨交通电源系统组网举例

UPS 主要由交流输入配电单元、整流单元、逆变单元、侦测控制单元、交流输出配电单元（含隔离变压器）、维修旁路等组成。控制中心采用在线式 UPS 双机并联方式供电，各车站、车辆段均采用在线式 UPS 电源单机方式供电。为了保证 UPS 故障检修时维持供电，应在 ATS 输出端到交流配电屏之间设置 UPS 检修旁路，检修旁路设置断路器，断路器应与 UPS 的输出开关进行互锁以保证供电操作安全。

交流配电屏主要由双电源切换装置、控制单元、电源单元、侦测单元、输入输出单元等组成，具有图形化的运行管理人机界面，方便用户实时了解配电系统的运行状态，完成各种参数设置。

电源监控系统由控制中心电源监控终端、连接控制中心、各车站及车辆段的传输通道、控制中心、各车站及车辆段的电源监控采集设备、各电源设备中的监控模块组成。

复习思考题

1. 铁路通信系统是如何组成的？各子系统的主要功能是什么？
2. 铁路传输网分为哪几个层次？各负责哪些通信范围？
3. SDH 铁路传输网的业务有哪些？
4. 铁路通信接入网是如何组成的？
5. 干调、局调、区段调度、站调的含义各是什么？
6. 区段数字调度网是如何组成的？
7. 铁路调度通信的主要功能有哪些？
8. 简述 GSM-R 各主要设备的基本功能。
9. 解释 eMLPP、VGCS、VBS。
10. 简述某调度员按功能寻址方式呼叫 G126 次列车司机的通信流程。
11. 简述 G28 次列车司机按基于位置寻址方式呼叫调度员的通信流程。
12. CTCS-3 级列控系统的主要特征是什么？
13. 画出 CTCS-3 级列控系统的结构示意图。
14. GSM-R 系统的工作频段是如何规定的？
15. 铁路综合视频监控系统是如何组成的？
16. 铁路应急通信现场的接入方式有哪些？分别画出基本结构。
17. 城市轨道交通通信系统的作用是什么？
18. 城市轨道交通通信系统是如何组成的？各子系统的功能是什么？
19. 画出城市轨道交通通信系统各子系统的网络结构图。

参 考 文 献

[1] 穆维新. 现代通信网技术[M]. 北京:人民邮电出版社,2006.

[2] 秦国. 现代通信网概论[M]. 北京:人民邮电出版社,2004.

[3] 孙青华. 现代通信技术[M]. 北京:人民邮电出版社,2005.

[4] 蒋清泉. 交换技术[M]. 北京:高等教育出版社,2003.

[5] 桂海源. 现代交换原理[M]. 北京:人民邮电出版社,2006.

[6] 姚仲敏,姚志强,陈国通. 程控交换原理与软硬件设计[M]. 哈尔滨:东北林业大学出版社,2003.

[7] 穆维新,靳婷. 现代通信交换技术[M]. 北京:人民邮电出版社,2005.

[8] 詹若涛. 电信网与电信技术[M]. 北京:人民邮电出版社,1999.

[9] 乔桂红. 数据通信[M]. 北京:人民邮电出版社,2005.

[10] 刘宝玲,付长冬,张轶凡,等. 3G 移动通信系统概述[M]. 北京:人民邮电出版社,2008.

[11] 林达权. 光纤通信[M]. 北京:高等教育出版社,2003.

[12] 乔桂红. 光纤通信[M]. 北京:人民邮电出版社,2005.

[13] 孙学康,张政. 微波与卫星通信[M]. 北京:人民邮电出版社,2003.

[14] 沈庆国,周卫东,等. 现代电信网络[M]. 北京:人民邮电出版社,2004.

[15] 毕厚杰. 多业务宽带 IP 通信网络[M]. 北京:人民邮电出版社,2005.

[16] 余浩,张欢,宋锐,等. 下一代网络原理与技术[M]. 北京:电子工业出版社,2007.

[17] 邵汝峰,卜爱琴. 现代通信网[M]. 北京:北京师范大学出版社,2009.

[18] 田裳,沈尧星. 铁路应急通信[M]. 北京:中国铁道出版社,2008.

[19] 杨元挺. 通信网基础[M]. 北京:机械工业出版社,2007.

[20] 李文海. 现代通信网[M]. 北京邮电大学出版社,2007.

[21] 徐文燕. 通信原理[M]. 北京邮电大学出版社,2008.

[22] 郑志航. 数字电视原理与应用[M]. 北京:中国广播电视出版社,2001.

[23] 毕厚杰. 新一代视频压缩编码标准——H.264/AVC[M]. 北京:人民邮电出版社,2005.

[24] 许志详. 数字电视与图像通信[M]. 上海大学出版社,2000.

[25] 唐纯贞,严建民. 现代电信网[M]. 北京:人民邮电出版社,2009.

[26] 卜爱琴. 光纤通信[M]. 北京:北京师范大学出版社,2008.

[27] 魏红. 移动通信技术[M]. 北京:人民邮电出版社,2005.

[28] 刘金虎. 铁路专用通信[M]. 北京:中国铁道出版社,2005.

[29] 朱惠忠,张亚平,等. GSM-R 通信技术与应用[M]. 北京:中国铁道出版社,2008.

[30] 沈尧星. 铁路数字调度通信[M]. 北京:中国铁道出版社,2006.

[31] 王维汉. 铁路专用通信[M]. 北京:中国铁道出版社,1995.

[32] 钟章队. GSM-R 铁路综合数字移动通信系统[M]. 北京:中国铁道出版社,2003.

[33] 武晓明,田裳. 铁路运输通信网络的建设与发展[M]. 北京:中国铁道出版社,2004.

[34] 李斯伟,雷新生. 数据通信技术[M]. 北京:人民邮电出版社,2004.

[35] 陈启美,李嘉,王健,等. 现代数据通信教程[M]. 3 版. 南京:南京大学出版社,2008.

[36]　中国铁路总公司.铁路通信维护规则[S].北京:中国铁道出版社,2014.

[37]　邵汝峰,蒋笑冰.铁路移动通信系统[M].北京:中国铁道出版社,2015.

[38]　王邻.数字调度通信系统[M].北京:中国铁道出版社,2015.

[39]　张中荃.接入网技术[M].北京:人民邮电出版社,2017.

[40]　刘勇,邹广慧.计算机网络基础[M].北京:清华大学出版社,2016.

[41]　范波勇.LTE 移动通信技术[M].北京:人民邮电出版社,2015.

[42]　朱晨鸣,王强,李新.5G:2020 后的移动通信[M].北京:人民邮电出版社,2016.

[43]　张喜.城市轨道交通通信与信号概论[M].北京:北京交通大学出版社,2012.

[44]　上海申通地铁集团有限公司轨道交通培训中心.城市轨道交通通信技术[M].北京:中国铁道出版社,2012.